Rust 项目开发实战

[美] 卡洛·米兰内西　著

程晓磊　译

清华大学出版社

北　京

内 容 简 介

本书详细阐述了与 Rust 语言开发相关的基本解决方案，主要包括 Rust 语言简介、存储和检索数据、创建 REST Web 服务、创建完整的服务器端 Web 应用程序、利用 Yew 创建客户端 WebAssembly 应用程序、利用 quicksilver 创建 WebAssembly 游戏、利用 ggez 创建 2D 桌面游戏、解释和编译所用的解析器组合器、使用 Nom 创建计算机模拟器、创建 Linux 内核模块、Rust 语言的未来等内容。此外，本书还提供了相应的示例、代码，以帮助读者进一步理解相关方案的实现过程。

本书适合作为高等院校计算机及相关专业的教材和教学参考书，也可作为相关开发人员的自学用书和参考手册。

北京市版权局著作权合同登记号 图字：01-2021-6333

图书在版编目（CIP）数据

Rust 项目开发实战 ／（美）卡洛·米兰内西著；程晓磊译. 一北京：清华大学出版社，2022.7
书名原文：Creative Projects for Rust Programmers
ISBN 978-7-302-61026-7

Ⅰ．①R… Ⅱ．①卡… ②程… Ⅲ．①程序语言—程序设计 Ⅳ．①TP312

中国版本图书馆 CIP 数据核字（2022）第 098459 号

责任编辑：贾小红
封面设计：刘　超
版式设计：文森时代
责任校对：马军令
责任印制：丛怀宇

出版发行：清华大学出版社
　　　　网　　址：http://www.tup.com.cn，http://www.wqbook.com
　　　　地　　址：北京清华大学学研大厦 A 座　　　　邮　　编：100084
　　　　社 总 机：010-83470000　　　　邮　　购：010-62786544
　　　　投稿与读者服务：010-62776969，c-service@tup.tsinghua.edu.cn
　　　　质量反馈：010-62772015，zhiliang@tup.tsinghua.edu.cn
印 装 者：定州启航印刷有限公司
经　　销：全国新华书店
开　　本：185mm×230mm　　印　　张：20.5　　字　　数：411 千字
版　　次：2022 年 7 月第 1 版　　印　　次：2022 年 7 月第 1 次印刷
定　　价：109.00 元

产品编号：090762-01

译 者 序

与 C 和 C++相比，Rust 是一门较为年轻的系统编程语言（Rust 编译器的第一个稳定版本于 2015 年 5 月发布），但是，它已经连续 5 年（2016—2020 年）在 Stack Overflow 开发者调查的"最受喜爱编程语言"评选项目中获得第一名。

Rust 之所以广受欢迎，主要在于它解决了高并发和高安全性系统问题。Rust 通过编译器确保内存安全，强调内存布局控制和并发特性，并且标准 Rust 性能与 C++性能不相上下。

Rust 的另一个特点是它提供了 Rust 标准库，并且其生态系统有丰富的第三方 Crate 可用（在 crates.io 和 GitHub 上可以找到其大量资料）。

如果读者是 C 或 C++开发人员，那么使用 Rust 可以快速上手，因为它不但运行速度快，内存利用率高，而且没有运行时和垃圾收集器，适用于对性能要求高的关键服务，可以在嵌入设备上运行，并且可轻松与其他语言集成。

最后，从实战角度出发，本书还提供了多个项目实例，包括使用 Actix 框架开发 REST 服务；使用 Tera 模板引擎替代文本文件中的占位符，以及如何使用 Actix 框架创建一个全服务器端 Web 应用程序；使用 Yew 框架创建 Web 应用程序的前端；使用 quicksilver 框架创建 2D 图形化游戏；使用 ggez 框架创建 2D 图形化桌面游戏以及微件；使用 Nom 解析器组合创建正式语言的解释器，并随后构建语法检查器、解释器和编译器；使用 Nom 库解析二进制数据，并解释机器语言程序；利用 Rust 构建 Linux 可加载模块等内容。

本书由程晓磊翻译，此外张博、刘祎、刘璋、张华臻也参与了部分翻译工作。由于译者水平有限，难免有疏漏和不妥之处，在此诚挚欢迎读者提出任何意见和建议。

译 者

前　言

本书展示一些十分有趣、实用的库和框架，Rust 程序员可免费使用以构建项目，如前端和后端 Web 应用程序、游戏、解释器、编译器、计算机模拟器和 Linux 可加载的模块。

适用读者

本书适用于已学习过 Rust 编程语言，但渴望使用这种语言以构建可用的软件（无论是商业软件还是个人项目）。本书内容面向不同的需求，如构建 Web 应用程序、计算机游戏、解释器、编译器、模拟器或设备驱动程序。

本书内容

第 1 章描述 Rust 语言最新的发展及其生态圈工具和库。特别地，本章介绍如何使用广泛应用的一些实用程序库。

第 2 章讨论如何读取 Rust 环境中的一些常见文件格式，如 TOML、JSON 和 XML。此外，本章还描述如何访问 Rust 领域内一些较为流行的数据库引擎，如 SQLite、PostgreSQL 和 Redis。

第 3 章介绍如何使用 Actix 框架开发 REST 服务，该 REST 服务可针对各种应用程序用作后端，特别是 Web 应用程序。

第 4 章讨论如何使用 Tera 模板引擎替代文本文件中的占位符，以及如何使用 Actix 框架创建一个全服务器端 Web 应用程序。

第 5 章考查如何使用 Yew 框架（该框架采用 WebAssembly 技术）创建 Web 应用程序的前端。

第 6 章描述如何使用 quicksilver 框架创建 2D 图形化游戏，该游戏运行于 Web 浏览器中（采用 WebAssembly 技术）或者作为一个桌面应用程序。

第 7 章讨论如何使用 ggez 框架创建 2D 图形化桌面游戏和微件。

第 8 章讨论如何使用 Nom 解析器组合创建正式语言的解释器，并随后构建语法检查器、解释器和编译器。

第 9 章介绍如何使用 Nom 库解析二进制数据，并解释机器语言程序，这也是构建计算机模拟器的第 1 个步骤。

第 10 章阐述如何利用 Rust 构建 Linux 可加载模块（主要关注 Mint 系统）。具体来说，本章构建一个字符驱动程序。

第 11 章讨论未来 Rust 生态圈的发展状况，并简要介绍最新的异步编程技术。

技术需求

软件/硬件	操作系统需求条件
需要在计算机上使用 Rust 1.31 版本或更新的版本	本书内容已在 64 位 Linux Mint 和 32 位 Windows 10 系统上进行测试。大多数示例可在支持 Rust 语言的任何系统上工作。第 5 章和第 6 章需要使用支持 WebAssembly 技术的 Web 浏览器，如 Chrome 或 Firefox。第 6 章和第 7 章则需要 OpenGL 支持。第 10 章内容仅可工作于 Linux Mint 系统上

如果读者正在阅读本书的电子版，建议亲自输入书中的代码，或通过 GitHub 存储库（链接稍后给出）访问代码，进而可避免复制/粘贴代码时产生的潜在错误。

下载示例代码文件

读者可访问 www.packt.com 并通过个人账户下载本书的示例代码文件。无论读者在何处购买了本书，均可访问 www.packt.com/support，经注册后我们会直接将相关文件通过电子邮件的方式发送给您。

下载代码文件的具体操作步骤如下。

（1）访问 www.packt.com 并注册。

（2）选择 Support 选项卡。

（3）单击 Code Downloads。

（4）在 Search 搜索框中输入书名。

当文件下载完毕后，可利用下列软件的最新版本解压或析取文件夹中的内容。

❑　　WinRAR/7-Zip（Windows 环境）。

❑　Zipeg/iZip/UnRarX（Mac 环境）。

❑　7-Zip/PeaZip（Linux 环境）。

另外，本书的代码包也托管于 GitHub 上，对应网址为 https://github.com/PacktPublishing/
Creative-Projects-for-Rust-Programmers。若代码被更新，现有的 GitHub 库也会保持同步更新。

读者还可访问 https://github.com/PacktPublishing/并从对应分类中查看其他代码包和视
频内容。

下载彩色图像

我们还提供了与本书相关的 PDF 文件，其中包含书中所用截图/图表的彩色图像，读
者可访问 https://static.packt-cdn.com/downloads/9781789346220_ColorImages.pdf 进行下载。

🛈图标表示警告或重要的注意事项。

💡图标表示提示信息和操作技巧。

读者反馈和客户支持

欢迎读者对本书提出建议或意见并予以反馈。

对此，读者可向 customercare@packtpub.com 发送邮件，并以书名作为邮件标题。

勘误表

尽管我们希望将此书做到尽善尽美，但其中疏漏在所难免。如果读者发现谬误之处，
无论是文字错误抑或是代码错误，还望不吝赐教。对此，读者可访问 www.packtpub.com/
support/errata，选取对应书籍，输入并提交相关问题的详细内容。

版权须知

一直以来，互联网上的版权问题从未间断，Packt 出版社对此类问题异常重视。若读者

在互联网上发现任意形式的本书副本，请告知我们网络地址或网站名称，我们将对此予以处理。关于盗版问题，读者可发送邮件至 copyright@packtpub.com。

　　若读者针对某项技术具有专家级的见解，抑或计划撰写书籍或完善某部著作的出版工作，则可访问 authors.packtpub.com。

问题解答

　　若读者对本书有任何疑问，均可发送邮件至 questions@packtpub.com，我们将竭诚为您服务。

目　录

第 1 章　Rust 语言简介

Rust 标准库和工具已历经了多年的发展。自 2018 年 2 月以来，Rust 生态圈的广泛性和多样性已得到了长足的进步，并创建了 4 个领域的工作组，每个工作组覆盖一个主要的应用领域。这些应用领域已发展得足够成熟，同时也进一步改进了工作成果。在未来的日子里，相信还会看到其他领域工作组的出现。

开发高质量和经济的应用程序并非易事，即使我们已经学习了一门编程语言。为了避免重新发明（可能是低质量的）轮子，作为开发人员，我们应该使用高质量的框架或库，它们涵盖了所要开发的各类应用程序。

本书的目的是引领读者选择最佳的开源 Rust 库开发软件。本书覆盖多个典型的领域，并涉及多种不同的库。由于一些非标准库在一些不同的领域中仍然发挥作用，因而很难将其局限于单一领域内。

本章主要涉及以下主题。

- ❑ 了解 Rust 的不同版本。
- ❑ 了解 Rust 近期的重大改进。
- ❑ 了解领域工作组。
- ❑ 了解本书涵盖的各类项目。
- ❑ 了解一些较为有用的库。

1.1　技术需求

为了深入理解本书内容，我们需要访问安装了最新 Rust 版本的计算机系统。这里，自 Rust 1.31 之后的版本均为有效。稍后针对某些特定的项目还会列出一些可选库。

读者可访问 https://github.com/PacktPublishing/Creative-Projects-for-Rust-Programmers 下载书中所引用的源代码和示例。

1.2　了解 Rust 的不同版本

2018 年 2 月 6 日，Rust 发布了一个重要的语言版本及其编译器和标准库，即 1.31 稳定版本。该版本定义为 2018 版，并被视为一个里程碑事件以供后续版本所借鉴。

在此之前，Rust 还发布了另一个版本，即 1.0 版本，并被定义为 2015 版。稳定性是该版本的特征。在 1.0 版本之前，编译器的每个版本都对语言或标准库进行了重大修改，这也迫使开发人员对其代码库进行全面更改。从版本 1.0 开始，开发团队努力确保编译器的后续版本都能正确地编译版本 1.0 的代码，或者后续版本编写的代码，这被称作后向兼容。

然而，在 2018 版本之前，许多特性均已被应用到该语言和标准库中。许多新的库使用了这些新特性，这意味着旧编译器无法使用这些库。为了与更新库协同使用，需要标记 Rust 的特定版本，这也是发布 2018 版的主要原因。

其中，某些添加至该语言的特性被标记为 2015 版，而其他一些特性则被标记为 2018 版。相应地，2015 版本中的特性仅被视为较小的改进，而 2018 版的特性则被视为重大变化。开发人员需要将库（crate）标记为 2018 版，以便使用 2018 版的特有功能。

除此之外，虽然 2015 版标记为该语言和标准库的稳定版，但命令行工具仍处于不稳定状态，也就是说，不成熟的状态。在 2015 年 5 月—2018 年 12 月这一段时间，官方发布了趋于成熟的命令行工具，Rust 语言也得到了重大的改进，并支持更加高效的编码机制。因为，生产力是 2018 版的主要特征。

表 1.1 展示了 Rust 语言及其标准库和工具稳定性方面的时间轴。

表 1.1

2015 年	5月：发布 2015 版	8月：多核 CPU 上的并行编译				
2016 年	4月：支持微软编译器格式	5月：错误捕捉能力	9月：改进了编译器错误消息机制	11月：?操作符	12月：rustup 命令	
2017 年	2月：自定义派生属性	3月：cargo check 命令	7月：union 关键字	8月：关联常量	11月：包含选项的?操作符	
2018 年	2月： ☐ 创建了 4 个领域工作组 ☐ rustfmt 程序	5月： ☐ Rust 编程语言第 2 版 ☐ impl Trait 语言特性 ☐ main 可返回一个 Result ☐ 基于..=的闭区间 ☐ i128 和 u128 本地类型 match 改进模式	6月： ☐ SIMD 库特性 ☐ dyn Trait 语言特性	8月：自定义全局分配器	9月： ☐ cargo fix 命令 ☐ cargo clippy 命令	10月： ☐ 过程宏 ☐ 修改模块系统和 use 语句 ☐ 原始标识符 ☐ no_std 应用程序	12月： ☐ 发布 2018 版 ☐ 非词法作用域生命周期 ☐ const fn 语言特性 ☐ 新的 https://www.rustlang.org/网站 ☐ Try、async 和 await 被定义为保留字

自 2015 版以来，许多改进结果均得以实施。对此，官方文档中列出了更多信息，对应网址为 https://blog.rust-lang.org/2018/12/06/Rust-1.31-and-rust-2018.html。其中较为重要的改进措施如下。

☐　新的官方手册（https://doc.rust-lang.org/book/）和出版书籍（Steve Klabnik 和

Carol Nichols 编写的 *The Rust Programming Language* 一书）。
- ❑ 更新后的官方网站。
- ❑ 形成了 4 个领域工作组，即在 4 个领域内设计生态圈未来发展的开放性委员会，主要包括以下内容。
  - ➤ 网络机制：围绕延迟计算（命名为 future）的概念来设计新的异步范式，就像其他语言已经在做的那样（如 C++、C#和 JavaScript）。
  - ➤ 命令行应用程序：设计一些标准库以支持非图形化、非嵌入式应用程序。
  - ➤ WebAssembly：设计工具和库以构建在 Web 浏览器中运行的应用程序。
  - ➤ 嵌入式软件：设计工具和库以构建在裸机系统或严格限制的硬件上运行的应用程序。
- ❑ 语言方面的改进。
  - ➤ 非词法作用域生命周期。任何不再使用的绑定被视为无效（dead）。例如，下列程序是允许的。

```
fn main() {
    let mut _a = 7;
    let _ref_to_a = &_a;
    _a = 9;
}
```

ℹ 注意：

在上述代码中，与变量_a 绑定的对象被第 2 条语句中的_ref_to_a 变量借用。在引入非词法作用域生命周期之前，此类绑定将持续到作用域的结尾，因此最后一条语句是非法的，因为它试图通过绑定_a 修改该对象，而该对象仍被借用至变量_ref_to_a 中。当前，由于变量_ref_to_a 不再被使用，因此其生命周期在声明的同一行中即终止。因此，在最后一条语句中，变量_a 可自由地修改自己的对象。

- ➤ Impl Trait 特性，支持函数返回未指定的类型，如闭包。
- ➤ i128 和 u128 本地类型。
- ➤ 支持一些其他的保留字，如 try、async 和 await。
- ➤ ?操作符，甚至可在 main 函数中使用该操作符，因为该函数可返回 Result。下列程序显示了可返回 Result 的 main 函数示例。

```
fn main() -> Result<(), String> {
    Err("Hi".to_string())
}
```

上述函数可通过返回常见的空元组成功执行；或者返回指定的类型而失败——在当前示例中为 String。下列程序显示了在 main 函数中使用?操作符的示例。

```
fn main() -> Result<(), usize> {
    let array = [12, 19, 27];
    let found = array.binary_search(&19)?;
    println!("Found {}", found);
    let found = array.binary_search(&20)?;
    println!("Found {}", found);
    Ok(())
}
```

上述程序将在标准输出流中输出 Found1，这意味着，数字 19 在位置 1 处被找到；在标注错误流中输出 Error:2 则表明数字 20 未被找到，但应在位置 2 处插入该数字。

- ➢ 过程宏支持元编程，并在编译期操控源代码以生成 Rust 代码。
- ➢ 在 match 表达式中实现更强大的模式匹配。
- ❑ 一些标准工具的改进包括以下内容。
  - ➢ rustup 程序允许用户方便地选择默认的编译器目标或更新工具链。
  - ➢ rustfix 程序可将 2015 版本项目转换为 2018 版本项目。
  - ➢ Clippy 程序检查非惯用语法，并建议对代码进行修改以获取更好的可维护性。
  - ➢ 更快速的编译速度，特别是当只需要语法检查时。
  - ➢ Rust 语言服务器（RLS）当前仍处于不稳定状态，但可使 IDE 和可编程编辑器停驻于语法错误处，同时建议所允许的操作。

作为一门语言，Rust 与其他编程语言一样仍处于发展过程中，如下所示。

- ❑ IDE 工具，包括语言解释器（REPL）和图形化调试器。
- ❑ 支持裸机和实时软件开发的库和工具。
- ❑ 针对主要应用领域的应用程序级别的框架和库。

本书将主要讨论上述列表中的第 3 项内容。

1.3　项　　目

在编写实际的应用程序时，Rust 语言及其标准库仍未足够。针对特定种类的应用程序，如 GUI 应用程序、Web 应用程序或游戏，应用框架不可或缺。

如果持有优秀、全面的开发库，这将减少编写大量的代码行。此外，库还包含了以下两个优点。

❑ 改进整体设计，特别是使用框架时（在应用程序上采用了某种架构），因为框架经由专家级开发并通过了大量用户的测试。

❑ 完备的测试使得 bug 的数量有所减少。

实际上存在许多 Rust 库，也称作 crate，但大多数质量较差且在应用面较为狭窄。本书将针对一些典型的 Rust 语言应用领域考查高质量的完备库。

具体来说，应用领域包括以下内容。

❑ Web 应用程序。其中涵盖以下各种常见技术。

➢ REST Web 服务（仅后端）。

➢ 事件驱动的 Web 客户端（仅前端）。

➢ 完整的 Web 应用程序（全栈）。

➢ Web 游戏（仅前端）。

❑ 游戏应用程序。这里所指的游戏并不仅局限于娱乐产品，同时还包括连续显示动画的图形化应用程序，这与事件驱动的图形化应用程序不同，后者在未产生事件（如用户按某个键、移动鼠标，或者从连接处到达的某些数据）时不执行任何操作。除了 Web 浏览器游戏之外，还存在一些台式计算机或笔记本计算机游戏、游戏机视频游戏以及移动设备游戏。但 Rust 并未对游戏机视频游戏和移动设备游戏提供良好的支持，因而本书仅考查台式计算机和笔记本计算机游戏。

❑ 语言解释器。本书将介绍可被解释的两种语言类型。

➢ 文本类型：类似于编程语言、标记语言或机器命令语言。

➢ 二进制类型：类似于被模拟的计算机语言，或编程语言的中间字节码。

❑ C 语言调用库。这是 Rust 语言的重要应用领域，即开发供另一个应用程序调用的库，通常用高级语言编写。Rust 并不假定其他语言可调用 Rust 代码，但假设可调用 C 语言代码。我们将考查如何构建一个可以像用 C 语言编写的一样调用的库。对此，一个颇具挑战性的例子是为 Linux 操作系统构建一个模块，众所周知，该模块需要使用 C 语言编写。

大多数应用程序通过文件、通道或数据库读写数据。第 2 章将考查针对其他项目的各种技术。

此处未列出其他应用领域，主要是因为它们在 Rust 中较少使用，或者此类应用尚不成熟，抑或相关应用仍处于不断变化中。

对于那些不够成熟的领域，相信在不久的将来，这些库将以全新的面貌出现。相关领域包括微处理器软件、实时系统或资源匮乏系统，以及移动或可穿戴系统方面的软件。

1.4　运行本书示例

为了进一步理解本书示例，读者可下载在线存储库中的全部示例，对应网址为 https://github.com/PacktPublishing/Creative-Projects-for-Rust-Programmers。该存储库包含了本书每章的子文件夹，以及每章项目的子文件夹。

例如，当运行本章的 use_rand 项目时，可访问 Chapter01/use_rand 文件夹并输入 cargo run。注意，项目中较为重要的文件是 cargo.toml 和 src/main.rs，因而需要首先查看这两个文件。

1.5　一些实用程序库

在考查复杂的库之前，下面首先查看一些较为基础的 Rust 库，这些库并非标准库中的一部分内容，但在许多项目中十分有用。由于其通用性，因此 Rust 开发人员应对此有所了解。

1.5.1　伪随机数生成器——rand 库

一些应用程序需要使用伪随机数字，特别是游戏程序。rand 库相对复杂，下列示例代码（名为 use_rand）展示了 rand 库的一些基本应用。

```
// Declare basic functions for pseudo-random number generators.
use rand::prelude::*;

fn main() {
    // Create a pseudo-Random Number Generator for the current
    // thread
    let mut rng = thread_rng();

    // Print an integer number
    // between 0 (included) and 20 (excluded).
    println!("{}", rng.gen_range(0, 20));

    // Print a floating-point number
    // between 0 (included) and 1 (excluded).
    println!("{}", rng.gen::<f64>());
```

```
    // Generate a Boolean.
    println!("{}", if rng.gen() { "Heads" } else { "Tails" });
}
```

其中，首先需要创建一个伪随机数生成器对象，并随后调用该对象上的多个方法。注意，任何生成器必须是可变的，因为任何生成过程都会修改生成器的状态。

gen_range 方法在右开区间内生成一个整数，gen 泛型方法则生成一个指定类型的数字。某些时候，相关类型可被推断，如最后一条语句所示，此处需要一个布尔值。如果生成的类型是浮点数，那么该数字为 0~1 且不包含 1。

1.5.2　日志机制——log 库

针对任意软件类型，特别是服务器，发送日志消息是必不可少的。日志机制的体系结构包含下列两个组件。

- ❑　API：由 log 库定义。
- ❑　实现：由多个库定义。

此处将展示一个使用 env_logger 库的示例。如果需要发送源自某个库的日志消息，则应作为一种依赖项添加 API 库，因为定义日志实现库是应用程序的责任。

在下列示例中（名为 use_env_logger），我们将展示一个应用程序（而不是一个库），并同时需要使用两个库。

```
#[macro_use]
extern crate log;

fn main() {
    env_logger::init();
    error!("Error message");
    warn!("Warning message");
    info!("Information message");
    debug!("Debugging message");
}
```

在 UNIX 控制台中，在运行了 cargo build 后执行下列命令。

```
RUST_LOG=debug ./target/debug/use_env_logger
```

这将输出下列结果。

```
[2020-01-11T15:43:44Z ERROR logging] Error message
```

```
[2020-01-11T15:43:44Z WARN logging] Warning message
[2020-01-11T15:43:44Z INFO logging] Information message
[2020-01-11T15:43:44Z DEBUG logging] Debugging message
```

通过在命令开始处输入 RUST_LOG=debug，我们定义了一个临时环境变量 RUST_LOG（对应值为 debug）。这里，debug 是最高级别，因而将执行所有的日志语句。相反，如果执行下列命令，那么将仅输出前 3 行内容，因为 info 级别无法输出详细的调试信息。

```
RUST_LOG=info ./target/debug/use_env_logger
```

类似地，当执行下列命令时，仅显示前两行内容，因为与 debug 或 info 级别相比，warn 级别无法输出详细的信息。

```
RUST_LOG=warn ./target/debug/use_env_logger
```

当执行下列命令时，仅显示前一行内容，因为默认的日志级别为 error。

```
RUST_LOG=error ./target/debug/use_env_logger
./target/debug/use_env_logger
```

1.5.3　在运行期初始化静态变量——lazy_static 库

众所周知，Rust 不允许在安全代码中使用可变静态变量。在安全代码中可使用不可变的静态变量，但需要通过常量表达式初始化，如调用 const fn 函数。然而，编译器必须能够评估任何静态变量的初始化表达式。

某些时候，需要在运行期内初始化静态变量，因为初始值取决于某个输入，如命令行参数或某个配置选项。除此之外，如果变量的初始化过程占用较长的时间，较好的做法是在首次使用该变量时对其进行初始化，而非程序开始处。该技术被称作延迟初始化。

lazy_static 库仅包含一个宏，其名称与库名相同，并可用于解决之前提到的问题，对应的应用示例（名为 use_lazy_static）如下所示。

```
use lazy_static::lazy_static;
use std::collections::HashMap;

lazy_static! {
    static ref DICTIONARY: HashMap<u32, &'static str> = {
        let mut m = HashMap::new();
        m.insert(11, "foo");
        m.insert(12, "bar");
        println!("Initialized");
```

```
      m
   };
}

fn main() {
   println!("Started");
   println!("DICTIONARY contains {:?}", *DICTIONARY);
   println!("DICTIONARY contains {:?}", *DICTIONARY);
}
```

这将生成下列输出结果。

```
Started
Initialized
DICTIONARY contains {12: "bar", 11: "foo"}
DICTIONARY contains {12: "bar", 11: "foo"}
```

可以看到，main 函数首先启动，随后尝试访问 DICTIONARY 静态变量。该访问行为将导致变量的初始化操作。对应的初始化值（表示为一个引用）接下来被解引用并输出。

最后一条语句（等同于上一条语句）并未再次执行初始化操作——文本 Initialized 并未被再次传输。

1.5.4　解析命令行——structopt 库

程序的命令行参数可通过 std::env::args() 迭代器方便地予以访问。然而，解析这些参数的代码实际上较为烦琐。为了获取可维护的代码，可使用 structopt 库，如下所示（项目名为 use_structopt）。

```
use std::path::PathBuf;
use structopt::StructOpt;

#[derive(StructOpt, Debug)]
struct Opt {
   /// Activate verbose mode
   #[structopt(short = "v", long = "verbose")]
   verbose: bool,

   /// File to generate
   #[structopt(short = "r", long = "result", parse(from_os_str))]
   result_file: PathBuf,
```

```
    /// Files to process
    #[structopt(name = "FILE", parse(from_os_str))]
    files: Vec<PathBuf>,
}

fn main() {
    println!("{:#?}", Opt::from_args());
}
```

当执行 cargo run input1.txt input2.txt -v --result res.xyz 命令时，将得到下列输出结果。

```
Opt {
    verbose: true,
    result_file: "res.txt",
    files: [
        "input1.tx",
        "input2.txt"
    ]
}
```

可以看到，文件名 input1.txt 和 input2.txt 已被载入对应结构的 files 字段中。另外，--result res.xyz 参数使得 result_file 被填写；-v 参数使得 verbose 字段被设置为 true，而不再是默认的 false。

1.6　本　章　小　结

本章讨论了 Rust 2018 版，并简单学习了本书将要描述的各类项目。接下来，本章快速浏览了 Rust 代码中所使用的 4 个有用的库。

第 2 章将学习如何针对文件、数据库和另一个应用程序存储和检索数据。

1.7　本　章　练　习

（1）Rust 是否发布了官方出版物以供我们学习 Rust 语言？

（2）2015 年，最长的 Rust 整数其长度是多少？2018 年，这一长度达到了多少？

（3）截至 2018 年年底，4 个领域工作组是什么？

（4）Clippt 实用程序的功能是什么？

（5）rustfix 实用程序的功能是什么？

（6）编写一个程序并生成 100～400 的 10 个伪随机 f32 数字。

（7）编写一个程序并生成 100～400 的 10 个伪随机 i32 数字（无须截取或舍入练习（5）中生成的数字）。

（8）编写一个程序，创建一个静态向量，该向量包含 1～200 的所有的平方整数。

（9）编写一个程序并显示一条警告消息和一条信息消息。随后运行该程序且仅显示警告消息。

（10）尝试解析一个命令行参数，该参数包含 1～20 的数值。如果对应值超出范围，程序显示一条错误消息。其中，简略信息选项为-1，而详细信息选项为--level。

第 2 章　存储和检索数据

软件应用程序中一类典型的需求是输入/输出数据，即通过读写数据文件、数据流或查询/操控数据库。考虑到文件和流、非结构化的数据或二进制数据难以操控，因而不建议使用此类数据。

另外，由于存在供应商锁定风险，因此不建议使用专有数据格式。所以，我们应该使用标准数据格式。对此，存在可用的 Rust 库可解决这一类问题，并可操控某些常见的文件格式，如 TOML、JSON 和 XML。

在数据库方面，同样存在一些 Rust 库可针对一些流行的数据库操控数据，如 SQLite、PostgreSQL 和 Redis。

本章主要涉及以下主题。

- ❑ 如何读取 TOML 文件中的配置数据。
- ❑ 如何读写 JSON 数据文件。
- ❑ 如何读取 XML 数据文件。
- ❑ 如何查询或操控 SQLite 数据库中的数据。
- ❑ 如何查询或操控 PostgreSQL 数据库中的数据。
- ❑ 如何查询或操控 Redis 数据库中的数据。

2.1　技术需求

当运行 SQLite 代码时，建议安装 SQLite 运行库。另外，安装 SQLite 交互式管理器也十分有用（但并非必需）。对此，读者可访问 https://www.sqlite.org/download.html 下载 SQLite 工具的预编译二进制文件（3.11 或更高版本）。

注意，当使用 Linux Debian 派生的版本时，应安装 libsqlite3-dev 包。

另外，当运行 PostgreSQL 代码时，还需要安装并运行 PostgreSQL 数据库管理系统（DBMS）。同时，安装 PostgreSQL 交互式管理器也十分有用，但并非必需，这一点与 SQLite 十分类似。读者可访问 https://www.postgresql.org/download/ 下载 PostgreSQL DBMS 的预编译二进制文件（7.4 或更高版本）。

当运行 Redis 代码时，需要安装并运行 Redis 服务器，读者可访问 https://redis.io/

download 自行下载。

本章完整的源代码位于 https://github.com/PacktPublishing/Creative-Projects-for-Rust-Programmers 的 Chapter02 文件夹中。同时，该文件夹还包含了针对各个项目的子文件夹以及一个名为 data 的文件夹，其中包含了项目的输入数据。

2.2　项　目　概　览

本章将考查如何构建一个程序并将 JSON 文件和 XML 文件分别加载至 3 个数据库中，即 SQLite 数据库、PostgreSQL 数据库和 Redis 键-值存储。为了避免在程序中对文件、数据库证书的名称和位置进行硬编码，我们将从 TOML 配置文件中对其进行加载。

最终的项目名为 transformer，我们将通过一些小型的项目雏形对此加以解释。

- ❑　toml_dynamic 和 toml_static：通过两种方式读取 TOML 文件。
- ❑　json_dynamic 和 json_static：通过两种方式读取 JSON 文件。
- ❑　xml_example：读取 XML 文件。
- ❑　sqlite_example：在 SQLite 数据库中生成两个表，将记录插入表中并执行查询操作。
- ❑　postgresql_example：在 PostgreSQL 数据库中生成两个表，将记录插入表中并执行查询操作。
- ❑　redis_example：将某些数据添加至键-值存储中并对其进行查询。

2.3　读取 TOML 文件

在文件系统中，一种简单、可维护的信息存储方式是使用文本文件，这对于跨度不超过 100KB 的数据来说同样有效。然而，文本文件中存在多种标准供存储信息，如 CSV、JSON、XML、YAML 等。

Cargo 使用的文件格式是 TOML，这是一种功能强大的格式，许多 Rust 开发人员以此存储其应用程序的配置数据。TOML 格式支持文本编辑器的手动编写，但也可通过应用程序非常方便地进行编写。

toml_dynamic 和 toml_static 项目（使用了 toml 库）将从 TOML 文件中加载数据，当配置软件应用程序时，读取 TOML 文件十分有用，这也是本节的任务之一。对此，我们将使用 data/config.toml 文件，该文件包含了本章项目所需的全部参数。

此外，还可通过代码创建或修改 TOML 文件。在某些时候，如保存用户偏好设置项时，修改 TOML 文件将十分有用。

需要注意的是，当 TOML 文件通过程序进行修改时将被重构。

❑　获取特定的格式。

❑　丢失全部注释内容。

❑　各项内容以字母顺序排序。

对于手动编辑的参数和程序保存的数据，如果打算采用 TOML 格式，最好使用两个不同的文件，如下所示。

❑　一个文件仅供手动编辑。

❑　另一个文件主要通过软件编辑，偶尔通过手动方式编辑。

本章描述两个项目，并利用不同的技术读取一个 TOML 文件。这些技术分为两种不同的场合予以运用，如下所示。

❑　一种场合是，当我们不确定哪些字段被包含于文件中并对此进行查看时，可使用 toml_dynamic 程序。

❑　另一种场合是，在程序中，我们能够准确地描述哪些字段应被包含于文件中，但不接受不同的格式时可使用 toml_static 程序。

2.3.1　使用 toml_dynamic

本节的目的是在查看文件内容时，读取 data 文件夹中的 config.toml 文件。该文件的前 3 行如下所示。

```
[input]
xml_file = "../data/sales.xml"
json_file = "../data/sales.json"
```

在文件的[postgresql]部分中包含了下列代码行。

```
database = "Rust2018"
```

当运行该项目时，在 toml_dynamic 文件夹中输入 cargo run../data/config.toml，随后将显示较长的输出结果。输出结果的开始内容如下所示。

```
Original: Table(
    {
        "input": Table(
            {
                "json_file": String(
```

```
            "../data/sales.json",
        ),
        "xml_file": String(
            "../data/sales.xml",
        ),
    },
),
```

这仅是 config.toml 文件前 3 行的表达结果。对于 config.toml 文件的其余部分，输出结果将显示类似的内容。在输出了表示所读取文件的全部数据结构后，可向对应输出结果中添加下列代码行。

```
[Postgresql].Database: Rust2018
```

这表示当读取文件时加载的数据结构上的特定查询结果。

下面考查 toml_dynamic 程序代码。

（1）声明一个包含整个文件描述的变量，该变量在后续 3 条语句中被初始化。

```
let config_const_values =
```

（2）将命令行第 1 个参数中的文件路径名添加至 config_path 中，随后将该文件内容加载至 config_text 字符串中，并将该字符串解析至 toml::Value 结构中。这是一个递归结构，因为该结构可在其字段中包含一个 Value 属性。

```
{
    let config_path = std::env::args().nth(1).unwrap();
    let config_text =
    std::fs::read_to_string(&config_path).unwrap();
    config_text.parse::<toml::Value>().unwrap()
};
```

（3）随后该结构利用调试结构化格式（:#?）输出，并从中检索一个值。

```
println!("Original: {:#?}", config_const_values);
println!("[Postgresql].Database: {}",
    config_const_values.get("postgresql").unwrap()
    .get("database").unwrap()
    .as_str().unwrap());
```

此处应注意获取包含在"postgresql"部分的"database"条目值，其间涉及大量的代码。这里，get 函数需要查找一个字符串，该过程可能会失败，这可被视为不确定性所付出的代价。

2.3.2　使用 toml_static

如果 TOML 文件结构已确定，则应使用项目中的另一种技术，即 toml_static。

当运行该项目时，打开 toml_static 文件夹并输入 cargo run ../data/config.toml。此时程序仅显示下列代码行。

```
[postgresql].database: Rust2018
```

当前项目使用了两个附加库。

❑ serde：启用基本的序列/反序列化操作。

❑ serde_derive：提供了功能强大的自定义派生功能，进而可利用结构实现序列化/反序列化操作。

其中，serde 表示为标准的序列化/反序列化库。这里，序列化是指将程序的数据结构转化为一个字符串（或流）的过程；而反序列化则是该过程的逆过程，也就是说，反序列化是指将一个字符串（或流）转化为程序的某些数据结构的过程。

当读取一个 TOML 文件时，我们需要使用反序列化操作。

ℹ️ **注意：**

在当前的两个项目中，我们不会使用序列化操作，因为并不打算写入 TOML 文件。

在代码中，我们首先针对 data/config.toml 文件所包含的各部分内容定义一个结构。具体来说，该文件包含了 Input、Redis、Sqllite 和 Postgresql 部分，因而可声明与读取文件的各部分对应的 Rust 结构。随后，Config 结构被定义为表达整个文件，并作为成员包含各部分内容。

例如，下列代码展示了 Input 部分的结构。

```
#[allow(unused)]
#[derive(Deserialize)]
struct Input {
    xml_file: String,
    json_file: String,
}
```

注意，上述声明之前包含了两个属性。

其中，allow(unused)属性用于防止编译器针对后续结构中未使用的字段发出警告消息，从而避免干扰消息；derive(Deserialize)属性则针对后续结构激活 serde 初始化的自动反序列化操作。

在声明完毕后，可编写下列代码。

```
toml::from_str(&config_text).unwrap()
```

这将调用 from_str 函数，并将文件的文本内容解析为一个结构。对应的结构类型并未在表达式中指定，但其值被赋予 main 函数第 1 行代码声明的变量。

```
let config_const_values: Config =
```

因此，结构类型为 Config。

在当前操作中，文件内容和结构类型之间的任何差异均被视为错误。因此，如果当前操作成功，该结构上的其他操作也不会出现问题。

上述程序（toml_dynamic）包含了一种动态类型，类似于 Python 或 JavaScript 中的动态类型；而当前程序则包含了类似于 Rust 或 C++的静态类型。

最后一条语句出现的静态类型的优点是，通过编写 config_const_values.postgresql.database，可获得与前述项目中长语句相同的行为。

2.4　读写 JSON 文件

与配置文件相比，当存储更为复杂的数据时，JSON 文件则更加适用。JSON 格式十分流行，特别是在使用 JavaScript 语言的人群中。

本节将尝试读取、解析 data/sales.json 文件，该文件包含了一个匿名对象，其中包含了两个数组，即"products"和"sales"。

"products"数组包含两个对象，每个对象均包含下列 3 个字段。

```
"products": [
  {
    "id": 591,
    "category": "fruit",
    "name": "orange"
  },
  {
    "id": 190,
    "category": "furniture",
    "name": "chair"
  }
],
```

"sales"数组包含 3 个对象，每个对象均包含 5 个字段。

```
"sales": [
    {
      "id": "2020-7110",
      "product_id": 190,
      "date": 1234527890,
      "quantity": 2.0,
      "unit": "u."
    },
    {
      "id": "2020-2871",
      "product_id": 591,
      "date": 1234567590,
      "quantity": 2.14,
      "unit": "Kg"
    },
    {
      "id": "2020-2583",
      "product_id": 190,
      "date": 1234563890,
      "quantity": 4.0,
      "unit": "u."
    }
]
```

数组中的信息与销售商品以及与其关联的某些销售事务相关。注意第 2 个字段 "product_id"表示为指向某件商品的引用，因而应在对应的商品对象创建完毕后进行处理。

稍后将会看到包含相同行为的两个程序，程序将读取 JSON 文件，将第 2 个销售对象的数量增加 1.5，并随后将更新后的整体结构保存至另一个 JSON 文件中。

与 TOML 情况类似，还存在一种动态解析技术可用于 JSON 文件中。其中，应用程序代码检查任何数据字段的存在与类型；静态解析技术则使用反序列化库检查字段的存在和类型。

因此，当前存在两个项目，即 json_dynamic 和 json_static。当运行项目时，打开其文件夹并输入 cargo run ../data/sales.json ../data/sales2.json。此时程序不会输出任何内容，仅是读取命令行中指定的第 1 个文件，并生成指定的第 2 个文件。

这里，所创建的文件类似于当前读取的文件，但涵盖下列不同之处。

❑ json_dynamic 创建的文件字段以字母顺序排序，而 json_static 创建的文件字段则与 Rust 数据结构具有相同的顺序。

❑ 第 2 个销售的量值从 2.14 增至 3.64。

❑ 　在两个生成的文件中移除空行。

接下来考查序列化和反序列化技术的具体实现。

2.4.1　json_dynamic 项目

该项目的源代码解释如下。

（1）该项目从命令行中获取两个文件的路径名——读入内存结构中的现有 JSON 文件（"input_path"）；在稍作修改后，通过保存加载的结构创建 JSON 文件（"output_path"）。

（2）输入文件被加载至名为 sales_and_products_text 的字符串中；泛型 serde_json::from_str::<Value>函数用于将字符串解析至表示为 JSON 文件的动态类型结构中，该结构被存储于 sales_and_products 局部变量中。

假设需要修改第 2 项销售事务的销售值，并将其增加 1.5kg。

（1）需要通过下列表达式获取对应值。

```
sales_and_products["sales"][1]["quantity"]
```

（2）这将检索通用对象的"sales"子对象。另外，该表达式是一个包含 3 个对象的数组。

（3）该表达式获取数组的第 2 项内容（由于数组下标始于 0，因而为[1]）。这是一个表示单项销售事务的对象。

（4）获取销售事务对象的"quantity"子对象。

（5）获取值包含一个动态类型，我们认为应该是 serde_json::Value::Number。因此，我们利用该类型进行模式匹配，并指定 if let Value::Number(n) 子句。

（6）如果一切顺利，则匹配成功，同时得到一个名为 n 的变量——该变量包含一个数字，或者可通过 as_f64 函数转换为一个 Rust 浮点数。最后，我们可递增该 Rust 数字，并利用 from_f64 函数生成一个 JSON 数字。接下来可通过获取该对象相同的表达式将该对象赋予 JSON 结构。

```
sales_and_products["sales"][1]["quantity"]
    = Value::Number(Number::from_f64(
      n.as_f64().unwrap() + 1.5).unwrap());
```

（7）程序的最后一条语句将 JSON 结构保存至一个文件中。此处使用了 serde_json::to_string_pretty 函数。顾名思义，该函数添加格式化空白字符（空格和换行符），以生成更具可读性的 JSON 文件。另外，serde_json::to_string 函数将生成相同信息的更为紧凑的版本且难以阅读，但其处理速度则更加快速。

```
std::fs::write(
```

```
    output_path,
    serde_json::to_string_pretty(&sales_and_products).unwrap(),
).unwrap();
```

2.4.2 json_static 项目

如果确保知晓 JSON 文件结构，那么应使用静态类型这种技术，即 json_static。具体情形与 TOML 文件处理项目十分类似。

静态版本的源代码首先声明了 3 个结构，分别对应于即将处理的 JSON 文件中包含的每种对象类型。相应地，每个结构前面均设置了下列属性。

```
#[derive(Deserialize, Serialize, Debug)]
```

ⓘ 注意：

❑ Deserialize 特性用于将 JSON 字符串解析（即读取）至当前结构中。

❑ Serialize 特性用于将当前结构格式化至一个 JSON 字符串中。

❑ Debug 特性便于在调试跟踪中输出当前结构。

这里，JSON 字符串通过 serde_json::from_str::<SalesAndProducts>函数予以解析，随后增加售出橙子数量的代码则变得非常简单。

```
sales_and_products.sales[1].quantity += 1.5
```

程序的其余内容则保持不变。

2.5 读取 XML 文件

另一种十分流行的文本格式是 XML，但目前尚不存在稳定的序列化/反序列化库可管理 XML 格式。实际上，XML 格式常用于存储较大的数据集，因而在将数据转换为内部格式之前，加载全部数据将十分低效。此时，较为有效的方式是扫描文件或输入流，并在读取过程中对其进行处理。

xml_example 项目是一个相对复杂的程序，并扫描命令行中指定的 XML 文件，随后以程序方式将文件中的信息加载至 Rust 数据结构中。这意味着将读取../data/sales.xml 文件，该文件包含一个与之前查找的 JSON 文件对应的结构。下列代码行显示了该文件的部分内容。

```
<?xml version="1.0" encoding="utf-8"?>
```

```
<sales-and-products>
    <product>
        <id>862</id>
    </product>
    <sale>
        <id>2020-3987</id>
    </sale>
</sales-and-products>
```

所有的 XML 文件在第 1 行均包含了一个头，随后是根元素。在当前示例中，根元素命名为 sales-and-products。该元素包含了两种元素，即 product 和 sale，且二者均包含了特定的子元素，即对应数据的字段。当前仅显示了 id 字段。

当运行项目时，打开其文件夹并输入 cargo run ../data/sales.xml。随后控制台中将显示多行内容，此处仅展示了前 4 行信息。

```
Got product.id: 862.
Got product.category: fruit.
Got product.name: cherry.
  Exit product: Product { id: 862, category: "fruit", name: "cherry" }
```

这些信息描述了指定 XML 文件的内容。特别地，程序查找到 ID 为 862 的一件商品，经检查后得知该商品为水果，即樱桃。接下来，当整件商品被读取后，表示该商品的整体结构将被输出。同时还将显示类似的销售状况。

其间，解析过程仅通过 xml-rs 库完成。该库启用了解析机制，如下所示。

```
let file = std::fs::File::open(pathname).unwrap();
let file = std::io::BufReader::new(file);
let parser = EventReader::new(file);
for event in parser {
    match &location_item {
        LocationItem::Other => ...
        LocationItem::InProduct => ...
        LocationItem::InSale => ...
    }
}
```

EventReader 类型的对象扫描缓冲文件，并在解析过程中执行步骤时生成一个事件。应用程序代码根据事件的需求处理这些事件。

当前库使用了"事件"这一术语，但"转换"（transition）可能更适合描述解析器提取的数据。

复杂语言往往难以解析，但对于简单的语言（如当前数据），解析过程可通过状态机建模。对此，可在源代码中声明 3 个 enum 变量，即 LocationItem 类型的 location_item、LocationProduct 类型的 location_product，以及 LocationSale 类型的 location_sale。

第 1 个变量表示解析过程的当前位置。我们可处于某件商品（InProduct）内、某项销售（InSale）内，或二者（Other）之外。如果位于某件商品内，LocationProduct 枚举变量表示当前商品内解析过程的当前位置。这可以在任何允许的字段内，也可以在所有字段之外。类似状态也适用于销售项。

迭代过程会遇到几种类型的事件，如下所示。

- ❏ XmlEvent::StartElement：表示 XML 元素开始，由开始元素的名称和该元素可能的属性修饰。
- ❏ XmlEvent::EndElement：表示 XML 元素结束，并通过结束元素的名称修饰。
- ❏ XmlEvent::Characters：表示元素的文本内容有效，并通过有效文本修饰。

当前程序声明了可变的 product 结构（Product 类型），以及不可变的 sale 结构（Sale类型），并利用默认值进行初始化。只要存在一些可用的字符，这些字符即存储在当前结构的对应字段中。

例如，考查以下情形：其中，location_item 值为 LocationItem::InProduct，location_product 值为 LocationProduct::InCategory——也就是说，我们正处于一个商品类别中。此时，应存在类别名称和类别的结束位置。当获取类别的名称时，代码包含以下 match 语句模式。

```
Ok(XmlEvent::Characters(characters)) => {
    product.category = characters.clone();
    println!("Got product.category: {}.", characters);
}
```

在上述代码中，characters 变量获取类别的名称，并将其克隆结果赋予 product.category字段。随后将该名称输出至控制台中。

2.6　访问数据库

当内容较少或无须频繁修改时，文本文件是一种较好的选择。实际上，文本文件被修改的场合一般包括将相关内容添加至文件结尾处，或者完全重写该文件。如果希望在较大的数据集中快速地修改信息，唯一的方式是使用数据库管理器。本节将学习如何通过简单的示例操控 SQLite 数据库。

下面首先考查 3 种较为流行的数据库管理器。

❑ 单用户数据库：将所有数据库存储于单一文件中，并可通过应用程序代码予以访问。数据库代码被链接至应用程序中（可能是静态链接库或动态链接库）。一次只能一名用户可对其进行访问，所有用户均持有管理权限。若将数据库移至某处，仅需移动文件即可。在该类别中，SQLite 和 Microsoft Access 是较为流行的选择方案。

❑ DBMS：该处理过程需要作为服务启动，多个客户端可同时连接至其中。另外，它们还可同时应用更改，而不会造成任何数据损坏。相应地，DBMS 需要更多的存储空间、内存空间和启动时间（针对服务器）。对此，存在多种选择方案，如 Oracle、Microsoft SQL Server、IBM DB2、MySQL 和 PostgreSQL。

❑ 键-值存储：该处理过程需要作为一项服务启动。多个客户端可同时连接至其中，并同时应用变化内容。实际上，键-值存储是一个较大的哈希映射，可供其他处理过程查询，可选择性地将其数据存储至某个文件中，并在重启时进行重载。与上述两种选择方案相比，键-值存储的流行力度较弱，但作为高性能网站的后台，键-值存储正处于不断的发展中。

接下来将阐述如何访问 SQLite 单用户数据库（sqlite_example 项目）、PostgreSQL DBMS（postgreSQL_example 项目）和 Redis 键-值存储（redis_example 项目）。接下来在 transformer 项目中，将结合使用 3 种数据库。

2.7 访问 SQLite 数据库

本节源代码位于 sqlite_example 项目中。当运行该项目时，打开其文件夹并输入 cargo run。

这将在当前文件夹中生成 sales.db 文件，该文件包含了一个 SQLite 数据库。随后在该数据库中将生成 Products 和 Sales 表，并向每个表中插入一行记录，进而在数据库上执行查询操作。查询操作查找全部销售额，并将每个销售额与其关联的商品进行连接。针对提取的每一行，将在控制台中输出一行内容，显示销售的时间戳、销售的重量和相关产品的名称。由于数据库中仅存在一项销售，因而对应结果如下所示。

```
At instant 1234567890, 7.439 Kg of pears were sold.
```

当前项目仅使用了 rusqlite 库，其名称为 Rust SQLite 的缩写。当使用 rusqlite 库时，Cargo.toml 必须包含下列代码行。

```
rusqlite = "0.23"
```

下面考查如何实现 sqlite_example 项目的工作代码。其中，main 函数十分简单，如下所示。

```
fn main() -> Result<()> {
    let conn = create_db()?;
    populate_db(&conn)?;
    print_db(&conn)?;
    Ok(())
}
```

main 函数调用 create_db 以打开或创建一个包含空表的数据库，提示打开并返回该数据库的连接。

随后调用 populate_db 并向引用连接的数据库表中插入多行数据。

最后调用 print_db 在当前数据库上执行查询，并输出由该查询提取的数据。

create_db 函数篇幅较长，但易于理解，如下所示。

```
fn create_db() -> Result<Connection> {
    let database_file = "sales.db";
    let conn = Connection::open(database_file)?;
    let _ = conn.execute("DROP TABLE Sales", params![]);
    let _ = conn.execute("DROP TABLE Products", params![]);
    conn.execute(
        "CREATE TABLE Products (
            id INTEGER PRIMARY KEY,
            category TEXT NOT NULL,
            name TEXT NOT NULL UNIQUE)",
        params![],
    )?;
    conn.execute(
        "CREATE TABLE Sales (
            id TEXT PRIMARY KEY,
            product_id INTEGER NOT NULL REFERENCES Products,
            sale_date BIGINT NOT NULL,
            quantity DOUBLE PRECISION NOT NULL,
            unit TEXT NOT NULL)",
        params![],
    )?;
    Ok(conn)
}
```

Connection::open 函数简单地使用了 SQLite 数据库文件的路径打开一个连接。如果该文件不存在，则创建该文件。可以看到，所生成的 sales.db 文件较小。一般情况下，DBMS

的空数据库要大 1000 倍。

　　当执行数据操控命令时，将调用连接的 execute 方法。该方法的第 1 个参数是一条 SQL 语句，可能包含了一些\$1、\$2、\$3 指定的参数等；第 2 个参数则是指向一个数值切片的引用（用于替换这些参数）。

　　当然，如果不存在任何参数，参数值列表必须为空。第 1 个参数值（索引 0）替换\$1 参数，第 2 个参数替换\$2 参数等。

　　注意，参数化 SQL 语句的参数可能是不同的数据类型（数字、alpha-数字、BLOB 等），但 Rust 集合仅可包含相同的数据类型。因此，params!宏用来执行某些技巧性工作。execute 方法的第 2 个参数的数据类型应为集合类型并可遍历，其各项内容实现了 ToSql 特性。顾名思义，实现了该特性的对象可用作 SQL 语句的参数。rusqlite 库则针对多个 Rust 基本类型（如数字和字符串）包含了该特性的实现。

　　例如，params!(34, "abc")表达式生成一个可遍历的集合。该迭代的第 1 项可被转换为包含数字 34 的对象，该数字可以用来替换数字类型的 SQL 参数；迭代的第 2 项可被转换为包含"abc"字符串的对象，该字符串可用于替换 alpha-数字类型的 SQL 参数。

　　下面考查 populate_db 函数，相关语句将多个行插入数据库中。

```
conn.execute(
    "INSERT INTO Products (
        id, category, name
        ) VALUES ($1, $2, $3)",
    params![1, "fruit", "pears"],
)?;
```

如前所述，上述语句具有下列 SQL 语句的效果。

```
INSERT INTO Products (
        id, category, name
        ) VALUES (1, 'fruit', 'pears')
```

最后是稍显复杂的 print_db 函数，如下所示。

```
fn print_db(conn: &Connection) -> Result<()> {
    let mut command = conn.prepare(
        "SELECT p.name, s.unit, s.quantity, s.sale_date
        FROM Sales s
        LEFT JOIN Products p
        ON p.id = s.product_id
        ORDER BY s.sale_date",
    )?;
    for sale_with_product in command.query_map(params![], |row| {
```

```
    Ok(SaleWithProduct {
        category: "".to_string(),
        name: row.get(0)?,
        quantity: row.get(2)?,
        unit: row.get(1)?,
        date: row.get(3)?,
    })
})? {
    if let Ok(item) = sale_with_product {
        println!(
            "At instant {}, {} {} of {} were sold.",
            item.date, item.quantity, item.unit, item.name
        );
    }
}
Ok(())
}
```

当执行 SQL 查询时，首先需要准备 SELECT SQL 语句，即调用连接的 prepare 方法，并利用 Statement 数据类型将其转换为有效的内部格式。随后，对应对象被赋予 command 变量。准备完毕的语句应是可变的，并支持参数替换。但在当前示例中，我们并未使用任何参数。

查询将生成多行数据，并一次处理一行数据。因而需要根据该命令创建一个迭代器，并通过调用该命令的 query_map 方法执行。该方法接收两个参数（即参数值切片和一个闭包），并返回一个迭代器。query_map 方法执行两项工作：首先替换指定的参数，随后使用闭包将每个提取行映射（或转换）至一个更加方便的结构中。在当前示例中，我们并没有参数可替换，因而仅利用 SaleWithProduct 类型创建一个特定的结构。当从某一行中提取字段时，可使用 get 方法。该方法相对于 SELECT 查询中指定的字段定义了一个从 0 开始的索引。

前述内容介绍了如何访问 SQLite 数据库，接下来考查 PostgreSQL 数据库管理系统。

2.8　访问 PostgreSQL 数据库

SQLite 数据库类似于 PostgreSQL 数据库，因为二者均基于 SQL 语言，且 SQLite 设计理念也类似于 PostgreSQL。由于 PostgreSQL 包含了诸多 SQLite 不具备的高级特性，因而难以将 PostgreSQL 应用程序转换为 SQLite。

本节将在前述示例的基础上与 PostgreSQL 协同工作，并解释 PostgreSQL 与 SQLite 之间的差别。

本节的源代码位于 postgresql_example 文件夹中。当运行该项目时，打开其文件夹并输入 cargo run，这将执行与 sqlite_example 相同的一些操作，因此在创建并填充数据库后，将生成下列信息。

```
At instant 1234567890, 7.439 Kg of pears were sold.
```

当前项目仅使用 postgres 库，即 postgresql 的缩写。

创建 PostgreSQL 数据库的连接与 SQLite 数据库有所不同。由于后者仅是一个文件，因此其操作方式类似于打开一个文件，随后编写 Connection::open(<pathname of the db file>)语句即可。相反，当连接 PostgreSQL 数据库时，需要访问服务器运行的计算机，随后访问服务器监听的 TCP 端口，并指定该服务器的证书（用户名和密码）。作为可选项，我们可指定所用服务器管理的数据库。

因此，通用的调用形式是 Connection::connect(<URL>, <TlsMode>)，其中，URL 可以是 postgres://postgres:post@localhost:5432/Rust2018。这里，URL 的通用形式是 postgres://username[:password]@host[:port][/database]。其中，密码、端口和数据库部分均为可选项。TlsMode 参数用于指定连接是否被加密。

另外，端口也是可选项，因为默认时端口值为 5432。除此之外，另一个不同之处是，postgres 库不使用 params!宏，并可指定一个指向切片的引用。在当前示例中，由于无须指定任何参数，因此这将是一个空切片（&[]）。

相应地，表的创建和填写类似于 sqlite_example 项目，而查询过程则稍有不同，下列代码列出了 print_db 函数体。

```
for row in &conn.query(
    "SELECT p.name, s.unit, s.quantity, s.sale_date
    FROM Sales s
    LEFT JOIN Products p
    ON p.id = s.product_id
    ORDER BY s.sale_date",
    &[],
)? {
    let sale_with_product = SaleWithProduct {
        category: "".to_string(),
        name: row.get(0),
        quantity: row.get(2),
        unit: row.get(1),
        date: row.get(3),
```

```
    };
    println!(
        "At instant {}, {} {} of {} were sold.",
        sale_with_product.date,
        sale_with_product.quantity,
        sale_with_product.unit,
        sale_with_product.name
    );
}
```

对于 PostgreSQL，连接类的 query 方法执行参数替换工作，这类似于 execute 方法，但不会将某一行映射至某个结构中。相反，该方法返回一个迭代器，以供 for 语句使用。随后，在循环体中，变量 row 用于填充结构。

在讨论了 SQLite 和 PostgreSQL 数据库的数据访问方法后，下面介绍 Redis 存储的数据存储和检索方法。

2.9 在 Redis 中存储和检索数据

某些应用程序针对特定的数据类型应具备快速的响应时间，且快于 DBMS 提供的时间。通常情况下，单用户 DBMS 已经足够快了，但对于某些应用程序（一般是大规模 Web 应用程序），会存在数百个并发查询和大量的并发更新。对此，我们可采用多台计算机，但数据也需要据此保持一致，因而这将会导致性能的瓶颈。

针对这一问题，一种解决方案是使用键-值存储，这是一种较为简单的数据库并可在网络间复制，同时还保持了内存数据的速度最大化，并可将数据保存至某个文件中。如果服务器终止，这可避免信息丢失。

键-值存储类似于 Rust 标准库中的 HashMap 集合，但通过服务器进程进行管理，因而可运行于不同的计算机上。查询行为则可被视为客户端和服务器间的消息交换。当前，Redis 是最为流行的键-值存储之一。

本节项目的源代码位于 redis_example 文件夹中。当运行该项目时，打开该文件夹并输入 cargo run。这将输出下列信息。

```
a string, 4567, 12345, Err(Response was of incompatible type:
"Response type not string compatible." (response was nil)), false.
```

这简单地在当前计算机上创建一个数据存储，并将下列 3 个键-值对存储于其中。

❑ 与"a string"关联的"aKey"。

❏　　与 4567 关联的"anotherKey"。

❏　　与 12345 关联的 45。

接下来针对下列键查询当前存储。

❏　　"aKey"包含了一个"a string"值。

❏　　"anotherKey"包含了一个 4567 值。

❏　　45 包含了一个 12345 值。

❏　　40 包含了一个错误。

当查询当前存储是否包含键 40 时将出现错误。

当前项目仅使用了 redis 库。

对应代码较为简单,下面考查其工作方式。

```
fn main() -> redis::RedisResult<()> {
    let client = redis::Client::open("redis://localhost/")?;
    let mut conn = client.get_connection()?;
```

首先需要获取一个客户端。redis::Client::open 调用接收一个 URL,并检查该 URL 是否有效。如果 URL 有效,则返回 redis::Client 对象,且不包含处于开启状态的连接。随后,客户端的 get_connection 方法尝试进行连接,若成功则返回一个打开的连接。

实际上,任何连接均包含下列 3 个重要的方法。

❏　　set 方法:尝试存储一个键-值对。

❏　　get 方法:尝试检索与特定键关联的值。

❏　　exists 方法:尝试检查特定键是否存在于存储中,且不检索其关联值。

随后调用 3 次 set 方法,并包含不同的键-值类型。

```
conn.set("aKey", "a string")?;
conn.set("anotherKey", 4567)?;
conn.set(45, 12345)?;
```

最后调用 get 方法 4 次并调用 exists 方法 1 次。其间,前 3 次调用将获取存储值,而第 4 次调用则指定了一个不存在的值,因而方法返回一个 null 值,且无法转换为 String,因此最终产生一个错误。

```
conn.get::<_, String>("aKey")?,
conn.get::<_, u64>("anotherKey")?,
conn.get::<_, u16>(45)?,
conn.get::<_, String>(40),
conn.exists::<_, bool>(40)?);
```

当然,我们可一直检查错误并判断键是否存在。但更加简洁的方案是调用 exists 方法,该方法将返回一个表示键是否存在的布尔值。

至此，我们了解了如何针对流行的数据库使用 Rust 库访问、存储和检索数据。

2.10　整 合 方 案

前述各节讲述了下列内容。

❑　如何读取 TOML 文件并参数化程序。

❑　如何将与商品和销售相关的数据载入内存中，对应格式为 JSON 文件和 XML 文件。

❑　如何将数据存储至 3 处，即 SQLite DB 文件、PostgreSQL 数据库和 Redis 键-值存储。

完整示例的源代码位于 transformer 项目中。当运行该项目时，打开该文件夹并输入 cargo run ../data/config.toml。如果一切顺利，这将重新生成并填充 data/sales.db 文件中的 SQLite 数据库，可以从本地主机 5432 端口上访问的 PostgreSQL（命名为 Rust2018），以及可从本机访问的 Redis 存储。接下来，针对表中的多个行查询 SQLite 和 PostgreSQL 数据库，并输出下列内容。

```
SQLite #Products=4.
SQLite #Sales=5.
PostgreSQL #Products=4.
PostgreSQL #Sales=5.
```

至此，我们考查了一个更加复杂的数据操控的示例。

2.11　本 章 小 结

本章考查了一些基本技术，包括常见文本格式（TOML、JSON 和 XML）的数据访问、数据库管理器（SQLite、PostgreSQL 和 Redis）管理的数据。当然，市场上还存在其他一些文件格式和数据库管理器可供我们学习参考。对于各种应用程序类型来说，这些技术十分有用。

第 3 章将学习如何利用 REST 体系结构构建后端服务。为了保持章节的自解释性，我们仅使用一种框架接收并响应 Web 请求，而非数据库。当然，实际操作并非如此，但通过整合这些 Web 技术，我们可构建真实的 Web 服务。

2.12　本章练习

（1）为什么以编程方式更改用户编辑的 TOML 文件并不是一种较好的做法？

（2）何时适宜使用 TOML 或 JSON 文件的动态类型解析机制？何时适宜使用静态类型解析机制？

（3）何时需要从 Serialize 和 Deserialize 特性派生一个结构？

（4）较好的 JSON 字符串生成方法是什么？

（5）为何流解析器优于单一调用的解析器？

（6）SQLite 和 PostgreSQL 适用场合是什么？

（7）与 SQL 命令一起传递至 SQLite 数据库管理器的参数类型是什么？

（8）PostgreSQL 数据库中 query 方法的功能是什么？

（9）在 Redis 键-值存储中，读写值的函数名称是什么？

（10）尝试编写一个程序，从命令行参数中获取 ID，并针对这一 ID 查询 SQLite、PostgreSQL 或 Redis 数据库，最后输出与所查找数据相关的信息。

第 3 章　创建 REST Web 服务

之前曾开发和使用了多种技术创建客户端-服务器系统。但在最近的几十年中，所有的客户端-服务器体系结构均趋向于 Web，也就是说，基于超文本传输协议（HTTP）。这里，HTTP 基于传输控制协议（TCP）和互联网协议（IP）。特别地，两种基于 Web 的体系结构变得十分流行，即简单对象访问协议（SOAP）和表述性状态传输（REST）。

SOAP 是一个实际的协议，而 REST 只是一个原则的集合。遵循 REST 原则的 Web 服务被称为 RESTful。本章将考查如何利用流行的 Actix Web 框架构建 RESTful 服务。

任何 Web 服务（包括 REST Web 服务）均可供 Web 客户端使用，也就是说，可在 TCP/IP 网络上发送 HTTP 请求的任何程序。其中，最为典型的 Web 客户端是运行于 Web 浏览器中并包含 JavaScript 代码的 Web 页面。另外，采用任何语言编写以及运行于实现了 TCP/IP 协议的任何操作系统中的程序均可视为一个 Web 客户端。

Web 服务器也被称作后端，而 Web 客户端则被称作前端。

本章主要涉及以下主题。

❑ REST 体系结构。
❑ 利用 Actix Web 框架构建 Web 服务的存根，并实现 REST 原则。
❑ 构建完整的 Web 服务，包括上传文件、下载文件，以及检测客户端上的文件。
❑ 作为内存数据库或数据库的连接池处理内部状态。
❑ 使用 JSON 格式向客户端发送数据。

3.1　技 术 需 求

为了方便地理解本章内容，下面首先介绍 HTTP 方面的基础知识，对应概念如下所示。

❑ 统一资源标识符（URI）。
❑ 方法（如 GET）。
❑ 头。
❑ 体。
❑ 内容类型（如 plain/text）。
❑ 状态码（如 Not Found=404）。

在启动具体项目之前，计算机上应安装了通用 HTTP 客户端。本章示例中所采用的的工具是命令行工具 curl，该工具适用于任何操作系统，其官方下载页面是 https://curl. haxx.se/download.html。特别地，Microsoft Windows 页面为 https://curl.haxx.se/windows/。

此外，我们还可尝试使用其他 Web 浏览器实用程序，如 Chrome 中的 Advanced REST Client，或者 Firefox 中的 RESTED 或 RESTer。

本章完整的源代码位于存储库的 Chapter03 文件夹中，对应网址为 https://github.com/ PacktPublishing/Creative-Projects-for-Rust-Programmers。

3.2　REST 体系结构

REST 体系结构基于 HTTP 协议，但不需要特定的数据格式，因而可以多种格式传输数据，如纯文本、JSON、可扩展的标记语言（XML）或二进制格式（编码为 Base64）。

许多 Web 资源描述了 REST 体系结构范式，如 https://en.wikipedia.org/wiki/Representational_ state_transfer。

REST 体系结构的概念十分简单，它是 WWW 项目背后思想最直接的延伸。

WWW 项目作为全球超文本库诞生于 1989 年。超文本是一种文档，并包含了指向其他文档的链接，以便通过单击链接即可查看大量的文档。此类文档遍布于互联网中，并通过唯一描述（即统一资源定位符）予以识别。共享此类文档的协议是 HTTP，且文档采用超文本标记语言（HTML）编写。另外，文档还可嵌入图像，也可以通过 URL 地址引用。

HTTP 协议可将页面下载至文档查看器（Web 浏览器）中，也可上传新的文档并与其他用户共享。此外，还可利用新的版本替换现有的文档，或者删除已有的文档。

如果文档或文件这一类概念被替换为命名数据或资源，我们即得到了 REST 这一概念。与 RESTful 服务器的任何交互都是对数据块的操作，并通过名称引用数据。当然，此类数据可以是磁盘文件，但也可以是通过查询识别的数据库中的一组记录，甚至是内存中保存的变量。

RESTful 服务器较为特殊的一点是缺少服务器端的客户端会话。类似于任何超文本服务器，RESTful 服务器不存储客户端已登录这一事实。如果存在与某个会话关联的数据，如当前用户或之前访问的页面，那么该数据仅属于客户端一侧。最终，当客户端需要访问特权服务或特定用户的数据时，请求必须包含用户的凭证。

为了改进性能，服务器可在缓存中存储会话信息，但应处于透明状态。服务器（除了其性能）应该表现得像它不保留任何会话信息一样。

3.3 项 目 概 览

本节将构建多个项目，并在每个项目中分别引入新特性，如下所示。

❑ 第 1 个项目将构建服务的存根程序，以使客户端可从服务器上传、下载或删除文件。该项目展示了如何创建一个 REST 应用程序编程接口，但不执行实际的工作。

❑ 第 2 个项目实现上一个项目中描述的 API，并构建一项服务，以使任何客户端能够从服务器文件系统中上传、下载或删除文件。

❑ 第 3 个项目将构建一项服务，以使客户端向驻留于服务器进程中的内存数据库添加键-值记录，并召回构建于服务器中的预定义查询。此类查询结果将被发送回纯文本格式的客户端中。

❑ 第 4 个项目与第 3 个项目类似，但结果将以 JSON 格式编码。

对应的源代码并不复杂，但包含了 Actix Web 库，该库又涵盖了大约 200 个库，因而项目的首次构建大约花费 10min。对应用程序代码后续进行修改后，构建过程仅花费 10～30s。

对于 Rust 来说，选择 Actix Web 库的原因在于，Actix 是一个功能完整、可靠、高性能、文档良好的服务器端 Web 应用程序框架。

该框架不仅限于 RESTful 服务，还可用于构建不同种类的服务器端 Web 软件。Actix 是 Actix 网络框架的扩展，旨在实现不同类型的网络服务。

3.4 背景知识和上下文环境

如前所述，RESTful 服务基于 HTTP 协议，这是一个相当复杂的协议，但其核心部分却较为简单，此处采用了其简化版本。

该协议基于一对消息。首先，客户端向服务器发送一个请求，在服务器接收到该请求后，通过向客户端发送一个响应予以回复。这两条消息均为美国信息交换标准代码（ASCII）文本，因而易于操控。

HTTP 协议通常基于 TCP/IP 协议，从而保证这些消息到达指定的位置。

典型的 HTTP 请求消息如下所示。

```
GET /users/susan/index.html HTTP/1.1
Host: www.acme.com
Accept: image/png, image/jpeg, */*
```

```
Accept-Language: en-us
User-Agent: Mozilla/5.0
```

上述消息包含了 6 行信息（最后一行为空行）。

其中，第 1 行始于 GET，即指定请求操作的方法，随后依次是资源的 UNIX 路径和协议的版本（此处为 1.1）。

接下来的 4 行代码包含了简单的属性，这些属性被命名为头。相应地，存在多个可选头。

随后的空行表示为体，用于发送原始数据，即使是大量的数据。

因此，源自 HTTP 协议的请求向服务器发送一个命令名称（方法），随后是资源标识符（路径）、属性（每行一个属性）、空行和可能的原始数据（体）。

其中较为重要的方法如下。

- ❑ GET：该方法请求从服务器下载的资源（通常是 HTML 文件、图像文件或其他任意数据）。对应的路径指定资源的读取位置。
- ❑ POST：该方法向服务器发送数据。对应路径指定了数据的添加位置。如果路径标识了任何现有的数据，服务器将返回一个错误码。相应地，要发送的数据内容位于 body 部分。
- ❑ PUT：该方法类似于 POST 命令，但替换已有的数据。
- ❑ DELETE：请求路径指定的被移除的资源。

典型的 HTTP 响应消息如下。

```
HTTP/1.1 200 OK
Date: Wed, 15 Apr 2020 14:03:39 GMT
Server: Apache/2.2.14
Accept-Ranges: bytes
Content-Length: 42
Connection: close
Content-Type: text/html

<html><body><p>Some text</p></body></html>
```

响应消息的第 1 行始于协议的版本，随后是文本格式和数字格式的状态码。其中，200 OK 表示成功。

接下来是 6 个头、空行和 body（也可能为空）。在当前示例中，body 中包含了一些 HTML 代码。

关于 HTTP 的更多内容，读者可访问 https://en.wikipedia.org/wiki/Hypertext_Transfer_Protocol。

3.5　构建 REST Web 服务的存根程序

典型的 REST 服务示例是针对文本文件上传和下载的 Web 服务。下面首先考查一个简单的项目 file_transfer_stub，该项目模拟当前服务，但并不在文件系统上执行任何实际的操作。

此外我们还将看到如何构造 RESTless Web 服务的 API，但不会被命令的实现细节所淹没。

稍后将通过具体实现进一步完善该示例，进而获得一个可工作的文件管理 Web 应用程序。

3.5.1　运行和测试服务

当运行当前服务时，可在控制台中输入 cargo run。在程序构建完毕后，将输出 Listening at address 127.0.0.1:8080 ...，同时保持对输入请求的监听。

当测试当前服务时，我们需要一个 Web 客户端。如果可以的话，可使用一个浏览器扩展。但在本章中，我们将使用 curl 命令行实用程序。

file_transfer_stub service 和 the file_transfer（稍后将对其进行考查）服务包含相同的 API，并涵盖了下列 4 条命令。

（1）利用指定的名称下载文件。

（2）利用指定的名称和内容上传文件。

（3）上传具有指定名称前缀和指定内容（作为响应包含完整的名称）的文件。

（4）利用指定的名称删除一个文件。

3.5.2　利用 GET 方法获取资源

当下载 REST 体系结构中的资源时，应使用 GET 方法。针对这些命令，URL 应指定下载的文件名称。另外，此处不应传递附加数据，响应结果应仅包含文件内容和状态码，如 200、404 或 500。

（1）向控制台中输入下列命令。

```
curl -X GET http://localhost:8080/datafile.txt
```

（2）在控制台中，应输出下列模拟信息，随后立即出现提示符。

```
Contents of the file.
```

（3）在另一个控制台中将输出下列内容。

```
Downloading file "datafile.txt" ... Downloaded file "datafile.txt"
```

该命令模拟了当前请求，并从服务器的文件系统中下载 datafile.txt 文件。

（4）GET 方法是 curl 的默认方法，因而可简单地输入下列内容。

```
curl http://localhost:8080/datafile.txt
```

（5）此外，还可通过下列命令将输出结果重定向至任何文件中。

```
curl http://localhost:8080/datafile.txt >localfile.txt
```

至此，我们讨论了如何通过 curl 使用 Web 服务，进而下载一个远程文件，并将其输出至控制台中，或保存至一个本地文件中。

3.5.3　利用 PUT 方法向服务发送命名资源

当上传 REST 体系结构中的资源时，应使用 PUT 或 POST 方法。当客户端了解资源的存储位置时（即识别密钥），可使用 PUT 方法。如果已存在包含该密钥的资源，对应资源将被新上传的资源所替代。

（1）在控制台中输入下列命令。

```
curl -X PUT http://localhost:8080/datafile.txt -d "File contents."
```

（2）在控制台中，提示符将立即出现。同时，在另一个控制台中，将输出下列信息。

```
Uploading file "datafile.txt" ... Uploaded file "datafile.txt"
```

该命令模拟当前请求，并将一个文件发送至服务器中。其间，客户端指定了资源的名称，以便具有该名称的资源已存在时进行覆写。

（3）可通过下列方式使用 curl，并发送指定的本地文件中的数据。

```
curl -X PUT http://localhost:8080/datafile.txt -d @localfile.txt
```

🔵 提示：

此处，curl 命令包含了一个额外的参数-d，进而可指定需要发送至服务器的数据。如果随后是@符号，那么该符号后的文本将用作上传文件的路径。

对于这些命令，URL 应指定上传文件的名称和文件内容，响应结果应仅包含状态码，即 200、201（创建）或 500。这里，200 和 201 的区别在于，对于 200，已有文件被覆写；而对于 201，则创建一个新文件。

至此，我们讨论了基于 curl 的 Web 服务使用方式，并将一个字符串上传至一个远程文件中，同时指定了该文件的名称。

3.5.4　利用 POST 方法向服务器传递新资源

在 REST 体系结构中，当服务负责为新资源生成标识符密钥时，将使用 POST 方法。因此，请求内容无须对此加以指定。相应地，客户端可指定标识符的模式或前缀。由于密钥自动生成且唯一，因此不存在包含相同密钥的另一个资源。随后，生成后的密钥应返回客户端中，否则将无法在后续操作中引用该资源。

（1）当上传一个包含未知名称的资源时，可向控制台中输入下列命令。

```
curl -X POST http://localhost:8080/data -d "File contents."
```

（2）在当前控制台中，将输出文本 data17.txt，随后立即显示提示符。该文本表示为接收自服务器的当前文件的模拟名称。在另一个控制台中，将输出下列信息。

```
Uploading file "data*.txt" ... Uploaded file "data17.txt"
```

该命令表示当前请求，并将一个文件发送至服务器，服务器针对资源指定唯一的新名称，以便其他资源不会被覆写。

针对该命令，URI 不应指定上传文件的全名——仅需要前缀即可。当然，当前请求还应包含文件内容。响应结果包含了最新创建的文件的完整名称和状态码。在当前示例中，状态码为 201 或 500，因为文件已经存在的可能性已被排除了。

至此，我们学习了如何基于 curl 使用 Web 服务，并将一个字符串上传至一个新的远程文件中，同时将为该新文件创建新名称的任务留于服务器中。此外，生成的文件名作为响应结果被发送回来。

3.5.5　利用 DELETE 方法删除资源

在 REST 体系结构中，当删除一个资源时，应使用 DELETE 方法。

（1）向控制台中输入下列命令（注意，此处不会删除真实的文件）。

```
curl -X DELETE http://localhost:8080/datafile.txt
```

（2）在命令输入完毕后，将立即显示提示符。在服务器控制台中，将显示下列信息。

```
Deleting file "datafile.txt" ... Deleted file "datafile.txt"
```

该命令表示为当前请求，并从服务器的文件系统中删除一个文件。对于此类命令，

URL 应执行删除文件的名称，且不会传递任何额外的数据，同时仅返回状态码，即 200、404 或 500。因此，可以看到基于 curl 的当前 Web 服务删除了一个远程文件。

最后，可能的服务状态码包含以下内容。

❑　200：OK。

❑　201：创建。

❑　404：未找到。

❑　500：内部服务器错误。

另外，当前 API 的 4 个命令如表 3.1 所示。

表 3.1

方　　法	URI	请求数据格式	响应数据格式	状　态　码
GET	/{文件名}	—	文本/纯文本	200、404、500
PUT	/{文件名}	文本/纯文本	—	200、201、500
POST	/{文件名前缀}	文本/纯文本	文本/纯文本	201、500
DELETE	/{文件名}	—	—	200、404、500

3.5.6　发送无效的命令

下面考查当发送无效命令时服务器的行为。

（1）在控制台中输入下列命令。

```
curl -X GET http://localhost:8080/a/b
```

（2）在控制台中，将立即显示提示符。在另一个控制台中，将输出下列信息。

```
Invalid URI: "/a/b"
```

该命令表示为当前请求，并从服务器处获取/a/b 资源。但是，由于 API 不允许该方法指定资源，因此服务拒绝了当前请求。

3.5.7　实现代码

main 函数包含下列语句。

```
HttpServer::new(|| ... )
.bind(server_address)?
.run()
```

其中，第 1 行代码创建一个 HTTP 服务器实例。此处暂且忽略闭包体。

　　第 2 行代码将服务器绑定至一个由 IP 地址和 IP 端口组成的 IP 端点，并在绑定失败时返回一条错误消息。

　　第 3 行代码将当前线程置于该端点的监听模式，并阻塞线程，等待进入的 TCP 连接请求。

　　HttpServer::new 函数调用的参数是一个闭包，如下所示。

```
App::new()
    .service(
        web::resource("/{filename}")
            .route(web::delete().to(delete_file))
            .route(web::get().to(download_file))
            .route(web::put().to(upload_specified_file))
            .route(web::post().to(upload_new_file)),
    )
    .default_service(web::route().to(invalid_resource))
```

　　在闭包中，将创建一个新的 Web 应用程序，随后是应用于其上的 service 函数调用。该函数包含了一个 resource 函数调用，并返回一个对象，接下来在该对象上调用了 4 次 route 函数。最后，default_service 函数调用应用于当前应用程序对象上。

　　这一类复杂的语句实现了一种机制，并根据 HTTP 请求的路径和方法决定调用哪一个函数。在 Web 语言术语中，这种机制被称作路由。

　　请求路由首先在地址 URI 和一个或多个模式间执行模式匹配。在当前示例中，仅存在一种模式，即/{filename}，进而描述了包含初始斜杠（/）和一个单词构成的 URI。其中，对应的单词与文件名关联。

　　接下来，4 次 route 函数调用根据 HTTP 方法（DELETE、GET、PUT、POST）执行路由机制。针对每种可能的 HTTP 方法存在一个特定的函数，随后是 to()函数调用，对应的参数为一个处理函数。

　　Route 函数调用包含以下内容。

- ❑ 如果当前 HTTP 命令的请求方法是 DELETE，那么此类请求应发往 delete_file 函数进行处理。
- ❑ 如果当前 HTTP 命令的请求方法是 GET，那么此类请求应发往 download_file 函数进行处理。
- ❑ 如果当前 HTTP 命令的请求方法是 PUT，那么此类请求应发往 upload_specified_file 函数进行处理。
- ❑ 如果当前 HTTP 命令的请求方法是 POST，那么此类请求应发往 upload_new_file 函数进行处理。

上述 4 个处理函数（称作处理程序）应在当前域中予以实现。实际上，这些函数已被定义，其间夹杂着 TODO 注释，用以提示应用程序（而非存根）所缺失的内容。无论如何，这一类处理程序包含了许多功能。

这一类路由机制可通过英文阅读，通过这种方式，对于 DELETE 命令则有以下阅读方式。

```
Create a service to manage the web::resource named /{filename}, to route
a delete command to the delete_file handler.
```

在所有模式之后，还存在一个 default_service 函数调用，并表示为一种 catch-all 模式，一般用于处理无效的 URI，如前述示例中的/a/b。

catch-all 语句中的参数（即 web::route().to(invalid_resource)）导致路由至 invalid_resource 函数中，其阅读方式如下所示。

```
For this web command, route it to the invalid_resource function.
```

接下来首先查看最简单的处理程序，如下所示。

```
fn invalid_resource(req: HttpRequest) -> impl Responder {
    println!("Invalid URI: \"{}\"", req.uri());
    HttpResponse::NotFound()
}
```

invalid_resource()函数接收一个 HttpRequest 对象，并返回实现了 Responder 特性的内容。这意味着，该函数处理一个 HTTP 请求，并返回可转换为 HTTP 响应结果的内容。

invalid_resource()函数较为简单且涵盖了较少的工作量：将 URI 输出至控制台中，同时返回 Not Found HTTP 状态码。

其他 4 个处理程序则接收不同的参数，形如 info:Path<(String,)>。此类参数包含了之前匹配的路径描述，filename 参数则被置入一个单值元组中，位于 Path 对象内。这是因为，这些处理程序并不需要全部 HTTP 请求，而只需要解析后的路径参数。

注意，这里仅有一个处理程序接收 HttpRequest 类型的参数，而其他处理程序则接收 Path<(String,)>类型的参数。这种语法是可能的，因为在 main 函数中调用的 to 函数需要一个泛型函数作为参数，该泛型函数的参数可以是几种不同的类型。

注意，所有的 4 个处理程序均始于下列语句。

```
let filename = &info.0;
```

上述语句获取指向元组第 1 个字段的引用，其中包含了路径模式匹配结果的参数，只要路径包含了一个参数，该过程即会工作。相应地，/a/b 路径无法与该模式进行匹配，因为其中包含了两个参数。另外，/路径也无法匹配——此处未包含任何参数。各种情况结束于 catch-all 模式。

接下来考查 delete_file 函数，如下所示。

```
print!("Deleting file \"{}\" ... ", filename);
flush_stdout();

// TODO: Delete the file.

println!("Deleted file \"{}\"", filename);
HttpResponse::Ok()
```

上述代码包含了两个信息输出语句，并返回一个成功值。在代码的中间部分，删除文件的实际语句尚未被定义。另外，flush_stdout 函数则用于向控制台中发送文本消息。

download_file 函数也大同小异，但考虑到该函数发送回文件内容，因而包含了更为复杂的响应结果，如下所示。

```
HttpResponse::Ok().content_type("text/plain").body(contents)
```

通过 Ok()的调用返回的对象被修饰，对此，首先调用 content_type 并将 text/plain 设置为返回体类型；其次，调用 body 并将文件内容设置为响应体。

upload_specified_file 函数则较为简单，当前尚缺少两项主要任务：从请求体中获取置入文件中的文本，以及将该文本保存至文件中，对应代码如下。

```
print!("Uploading file \"{}\" ... ", filename);
flush_stdout();

// TODO: Get from the client the contents to write into the file.
let _contents = "Contents of the file.\n".to_string();

// TODO: Create the file and write the contents into it.

println!("Uploaded file \"{}\"", filename);
HttpResponse::Ok()
```

upload_new_file 函数并无太多变化，但尚缺少一个步骤：针对保存的文件生成唯一的文件名，对应代码如下：

```
print!("Uploading file \"{}*.txt\" ... ", filename_prefix);
flush_stdout();

// TODO: Get from the client the contents to write into the file.
```

```
let _contents = "Contents of the file.\n".to_string();

// TODO: Generate new filename and create that file.
let file_id = 17;

let filename = format!("{}{}.txt", filename_prefix, file_id);

// TODO: Write the contents into the file.

println!("Uploaded file \"{}\"", filename);
HttpResponse::Ok().content_type("text/plain").body(filename)
```

至此，我们考查了 Web 服务存根程序的全部 Rust 代码，稍后将查看该服务的完整实现。

3.6　构建完整的 Web 服务

通过弥补缺失内容，file_transfer 项目进一步完善了 file_transfer_stub 项目。

出于以下原因，前述项目尚缺少某些特性。

❑　服务较为简单且并未真正执行文件系统的访问。

❑　仅涉及同步处理。

❑　为了保持代码简洁，缺少故障类型。

接下来将移除上述各种限制条件。首先编译并运行 file_transfer 项目，随后采用与之前相同的命令对项目进行测试。

3.6.1　下载文件

下列步骤展示了如何下载一个文件。

（1）在控制台中输入下列命令。

```
curl -X GET http://localhost:8080/datafile.txt
```

（2）如果下载成功，服务器将向控制台中输出下列信息。

```
Downloading file "datafile.txt" ... Downloaded file "datafile.txt"
```

ⓘ 注意：

在客户端控制台中，curl 输出相关文件的具体内容。

当出现错误时，服务输出下列信息。

```
Downloading file "datafile.txt" ... Failed to read file
"datafile.txt": No such file or directory (os error 2)
```

至此，我们讨论了如何使用 Web 服务（基于 curl）下载一个文件。稍后我们将介绍
Web 服务如何在远程文件上执行其他操作。

3.6.2　将字符串上传至指定文件

下列命令将一个字符串上传至包含指定名称的远程文件中。

```
curl -X PUT http://localhost:8080/datafile.txt -d "File contents."
```

如果上传成功，服务器将向控制台中输出下列信息。

```
Uploading file "datafile.txt" ... Uploaded file "datafile.txt"
```

如果文件已存在，该文件将被覆写，否则将创建新的文件。
如果出现错误，Web 服务将输出下列内容。

```
Uploading file "datafile.txt" ... Failed to create file "datafile.txt"
```

或者输出下列信息。

```
Uploading file "datafile.txt" ... Failed to write file "datafile.txt"
```

当指定了文件名后，上述代码展示了如何使用 Web 服务（基于 curl）将字符串上传
至一个远程文件中。

3.6.3　将字符串上传至新文件中

下列命令将字符串上传至一个远程文件中，对应的文件名由服务器选择。

```
curl -X POST http://localhost:8080/data -d "File contents."
```

如果上传成功，服务器将向控制台中输出下列信息。

```
Uploading file "data*.txt" ... Uploaded file "data917.txt"
```

输出结果显示，文件名包含了一个伪随机数字，在当前示例中为 917。此外也会显示
其他数字。
在客户端控制台中，curl 输出了新文件的名称，因为服务器将其发送回当前客户端。
如果出现错误，服务器将输出下列信息。

```
Uploading file "data*.txt" ... Failed to create new file with prefix
"data", after 100 attempts.
```

或者输出下列信息。

```
Uploading file "data*.txt" ... Failed to write file "data917.txt"
```

至此，我们讨论了如何使用 Web 服务（基于 curl）将字符串上传至新的远程文件中，并将该文件的命名任务留于服务器中。另外，curl 工具作为响应结果接收这一新的文件名称。

3.6.4 删除一个文件

下列命令用于删除一个远程文件。

```
curl -X DELETE http://localhost:8080/datafile.txt
```

如果删除成功，服务器将向控制台中输出下列信息。

```
Deleting file "datafile.txt" ... Deleted file "datafile.txt"
```

否则，服务器将向控制台中输出下列信息。

```
Deleting file "datafile.txt" ... Failed to delete file "datafile.txt": No
such file or directory (os error 2)
```

至此，我们讨论了如何使用 Web 服务（基于 curl）删除一个远程文件。

3.6.5 代码实现

接下来查看当前程序与 3.5 节程序之间的区别。这里，Cargo.toml 文件包含了两个新的依赖项，如下所示。

```
futures = "0.1"
rand = "0.6"
```

其中，futures 库用于异步操作，而 rand 库则用于随机生成上传文件唯一的名称。
另外，我们还从外部库中导入了多种新的数据类型，如下所示。

```
use actix_web::Error;
use futures::{
    future::{ok, Future},
    Stream,
};
use rand::prelude::*;
use std::fs::{File, OpenOptions};
```

相应地，主函数包含了以下两处变化。

```
.route(web::put().to_async(upload_specified_file))
.route(web::post().to_async(upload_new_file)),
```

此处，两次 to 函数调用被替换为 to_async()函数调用。具体而言，to 函数被定义为同步函数（也就是说，保持当前线程忙碌，直至该函数结束）；而 to_async 函数则被定义为异步函数（可被适当延迟，直至出现所需的事件）。

这种变化也是上传请求实际情况所需的。此类请求可发送较大的文件（几兆字节），而 TCP/IP 协议则将这些文件划分为多个较小的包进行发送。如果服务器在接收到第 1 个包后即等待全部包的到达，那么这将浪费大量的时间。即使采用多线程，如果多个用户并发上传文件，虽然系统会提供尽可能多的线程来处理这样的上传行为，但总体是非常低效的。对此，一类更加高效的方案是异步处理。

to_async 函数无法作为参数接收一个同步处理程序，该函数需要接收一个返回包含impl Future<Item = HttpResponse, Error = Error>类型值的函数，而非同步处理程序返回的impl Responder 类型。这也是两个上传处理程序（即 upload_specified_file 和 upload_new_file）返回的实际类型。

返回的对象为抽象类型，且需要实现 Future 特性，这里，Future（自 2011 年后也用于 C++中）类似于 JavaScript 中的 Promises，表示一个未来时期的有效值，同时，当前线程可处理一些其他事件。

Future 实现为异步闭包，这意味着，这些闭包置于一个内部 Future 列表的队列中，而不是立即执行。如果当前线程中不存在其他运行任务，队列首部的 Future 将从队列中移除并被执行。

如果两个 Future 呈链式状态，那么第 1 个链失效将导致第 2 个 Future 被销毁；否则，如果链中的第 1 个 Future 成功，那么第 2 个 Future 则有机会运行。

返回前述两个上传函数中，其签名的另一个变化是接收两个参数。除了 Path<(String,)> 类型的参数之外（包含了文件名），还定义了一个 Payload 类型的参数。记住，具体内容可分段到达，因此这一类 Payload 参数不包含文件的文本内容，而是异步获取上传文件内容的对象。

具体应用则稍显复杂。

首先针对两个上传处理程序考查下列代码。

```
payload
    .map_err(Error::from)
    .fold(web::BytesMut::new(), move |mut body, chunk| {
```

```
        body.extend_from_slice(&chunk);
        Ok::<_, Error>(body)
    })
    .and_then(move |contents| {
```

其中，map_err 函数调用用于转换错误类型。

fold 函数调用从网络中一次接收一个数据块，并以此扩展 BytesMut 类型的对象。该类型实现了一类可扩展的缓冲区。

and_then 函数调用将另一个 Future 链接至当前 Future 上，该函数接收一个闭包，并在 fold()函数处理完毕后被调用。该闭包作为参数接收所有的上传内容。这也是能够链接两个 Future 的原因——任何以这种方式调用的闭包均在上一个闭包结束后以异步方式被执行。

闭包的内容简单地将接收到的内容写入包含指定名称的文件中，该操作以异步方式执行。

闭包的最后一行是 ok(HttpResponse::Ok().finish())，这也是从 Future 返回的方式，此处应注意小写字母 ok。

upload_new_file 函数就 Web 编程概念来讲并无太多变化，但因为以下原因该函数稍显复杂。

❑　未包含完整的文件名，仅提供了一个前缀，其余内容必须作为伪随机数被生成。

❑　最终的文件名必须被发送至客户端。

生成唯一文件名的算法如下。

（1）生成 3 位伪随机数，并连接至前缀。

（2）得到的名称用于创建一个文件，这避免了覆写包含该名称的已有文件。

（3）如果发生冲突，则生成另一个数字，直至创建一个新文件；或者直至进行了100 次尝试。

当然，这一过程假设上传文件的数量远远小于 1000。

delete_file 函数的最后一部分内容如下。

```
match std::fs::remove_file(&filename) {
    Ok(_) => {
        println!("Deleted file \"{}\"", filename);
        HttpResponse::Ok()
    }
    Err(error) => {
        println!("Failed to delete file \"{}\": {}", filename, error);
```

```
        HttpResponse::NotFound()
    }
}
```

上述代码处理文件检测故障。注意，当出现错误时，此处并未返回成功状态码 HttpResponse::Ok()，即数字 200，而是返回故障码 HttpResponse::NotFound()，即数字 404。

当前，download_file 函数包含了一个局部函数，并将文件的全部内容读取至一个字符串中，如下所示。

```
fn read_file_contents(filename: &str) -> std::io::Result<String> {
    use std::io::Read;
    let mut contents = String::new();
    File::open(filename)?.read_to_string(&mut contents)?;
    Ok(contents)
}
```

上述函数处理函数中可能出现的故障，如下所示。

```
match read_file_contents(&filename) {
    Ok(contents) => {
        println!("Downloaded file \"{}\"", filename);
        HttpResponse::Ok().content_type("text/plain").body(contents)
    }
    Err(error) => {
        println!("Failed to read file \"{}\": {}", filename, error);
        HttpResponse::NotFound().finish()
    }
}
```

3.7　构建状态服务器

file_transfer_stub 项目的 Web 应用程序是无状态的，这意味着，每项操作均具有独立于前一项操作的相同行为。另一种解释是，在一条命令和下一条命令之间未保存数据，或者只是计算纯函数。

file_transfer 项目的 Web 应用程序也包含了一个状态，但这种状态仅限于文件系统，即数据文件的内容。

REST 原则通常解释为，任何 API 必须是无状态的。这种说法并不适当，因为 REST 服务可以包含某种状态，但需要表现得像无状态一样。相应地，无状态意味着，除了文件系统和数据库之外，在请求处理之间，服务器中不存在任何信息。另外，"表现得像无状态一样"则意味着，任何请求序列均应获得相同的结果，即使服务器在请求间终止或重启。

进一步讲，如果服务器终止，其状态将丢失。因此，"表现得像无状态一样"是指行为应保持一致，即使状态被重置。那么，服务器状态的目的是什么？它是用于存储可通过任何请求再次获得的信息，但其代价相对高昂。这便是缓存机制这一概念的由来。

通常，任何 REST Web 服务器均包含内部状态。存储于该状态中的典型信息是数据库的连接池。连接池初始状态下为空，当第一个处理程序需要连接至数据库时，将搜索连接池以获得一个有效的连接。如果找到一个连接，则使用该连接；否则创建一个新连接并将其添加至连接池中。这里，连接池是一个必须被传递至请求处理程序的共享状态。

在前述项目中，请求处理程序是一个纯函数，且无法共享某一公共状态。在 memory_db 项目中，我们将考查如何持有 Actix Web 框架中的共享状态，并将其传递至请求处理程序中。

当前 Web 应用程序表示为对一个简单数据库的访问。此处并不执行真正的数据库访问操作，这需要在计算机上执行某些安装操作。相反，我们只是调用 data_access 模块（定义于 src/data_access.rs 文件中）导出的一些函数，这些函数使数据库保存于内存中。

内存数据库是有状态的，并被所有的请求处理程序所共享。在实际的应用程序中，一个状态仅包含一个或多个外部数据库的连接。

3.7.1　有状态服务器

当在 Actix 服务中持有一个状态时，需要声明一个结构，该状态中的任何数据都应是这一结构中的字段。

main.rs 文件的开始部分包含了下列代码。

```
struct AppState {
    db: db_access::DbConnection,
}
```

在当前 Web 应用程序的状态中，我们仅需要一个字段，但可添加其他字段。

在 db_access 模块中声明的 DbConnection 类型表示 Web 应用程序的当前状态。在 main 函数中，在创建服务器之前，下列语句用于初始化 AppState，并随后对其进行适当的封装。

```
let db_conn = web::Data::new(Mutex::new(AppState {
    db: db_access::DbConnection::new(),
}));
```

对应状态被所有的请求所共享，Actix Web 框架使用多个线程处理请求，因而状态应

是线程安全的。在 Rust 中，较为常见的线程安全对象的声明方式是将其封装至一个 Mutex
对象中。随后，该对象被封装至 Data 对象中。

为了确保某个状态被传递至任意处理程序中，需要在调用 service 函数之前添加下列
代码行。

```
.register_data(db_conn.clone())
```

这里，db_conn 对象被克隆（开销较低，因为使用了智能指针），随后被注册至当前
应用程序中。

该注册过程的效果可描述为，可向处理程序中添加另一种参数类型，如下所示。

```
state: web::Data<Mutex<AppState>>
```

此类参数的使用方式如下所示。

```
let db_conn = &mut state.lock().unwrap().db
```

这里，状态被锁定以防止其他请求的并发访问，但其 db 字段可被访问。

3.7.2　服务 API

应用程序代码的其余部分并无新奇之处。从 main 函数中可以清晰地看到 API 的应
用，如下所示。

```
.service(
    web::resource("/persons/ids")
        .route(web::get().to(get_all_persons_ids)))
.service(
    web::resource("/person/name_by_id/{id}")
        .route(web::get().to(get_person_name_by_id)),
)
.service(
    web::resource("/persons")
        .route(web::get().to(get_persons)))
.service(
    web::resource("/person/{name}")
        .route(web::post().to(insert_person)))
.default_service(
    web::route().to(invalid_resource))
```

注意：前 3 种模式使用 GET 方法，因而这些方法将查询数据库；最后一种模式使用
POST 方法，因而该方法将新记录插入数据库中。

此外，还应注意后续的词法约定。

第 1 个和第 3 个模式始于复数 persons，这意味着，请求可管理 0、1 和多项并表示为一个用户；相反，第 2 个和第 4 个模式始于单数 person，这表明，请求仅可管理不超过 1 项。

相应地，第 1 个模式结束于复数 ids，因此与 id 相关的多项将被处理，且不包含任何条件，因而请求所有的 ID；第 2 个模式则包含了 name_by_id，随后是 id 参数，因此针对 id 列指定值的所有记录，它是 name 数据库列的请求。

如有任何疑问，处理函数的名称或注释内容可帮助我们了解服务的行为，且无须深入了解处理程序的代码。当查看处理程序的实现时，这些程序将返回简单的文本或不返回任何内容。

3.7.3　测试服务

本节将通过一些 curl 操作测试服务。

首先填写初始化状态为空的数据库。记住，由于处于内存环境下，因此每次启动服务时数据库为空。

在程序启动完毕后，输入下列命令。

```
curl -X POST http://localhost:8080/person/John
curl -X POST http://localhost:8080/person/Jonathan
curl -X POST http://localhost:8080/person/Mary%20Jane
```

在第 1 个命令运行完毕后，数字 1 将被输出至控制台中；在第 2 个命令后，数字 2 将被输出至控制台中；在第 3 个命令后，数字 3 将被输出至控制台中。这些数字表示为插入人名的 ID。

接下来输入下列命令。

```
curl -X GET http://localhost:8080/persons/ids
```

这将输出 1、2、3，表示数据库中全部 ID 的集合。

随后输入下列命令。

```
curl -X GET http://localhost:8080/person/name_by_id/3
```

这将输出 Mary Jane，表示 id=3 是唯一用户的名称。这里需要注意的是，输入序列中的 20%被编码为空格。

接下来输入下列命令。

```
curl -X GET http://localhost:8080/persons?partial_name=an
```

这将输出 2: Jonathan; 3: Mary Jane，表示包含 an 子字符串的 name 列的用户集合。

3.7.4 实现数据库

全部数据库实现位于 db_access.rs 源文件中。

数据库的实现十分简单，且是一个包含 Vec<Person>的 DbConnection 类型，其中，Person 被定义为包含两个字段的结构，即 id 和 name。

DbConnection 中的相关方法如下。

❑ new：这将创建一个新的数据库。

❑ get_all_persons_ids(&self) -> impl Iterator<Item = u32> + '_：这将返回一个迭代器，并提供数据库中所包含的所有 ID。此类迭代器的生命周期不应超过数据库自身。

❑ get_person_name_by_id(&self, id: u32) -> Option<String>：这将返回包含指定 ID 的唯一用户的名称（如果存在），否则返回 0。

❑ get_persons_id_and_name_by_partial_name<'a>(&'a self, subname:&'a str) -> impl Iterator<Item = (u32, String)> + 'a：这将返回一个迭代器，并提供了 ID 和全部用户的名称（其名称包含了指定的字符串）。此类迭代器的生命周期不应超过数据库自身，因而也不会超出指定字符串自身的生命周期。

❑ insert_person(&mut self, name: &str) -> u32：这将向数据库中添加一条记录，该记录包含了生成的 ID 和指定的 name，最后返回所生成的 ID。

3.7.5 处理查询

请求处理程序位于 main.rs 文件中，并获取多种类型的参数，如下所示。

❑ web::Data<Mutex<AppState>>：如前所述，用于访问共享应用程序状态。

❑ Path<(String,)>：如前所述，用于访问请求的路径。

❑ HttpRequest：如前所述，用于访问请求的整体信息。

🔵 提示：

此外，请求处理程序获取 web::Query<Filter>并访问可选的请求参数。

get_persons 处理程序包含一个查询参数，这是一个泛型参数，对应的实际参数为 Filter 类型，其定义如下。

```
#[derive(Deserialize)]
pub struct Filter {
    partial_name: Option<String>,
}
```

上述定义支持 http://localhost:8080/persons?partial_name=an 这一类请求。在该请求中，路径表示为/persons，而?partial_name=an 则表示为查询。当前示例仅包含了一个参数，其键为 partial_name，对应值为 an。可以看到，这是一个字符串，同时也是一个可选项。相应地，这也是 Filter 结构所描述的内容。

除此之外，由于这一类对象需要通过序列化方式被请求读取，因此其类型是可反序列化的。

get_persons 函数通过下列表达式访问查询。

```
&query.partial_name.clone().unwrap_or_else(|| "".to_string()),
```

partial_name 字段被克隆以获取一个字符串。如果对应的字符串不存在，则被视为空字符串。

3.8 返回 JSON 数据

前述内容曾返回了纯文本格式的数据，这在 Web 服务中比较少见且难以令人满意。通常，Web 服务返回 JSON 格式的数据，或其他结构化格式的数据。因此，除了返回 JSON 格式的数据之外，json_db 项目基本等同于 memory_db 项目。

下面首先查看相同的 curl 命令的执行情况，如下所示。

❑ 由于仅输出一个数字，因此插入操作不存在任何变化。

❑ 第 1 项查询应输出[1,2,3]。这 3 个数字位于一个数组中，因而被括号包围。

❑ 第 2 项查询输出"Mary Jane"。对应的名称为字符串，因而被引号包围。

❑ 第 3 项查询输出[[2,"Jonathan"],[3,"Mary Jane"]]。该用户序列表示为一个两个记录的数组，每个数组元素为包含两个值的数组，即数字和字符串。

接下来考查项目代码间的差别。

Cargo.toml 文件中添加了一个依赖项，如下所示。

```
serde_json = "1.0"
```

这对于序列化 JSON 格式的数据不可或缺。

在 main.rs 文件中，get_all_persons_ids 函数不再简单地返回一个字符串，如下所示。

```
HttpResponse::Ok()
    .content_type("application/json")
    .body(
```

```
json!(db_conn.get_all_persons_ids().collect::<Vec<_>>())
    .to_string())
```

代码首先生成包含状态码 Ok 的响应结果，其内容类型被设置为 application/json，以使客户端了解如何解释所接收的数据。最后使用 serde_json 库中的 json 宏设置体（body）。json宏使用一个表达式——在当前示例中为类型 Vec<Person>——并返回一个 serde_json::Value 值。接下来需要一个字符串，因而调用 to_string 函数。注意，json!宏需要其参数实现 Serialize 特性，或者被转换为一个字符串。

get_person_name_by_id、get_persons 和 insert_person 函数也存在类似的变化。另外，main 函数则保持不变，db_access.rs 文件也不存在任何变化。

3.9　本 章 小 结

本章讨论了 Actix Web 框架，这是一个复杂的框架，同时涵盖了后端 Web 开发人员的大多数需求。另外，Actix 框架仍处于发展中。

特别地，在 file_transfer_stub 项目中，我们学习了如何创建 RESTful 服务的 API；在 file_transfer 项目中，我们介绍了如何实现 Web 服务的相关操作；在 memory_db 项目中，我们探讨了如何管理内部状态，特别是数据库连接；在 json_db 项目中，我们查看了如何发送 JSON 格式的响应结果。

第 4 章将学习如何创建完整的服务器端 Web 应用程序。

3.10　本 章 练 习

（1）根据 REST 原则，GET、PUT、POST 和 DELETE HTTP 方法的含义分别是什么？

（2）哪一个命令行工具可用于测试一个 Web 服务？

（3）请求处理程序如何检索 URI 参数值？

（4）如何指定 HTTP 响应的内容类型？

（5）如何生成唯一的文件名？

（6）为何包含无状态 API 的服务需要管理状态？

（7）为何服务的状态需要被封装至 Data 和 Mutex 对象中？

（8）为何异步处理在 Web 服务中十分有用？

（9）Future 中的 and_then 函数的功能是什么？

（10）当构建 JSON 格式的 HTTP 响应时，需要使用到哪些库？

3.11　进一步阅读

关于 Actix 框架的更多内容，读者可查看其官方文档，对应网址为 https://actix.rs/docs/，相关示例则位于 https://github.com/actix/examples/中。

第 4 章　创建完整的服务器端 Web 应用程序

第 3 章讨论了如何利用 Actix Web 框架构建 REST Web 服务以供客户端应用程序使用。本章将考查如何利用 Actix 框架构建完整的小型 Web 应用程序。其间将在 Web 浏览器中使用格式化的 HTML 代码、可执行的 JavaScript 代码，以及 Tera 库执行 HTML 模板机制。这对于在 HTML 页面内嵌入动态数据十分有用。

本章主要涉及以下主题。

❑ 了解经典的 Web 应用程序和 HTML 模板。

❑ 将 Tera 模板引擎与 Rust 和 Actix Web 结合使用。

❑ 使用 Actix 处理 Web 页面请求。

❑ 处理 Web 页面中的身份验证和授权。

4.1　技 术 需 求

为了更好地理解本章内容，读者需要掌握前述章节中的内容。除此之外，读者应具备 HTML 和 JavaScript 方面的基本知识。

本章完整的源代码被放置在存储库的 Chapter04 文件夹中，对应网址为 https://github.com/PacktPublishing/Rust-2018-Projects。

4.2　Web 应用程序的定义

网页和网站已被大家所熟知，此外，我们也了解到一些网页是静态的，而另一些网页则包含了更多的动态行为。关于 Web 应用程序，其定义较为微妙且具有一定的争议。

本节首先介绍具有可操作性的 Web 应用程序定义，也就是说，考查 Web 应用程序的外观和行为。

对此，Web 应用程序表示为具有以下行为的网站。

❑ Web 应用程序呈现为 Web 浏览器中的一个或多个页面。在这些页面中，用户可通过按键盘上的按键、单击鼠标、触摸屏幕或使用其他输入设备与页面进行交互。对于某些用户交互，这些 Web 页面将请求发送至服务器，并作为响应接收来自该站点的数据。

❑ 对于静态 Web 页面，相同的请求总是接收到相同的数据；但对于 Web 应用程序，接收的数据取决于服务器的当前状态，且有可能随时间而变化。在接收到数据后，Web 页面显示其他 HTML 代码，并作为一个新的完整页面，或者是当前页面的一部分内容。

❑ 经典的 Web 应用程序仅从服务器接收 HTML 代码，因而浏览器执行的全部内容是在 HTML 代码到达时对其进行显示。现代应用程序频繁地从服务器处接收原始数据，并使用浏览器中的 JavaScript 代码创建显示对应数据的 HTML 代码。

考虑到应用程序主要接收来自服务器的 HTML 代码，因而这里将开发一个经典 Web 应用程序，并通过一些 JavaScript 代码改进应用程序的结构。

4.3　了解 Web 应用程序的行为

当用户通过浏览器的地址栏或单击页面链接访问某个网站时，浏览器将发送一个 HTTP GET 请求，其中包含了地址栏或链接元素中指定的 URI，如 http://hostname.domainname:8080/dir/file?arg1=value1&arg2=value2。

该地址通常被称作统一资源定位符（URL）或统一资源标识符（URI）。二者间的差别在于，URI 唯一标识某项资源，且无须指定其查找位置；而 URL 指定了资源的查找位置。据此，还进一步标识了该资源，因为在一个地方只能有一个资源。

因此，每个 URL 也是一个 URI，但地址可以是一个 URI 而非 URL。例如，指定了文件路径名的地址表示为一个 URL（同时也是一个 URI），因为它指定了文件的路径。然而，指定了文件过滤条件的地址则是一个 URI，而非 URL，因为它并未显式地指定哪一个文件可满足该条件。

地址的第 1 部分直至端口号（可选），如 http://hostname.domainname:8080，用于将请求路由至对其进行处理的服务器进程。该服务器必须运行于主计算机上，并等待端口号指定的输入请求；或者如通常所讲，需要监听该端口。

URI 的后续部分（如/dir/file）即为路径，一般始于一个斜杠并以一个问号或 URI 结尾结束，如?arg1=value1&arg2=value2，这表示为查询，其中包含了一个或多个以&分隔的字段。任何查询字段均包含一个名称，随后分别是等号和一个值。

当生成请求后，服务器通过发送一个 HTTP 响应结果予以回复，其中包含了在浏览器中作为 body 显示的 HTML 页面。

在初始页面显示完毕后，进一步的交互通常发生于用户的页面操作过程中，如键盘、鼠标或其他输入设备。

需要注意的是，用户在页面上的动作效果可通过以下几种方式分类。

❑ 无代码。一些用户的动作仅由浏览器处理，且不存在任何调用的应用程序代码。例如，当鼠标悬浮于某个微件上时，鼠标指针的形状将发生变化；当在文本微件中进行输入时，该微件中的文本也将发生变化；但单击复选框时，复选框将被选中或取消选中。

❑ 仅前端。某些用户的动作（如按某个键）将触发与此类动作关联的客户端 JavaScript 代码的执行，但不会执行客户端-服务器间的通信行为，因而用户动作也不会导致调用服务器端代码。典型地，按钮往往与 JavaScript 代码进行关联（使用按钮元素的 onclick 属性），并在用户单击该按钮时予以执行。例如，某个按钮可启用或禁用其他微件，或者在同一页面中的微件之间复制数据。

❑ 仅后端。某些用户动作将触发客户端-服务器间的通信，且无须使用任何 JavaScript 代码，如下所示。

➢ 单击 HTML form 元素中的 submit 输入元素。

➢ 单击 a HTML 元素，即某个链接。

❑ 全栈。某些用户动作将触发与其关联的客户端 JavaScript 代码的执行。JavaScript 代码向后端进程中发送一个或多个请求，并作为这些请求的回复接收所发送的响应结果。后端进程接收请求并对此予以适当的响应。因此，客户端应用程序代码和服务器端应用程序代码均处于运行状态。

下面查看上述 4 种情况的优点和缺点。其中，"无代码"类别为默认状态。如果浏览器的基本行为令人满意，则无须对其进行定制。相应地，某些行为定制操作可通过 HTML 或 CSS 完成。

"仅前端"类别和"全栈"类别则需要在浏览器中得到 JavaScript 的支持，并启用 JavaScript。对于某些不支持 JavaScript 的用户或平台，这曾是一个问题。当前，Web 应用程序不仅是一个 Web 页面或站点，如果缺少某些客户端管理，则无法实现 JavaScript 的良好支持。

"仅前端"类别则不与服务器交互，因而对于那些无须发送外部数据，以及无须接收来自另一台计算机数据的处理操作，该类别将十分有用并推荐使用。例如，可利用 JavaScript 实现计算器程序，且无须与服务器通信。然而，大多数 Web 应用程序通常需要相应通信机制的支持。

"仅后端"类别是 JavaScript 出现之前最初的 Web 通信类型，因而具有较大的局限性。对于站点来说，链接这一概念（即超文本，而非应用程序）十分有用。记住，HTML

和 HTTP 中的 HT 表示为超文本。这也是 Web 的最初功能，今天，Web 应用程序则意味着多用途应用程序，而不再仅是超文本。

另外，包含提交按钮的表单概念也限制了与协议间的交互——某些输入框将被填写并单击某个按钮向服务器发送所有数据。随后，服务器处理请求并发回替代当前页面的新页面。在许多时候，该过程可以实现，但是对于用户来说体验较差。

第 4 种类别是"全栈"。对于此类应用程序，存在应用程序前端代码和应用程序后端代码。因为前端代码需要在后端代码的基础上方可正常工作，因而这可被视为其上的堆栈。

ⓘ **注意：**

任何 Web 交互都需要包含一些运行于前端上的机器码，以及运行于后端上的机器码。前端中存在 Web 浏览器、curl 应用程序，或其他类型的 HTTP 客户端；后端则存在 Web 服务器（如互联网信息服务（即 IIS）、Apache 或 NGINX），或充当服务器的应用程序。

因此，对于任何 Web 应用程序，存在基于 HTTP 协议的客户端-服务器通信。

术语"全栈"则是指，除系统软件外，还存在一些运行于前端（充当 HTTP 客户端）的应用程序软件和一些运行于后端（充当 HTTP 服务器）的应用程序软件。

在典型的运行于浏览器中的全栈应用程序中，并不存在链接或表单，且仅包含典型的 GUI 微件。通常，这些微件为固定的文本、可编辑的输入框、下拉列表、复选框和按钮。当用户单击任何按钮时，请求将发送至服务器处，同时很可能使用到包含于微件中的值；当服务器发送回一个 HTML 页面时，该页面将用于替换当前页面或当前页面的一部分内容。

4.4　项 目 概 览

本节构建的示例 Web 应用程序将管理数据库中包含的一个人员列表。该数据库较为简单，且仅包含了一个两列的表——一列为数字 ID，另一列为名称。为了保持项目的简单性，数据库实际上为保存于内存中的结构对象向量（vector）。当然，在实际的应用程序中，相关数据应被保存至数据库管理系统（DBMS）中。

当前项目将通过多个步骤构建，并依次生成 4 个越加复杂的项目。读者可访问 GitHub 下载相关内容。

❑ templ 项目表示为一个代码片段集合，并展示了如何针对本章项目使用 Tera 模板引擎。

❑ list 项目是一个简单的与人员相关的记录表，并可通过名字进行过滤。这些记录
　　实际上被包含于数据库代码中，却无法被用户修改。

❑ curd 项目包含了人员的添加、修改、更新和删除操作，即基本的 CRUD 功能。

❑ auth 项目加入了登录页面，以确保授权用户可读取或修改数据库。然而，用户列
　　表及其权限则无法被修改。

templ 项目并非使用 Actix Web 框架，并在首次使用时需要编译 1～3min，而在代码
修改后则仅需要几秒的编译时间。

其他项目在首次编译时则需要 3～9min，在随后的代码修改过程中则需要 8～20s。

当运行前述各个项目时（除了第 1 个项目），控制台中的输出结果均为 Listening at
address 127.0.0.1:8080。当查看更多内容时，需要使用 Web 浏览器。

4.5　使用 Tera 模板引擎

在开始开发 Web 应用程序之前，还需要考查模板引擎这一概念——特别地，Tera 引
擎是适用于 Rust 的诸多引擎之一。

模板引擎可包含多种应用程序，但多用于 Web 开发。

Web 开发中的典型问题是了解如何生成 HTML 代码，这些代码包含一些手工编写的
常量，以及应用程序代码生成的一些动态内容。总的而言，存在两种方式可获得此类内容。

（1）编程语言源文件包含了大量的字符串输出语句，从而生成所需的 HTML 页面。
这些 print 语句混合了字符串字面值（即用引号括起来的字符串）和格式化为字符串的变
量。如果缺少模板引擎，这便是我们在 Rust 中需要实现的任务。

（2）编写包含所需常量 HTML 元素和常量文本的 HTML 文件，同时也包含一些用
特定标记括起来的语句。这些语句的评估将生成 HTML 文件的可变部分，并可在 PHP、
JSP、ASP 和 ASP.NET 中实现。

除此之外，还存在一种折中方法，即编写应用程序代码文件和包含要计算的语句的
HTML 代码，并随后选择最佳工具，这也是模板引擎所用的范式。

假设某些 Rust 代码文件和 HTML 文件之间需要协同工作，使得这两种文件彼此通信
的工具是一个模板引擎。其中，基于嵌入语句的 HTML 文件被命名为模板，而 Rust 应用
程序代码则称作操控这些模板的模板引擎函数。

接下来考查 templ 示例项目中的代码。第 1 条语句将创建一个引擎实例。

```
let mut tera_engine = tera::Tera::default();
```

第 2 条语句通过调用 add_raw_template 函数将一个简单的模板载入当前引擎中。

```
tera_engine.add_raw_template(
    "id_template", "Identifier: {{id}}.").unwrap();
```

其中，第 1 个参数表示为一个名称，用于引用当前模板；第 2 个参数则表示模板自身，这也是一个常规的字符串切片引用，但包含了一个{{id}}占位符，该符号将其限定为 Tera 表达式。特别地，这一表达式仅包含一个 Tera 变量，但也可包含更为复杂的表达式。

除此之外，还可使用常量表达式，如{{3+5}}，尽管当前并未使用这一类表达式。对此，一个模板可包含 0 个或多个表达式。

注意，add_raw_template 函数易于出错，因而需要在其结果上调用 unwrap 函数。在添加模板（作为参数予以接收）之前，unwrap 函数将对结果进行分析，进而检查是否格式化良好。例如，当读取"Identifier: {{id}."时（此处缺少一个}）将生成一个错误，因而 unwrap 函数调用将引发异常。

当持有一个 Tera 模板时，可对这一模板进行显示。也就是说，生成一个字符串，从而可通过某些特定的字符串替换表达式，其方式类似于宏处理器。

当计算一个表达式时，Tera 引擎首先需要利用当前值替换其中所使用的全部变量。对此，需要创建一个 Tera 变量集合，其中，每个变量与其当前值关联。这里，该集合命名为上下文，并可通过下列两条语句创建和填写。

```
let mut numeric_id = tera::Context::new();
numeric_id.insert("id", &7362);
```

这里，第 1 条语句创建了一个可变上下文，第 2 条语句则将键-值关联插入其中。其中，值表示为一个数字的引用，但其他类型也可作为值加以使用。

当然，在真实例子中，值将表示为一个 Rust 变量，而非常量。

随后可执行显示操作，如下所示。

```
println!("id_template with numeric_id: [{}]",
    tera_engine.render("id_template", &numeric_id).unwrap());
```

render 方法获取 tera_engine 中名为"id_template"的模板，并应用于 numeric_id 上下文指定的替换内容。

如果指定的模板不存在、模板中的变量未被替换，或者出于某种原因计算失败，那么调用将失败。

如果对应结果正确，则 unrap 方法将获得相应的字符串，并输出下列内容。

```
id_template with numeric_id: [Identifier: 7362.]
```

在当前示例中，接下来的 3 条 Rust 语句如下所示。

```
let mut textual_id = tera::Context::new();
textual_id.insert("id", &"ABCD");
println!(
    "id_template with textual_id: [{}]",
    tera_engine.render("id_template", &textual_id).unwrap()
);
```

上述语句利用字符串字面值执行相同的操作，表明相同的模板变量可被数字和字符串所替换。对应的输出结果如下所示。

```
id_template with textual_id: [Identifier: ABCD.]
```

下一条语句如下所示。

```
tera_engine
    .add_raw_template("person_id_template", "Person id: {{person.id}}")
    .unwrap();
```

这将向包含{{person.id}}表达式的引擎中添加一个新的模板。这里，Tera 中的 "."标记与 Rust 中的 "."标记具有相同的功能，从而可访问结构中的某个字段。当然，仅当 person 变量被一个带有 id 字段的对象替换时，它才有效。

因此，Person 结构通过下列方式被定义。

```
#[derive(serde_derive::Serialize)]
struct Person {
    id: u32,
    name: String,
}
```

该结构包含了一个 id 字段，但也派生 Serialize 特性，对于需要传递至 Tera 模板中的任何对象，该条件不可或缺。

在上下文中定义 person 变量的语句如下所示。

```
one_person.insert(
    "person",
    &Person {
        id: 534,
        name: "Mary".to_string(),
    },
);
```

因此，输出后的字符串如下所示。

```
person_id_template with one_person: [Person id: 534]
```

下列代码展示了更为复杂的模板。

```
tera_engine
    .add_raw_template(
        "possible_person_id_template",
        "{%if person%}Id: {{person.id}}\
        {%else%}No person\
        {%endif%}",
    )
    .unwrap();
```

实际上，该模板仅包含一行代码，但此处被划分为多行代码。

除了{{person.id}}表达式之外，代码中还包含 3 个另类标记，且均为 Tera 语句。Tera 语句不同于 Tera 表达式，因为前者被{%和%}符号所包围，而非两个花括号。Tera 表达式类似于 C 语言中的预处理器宏（即#define），而 Tera 语句则类似于 C 预处理器的条件编译指示符（即#if、#else 和#endif）。

if 语句之后的表达式通过 render 函数计算。如果表达式未被定义或其值为 false、0、空字符串或空集合，那么表达式将被视为 false。随后，文本部分（至{%else%}语句）将被丢弃；否则，语句之后的部分至{%endif%}将被丢弃。

当前模板将通过两种不同的上下文被显示。其中，在第 1 个上下文中，person 变量被定义；而在第 2 个上下文中，则不存在被定义的变量。对应的两种输出结果如下所示。

```
possible_person_id_template with one_person: [Id: 534]
possible_person_id_template with empty context: [No person]
```

在第 1 种情况中，将输出 person 的 id 值；而在第 2 种情况中，则输出 No person 文本。接下来创建另一个复杂模板，如下所示。

```
tera_engine
    .add_raw_template(
        "multiple_person_id_template",
        "{%for p in persons%}\
            Id: {{p.id}};\n\
        {%endfor%}",
    )
    .unwrap();
```

此处，模板包含两种类型的语句（即{%for p in persons%}和{%endfor%}），并包含了一个循环。其间，新创建的变量 p 循环遍历 persons 集合，该集合隶属于 render 所用的上下文。

随后考查下列代码。

```
let mut three_persons = tera::Context::new();
three_persons.insert(
    "persons",
    &vec![
        Person {
            id: 534,
            name: "Mary".to_string(),
        },
        Person {
            id: 298,
            name: "Joe".to_string(),
        },
        Person {
            id: 820,
            name: "Ann".to_string(),
        },
    ],
);
```

这将向 three_persons Tera 上下文变量中添加名为 persons 的 Tera 变量，该变量是一个包含 3 个用户的向量。

由于 persons 变量可以迭代，因而可计算模板并得到下列结果。

```
multiple_person_id_template with three_persons: [Id: 534;
Id: 298;
Id: 820;
]
```

注意，任何 Id 对象都位于不同的行中，因为模板包含了一个换行符（通过\n 转义序列）；否则它们将被输出为一行。

截至目前，我们在字符串字面值中使用了模板，这对于长模板来说较为困难。因此，模板通常从独立的文件中被加载。这是一种较为明智的做法，因为集成开发环境（IDE）可提供相应的帮助（如果知晓在处理哪一种语言），所以最好将 HTML 代码保存在带有.html 后缀的文件中，将 CSS 代码保存在带有.css 后缀的文件中等。

下列语句将从一个文件中加载 Tera 模板。

```
tera_engine
    .add_template_file("templates/templ_id.txt",
    Some("id_file_template"))
    .unwrap();
```

add_template_file 函数的第 1 个参数表示为模板文件的路径（相对于项目的根目录）。这里，较好的做法是将所有的模板文件置于独立的文件中或其子文件夹中。

函数的第 2 个参数允许我们指定新模板的名称。如果该参数值为 None，那么新模板的名称为第 1 个参数。

因而有下列语句。

```
println!(
    "id_file_template with numeric_id: [{}]",
    tera_engine
        .render("id_file_template", numeric_id.clone())
        .unwrap()
);
```

这将输出下列结果。

```
id_file_template with numeric_id: [This file contains one id: 7362.]
```

下列代码具有相似的输出结果。

```
tera_engine
    .add_template_file("templates/templ_id.txt", None)
    .unwrap();

println!(
    "templates/templ_id.txt with numeric_id: [{}]",
    tera_engine
        .render("templates/templ_id.txt", numeric_id)
        .unwrap()
);
```

最后介绍一种方便的特性，并利用一条语句加载全部模板。

此处将不再一次加载一个模板（尽管该方法也存在自身的用途），而是一次性地加载全部模板，并将其置于一个全局目录中，以供整体模块使用。对此，较为方便的方法是使用第 1 章介绍的 lazy_static 宏，并将其置于任何函数的外部，如下所示。

```
lazy_static::lazy_static! {
    pub static ref TERA: tera::Tera =
        tera::Tera::new("templates/**/*").unwrap();
}
```

上述语句将 TERA 静态变量定义为全局模板引擎，并在应用程序的 Rust 代码首次对其加以使用时自动初始化。初始化操作将在指定的文件夹子树中搜索所有文件并加载，同时分配文件名并忽略文件夹的名称。

Tera 引擎的最后一个特性是 include 语句，如 templ_names.txt 文件的最后一行代码所示。

```
{% include "footer.txt" %}
```

这将加载指定文件的内容，并将其内联展开以替换语句本身。这一方式与 C 预处理器的#include 指示符类似。

4.6　简单的用户列表

本节将讨论 list 项目。当在控制台中运行服务器时，将在 Web 浏览器中访问 localhost:8080 地址，图 4.1 显示了浏览器中的页面。

其中包含了标题头、标记、文本输入框、按钮和一个包含 3 个用户列表的表格。

在该页面中，我们仅可在文本输入框中执行输入操作，随后单击按钮并将输入的文本内容作为过滤器。例如，如果输入 l（即小写 L），那么将仅显示 Hamlet 和 Othello，因为仅这两个用户其名称包含字母 l。如果过滤器为 x，对应结果将为文本 No persons，因而 3 个用户的名称均不包含该字母，对应页面如图 4.2 所示。

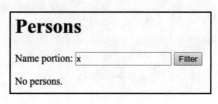

图 4.1　　　　　　　　　　　　　　　　图 4.2

在考查工作方式之前，下面首先查看项目的依赖项，即项目所使用的外部库。

❑ actix-web：Web 框架，第 3 章曾对此有所使用。

❑ tera：Tera 模板引擎。

❑ serde 和 serde_derive：Tera 引擎使用的序列化库，并将整体结构对象传递至模板上下文中。

❑ lazy_static：包含初始化 Tera 引擎的宏。

接下来查看项目的源代码。针对当前项目，src 文件夹中包含下列文件。

❑ main.rs：该文件表示为服务器端应用程序，但不包括数据库。

❑ db_access.rs：该文件表示为基于模拟数据的模拟数据库。

❑ favicon.ico：该文件表示为网站的图标，该图标由浏览器自动下载，并在浏览器选项卡中予以显示。

templates 文件夹包含下列文件。

❑ main.html：Web 页面的 Tera/HTML 空模板。

❑ persons.html：部分 Web 页面的 Tera/HTML 模板，其中仅包含 Web 应用程序体。

❑ main.js：包含在 HTML 页面中的 JavaScript 代码。

接下来讨论 Web 应用程序的工作机制。

当用户访问 http://localhost:8080/URI 时，浏览器向进程发送 GET HTTP 请求（作为路径仅包含一个斜杠），并期望显示一个 HTML 页面。如前所述，如果 main 函数包含下列代码，则基于 Actix Web 框架的服务器将响应当前请求。

```
let server_address = "127.0.0.1:8080";
println!("Listening at address {}", server_address);
let db_conn = web::Data::new(Mutex::new(AppState {
    db: db_access::DbConnection::new(),
}));
HttpServer::new(move || {
    App::new()
        .register_data(db_conn.clone())
        .service(
            web::resource("/")
                .route(web::get().to(get_main)),
        )
})
.bind(server_address)?
.run()
```

这里，Web 应用程序的状态仅表示为一个指向数据库连接的共享引用（实际上为模拟数据库）。应用程序仅接收一类请求，即使用根路径（/）和 GET 方法的请求。此类请求将被路由至 get_main 函数中，该函数将返回包含初始 HTML 页面的响应结果并予以显示。

get_main 函数如下所示。

```
let context = tera::Context::new();
HttpResponse::Ok()
    .content_type("text/html")
    .body(TERA.render("main.html", context).unwrap())
```

由于上述函数总是返回相同的结果，因此并未使用任何请求。

当成功返回响应结果时（对应的状态码为 200），HttpResponse::Ok()函数将被调用。当指定响应体为 HTML 代码时，content_type("text/html")方法将在响应结果上被调用。当指定响应体内容时，body 方法将在响应结果上被调用。

body 函数的参数应为包含所显示的 HTML 代码的字符串。下列内容展示了如何写入全部代码。

```
.body("<!DOCTYPE html><html><body><p>Hello</p></body></html>")
```

然而，对于更复杂的页面，较好的方法是将所有的 HTML 代码置于一个独立的、扩展名为.html 的文件中，将该文件内容加载至字符串中，并作为 body 函数的参数进行传递。这可通过下列表达式予以实现。

```
.body(include_str!("main.html"))
```

如果 main.html 文件为静态文件，上述语句将工作良好。也就是说，不会在运行期内发生变化。然而，该方案受限于下列两个原因。

（1）我们需要初始页面为动态页面，并在页面打开时显示数据库中的人员列表。

（2）我们需要初始页面以及其他可能的页面都由多个部分组成，包括元数据、JavaScript 例程、样式、页面头、页面中心部分和页脚。除了中心部分之外，各部分内容都被共享于全部页面，以避免在源代码中出现重复现象。因此，我们需要将这些部分置于独立的文件中，并在 HTML 页面发送至浏览器之前对其进行整合。除此之外，我们还需要将 JavaScript 代码保存至以.js 为扩展名的独立文件中，并将样式代码保存至以.css 为扩展名的独立文件中，以便 IDE 可识别对应的语言。

上述问题的具体解决方案将用于 Tera 模板引擎中，稍后将对此加以介绍。

4.6.1　模板文件夹

一种较好的做法是，将所有的可交付的应用程序文本文件置于 templates 文件夹（或其中的某些子文件夹）中。因此，对应的子树包含了全部的 HTML、CSS 和 JS 文件，即使此时可能尚未包含 Tera 语句或表达式。

相反，非文本文件（如图像、音频、视频等）、用户上传的文件、显式下载的文档和数据库应保存至其他处。

全部文件加载发生于运行期，但在处理生命周期内一般仅出现一次。实际上，加载过程出现于运行期表明，需要部署 templates 子树，并部署此类文件的新版本或修订版本，且无须重新构建程序。另外，加载过程在处理生命周期内出现一次则表明，模板引擎在首次处理模板后将提升其处理速度。

前述 body 语句包含下列参数。

```
TERA.render("main.html", context).unwrap()
```

上述表达式将利用包含于 context Rust 变量中的 Tea 上下文来显示（渲染）main.html 文件中的模板。这些变量通过 tera::Context::new()表达式被初始化，因而是一个空上下文。

这个 HTML 文件非常小，但包含了两个值得注意的代码片段。其中，第 1 个代码片段如下所示。

```
<script>
{% include "main.js" %}
</script>
```

这将使用 include Tera 语句将 JavaScript 代码整合至 HTML 页面中，将其整合至服务器中意味着无须进一步加载 HTTP 请求。相应地，第 2 个代码片段如下所示。

```
<body id="body" onload="getPage('/page/persons')">
```

这将导致一旦页面被加载，就会调用 getPage JavaScript 函数。这一函数被定义于 main.js 文件中，顾名思义，这会导致加载指定的页面。

因此，当用户访问网站的根路径时，服务器将准备一个包含所需 JavaScript 代码的 HTML 页面（但几乎不包含 HTML 代码），并将其发送至浏览器中。一旦浏览器加载空页面，就会请求另一个页面，这将变为第 1 个页面体。

上述过程听起来较为复杂，但我们可将其视为两部分页面。其中，将元数据、脚本、样式，以及页面头和页面脚可视为公共部分，且不会在会话期间发生变化；而将中心部分（此处为 body 元素，但也可能是内部元素）可视为可变部分，并在用户单击时发生变化。

通过重新加载页面的部分内容，应用程序将具有较好的性能和可用性。

下面考查 main.js 文件内容。

```
function getPage(uri) {
    var xhttp = new XMLHttpRequest();
    xhttp.onreadystatechange = function() {
        if (this.readyState == 4 && this.status == 200) {
                document.getElementById('body')
                        .innerHTML = xhttp.responseText;
                }
        };
    xhttp.open('GET', uri, true);
    xhttp.send();
}
```

上述代码创建了一个 XMLHttpRequest 对象，尽管对应的名称为 XMLHttpRequest，但实际上并未使用 XML，而是用于发送 HTTP 请求。该对象被设置为，通过为字段分配匿名函数以在响应到达时对其进行处理。随后使用 GET 方法打开指定的 URI。

当响应结果到达时，代码将检查消息是否完整（readystate ═ 4）或有效（state ═ 200）。在当前示例中，假定为有效 HTML 的响应文本作为元素内容（作为其唯一 ID 包含了 body）被分配。

templates 文件夹中的最后一个文件是 persons.html，这是一个部分 HTML 文件。也就是说，文件包含了 HTML 元素，但未包含<html>元素自身。因此其用途是包含于另一个 HTML 文件中。当前小型应用程序仅包含一个页面，因而仅包含一个部分 HTML 文件。

下列元素可使用户输入某些文本内容（即编辑框）。

```
<input id="name_portion" type="text" value="{{partial_name}}"/>
```

其初始值（也就是说，当打开页面时向用户显示的文本）表示为一个 Tera 变量。Rust 代码应将某个值赋予该变量。

接下来是 Filter 按钮，如下所示。

```
<button onclick="getPage('/page/persons?partial_name='
    + getElementById('name_portion').value)">Filter</button>
```

当用户单击按钮后，上述编辑框将包含单词 Ham，'/page/persons?partial_name=Ham' 参数将被传递至 JavaScript getPage 函数中。因此，该函数将向后端发送 GET 请求，并替换包含后端返回内容的页面体，只要这是一个完整而有效的响应结果。

接下来考查下列 Tera 语句。

```
{% if persons %}
...
{% else %}
    <p>No persons.</p>
{% endif %}
```

此处将计算 persons Tera 变量。根据 Rust 编程设计，该变量仅是一个集合。如果该变量是一个非空集合，那么向 HTML 页面中插入一个表；如果变量未被定义，或者为空集合，则显示 No persons.文本内容。

下列内容表示为定义当前表的 HTML 代码。

```
{% for p in persons %}
    <tr>
        <td>{{p.id}}</td>
```

```
        <td>{{p.name}}</td>
    </tr>
{% endfor %}
```

这可被视为包含于 persons 中各条目（即非空）上的遍历行为。

在每次遍历过程中，变量 p 包含了特定人员的数据，该变量用于两个表达式中。其中，第 1 个表达式显示了变量的 id 字段值，第 2 个表达式则显示了其 name 字段值。

4.6.2 其他 Rust 处理程序

前述内容仅介绍了网站根路径（即/路径）的路由和处理机制，这发生于页面打开时。除此之外，浏览器还可向应用程序发送其他 4 种请求。

（1）当访问根路径时，请求所加载的页面自动发送（通过 JavaScript 代码）另一个请求，并加载页面体。

（2）当用户单击 Filter 按钮时，前端将把编辑框中的文本发送至后端，随后，后端应通过发送回满足当前过滤器的人员列表予以响应。

（3）浏览器自动请求 favicon.ico 应用程序图标。

（4）其他请求应均被视为错误。

实际上，第 1 个和第 2 个请求可通过相同方式被处理，因为初始状态可以由指定空字符串的过滤器生成。因此，仍然存在 3 种不同类型的请求。

当路由这一类请求时，可将下列代码插入 main 函数中。

```
.service(
    web::resource("/page/persons")
        .route(web::get().to(get_page_persons)),
)
.service(
    web::resource("/favicon.ico")
        .route(web::get().to(get_favicon)),
)
.default_service(web::route().to(invalid_resource))
```

其中，第 1 个路由将/page/persons 路径的 GET 请求重定向至 get_page_persons 函数中。这些请求出现于用户单击 Filter 按钮时，但也会间接地产生于请求/路径时。

第 2 个路由将/favicon.ico 路径的 GET 请求重定向至 get_favicon 函数中。这些请求源自浏览器接收一个完整的页面时，而非部分页面。

default_resource 调用将其他请求重定向至 invalid_resource 函数中。这些请求一般无法在正常使用应用程序时出现，但可能出现于特定的条件下。例如，如果输入 http://127.
0.0.1:8080/abc 即会产生此类请求。

接下来考查另一个处理函数。

get_page_persons 函数包含以下两个参数。

（1）web::Query<Filter>用于传递可选的过滤器条件。

（2）web::Data<Mutex<AppState>>用于传递数据库连接。

Query 类型参数定义如下。

```
#[derive(Deserialize)]
pub struct Filter {
    partial_name: Option<String>,
}
```

这指定了可能的查询参数，即 URI 中问号后面的部分。

此处仅包含一个参数且是可选的，因为它是典型的 HTTP 查询。一种可能的查询
是?partial_name=Jo，但在当前示例中，空字符串也是一种有效的查询。

当从请求中接收 Filter 结构时，需要实现 Deserialize 特性。

get_page_persons 函数体如下所示。

```
let partial_name = &query.partial_name.clone().unwrap_or_else(||
"".to_string());
let db_conn = &state.lock().unwrap().db;
let person_list = db_conn.get_persons_by_partial_name(&partial_name);
let mut context = tera::Context::new();
context.insert("partial_name", &partial_name);
context.insert("persons", &person_list.collect::<Vec<_>>());
HttpResponse::Ok()
    .content_type("text/html")
    .body(TERA.render("persons.html", context).unwrap())
```

其中，第 1 条语句从请求中获取查询。如果定义了 partial_name 字段，则析取该字段；
否则将生成空字符串。

第 2 条语句从共享状态中析取数据库连接。

第 3 条语句使用该连接获取满足条件的人员上的迭代器。对此，读者可参考第 3 章
的 3.7.4 节。

随后创建空的 Tera 上下文，并将两个 Tera 变量添加于其中。

（1）partial_name 用于保存在编辑框中重新加载页面时可能会消失的类型化字符。

（2）persons 表示为一个向量，其中包含了从数据库中收集的人员。最后，Tera 引擎可利用当前上下文渲染 persons.html 模板，因为模板中使用的所有变量均已被定义。渲染结果将作为 HTTP 响应体被传递。当浏览器中的 JavaScript 代码接收 HTML 代码时，将以此替换当前页面体的内容。

下面考查 get_favicon 函数体。

```
HttpResponse::Ok()
    .content_type("image/x-icon")
    .body(include_bytes!("favicon.ico") as &[u8])
```

这仅表示为一个成功的 HTTP 响应结果，其内容为 image HTTP 类型和 x-icon 子类型，则体表示为包含图标的字节切片。该二进制对象将根据包含于 favicon.ico 文件内的字节并在运行期内构件。文件内容被嵌入可执行的程序中，因而无须部署这一文件。

最后考查 invalid_resource 函数体，如下所示。

```
HttpResponse::NotFound()
    .content_type("text/html")
    .body("<h2>Invalid request.</h2>")
```

这表示为失败的响应结果（因为 NotFound 生成 404 状态码），但应包含完整的 HTML 页面。出于简单考虑，此处将返回简单的消息内容。

接下来考查一个简单的 Web 应用程序并使用本节讨论的多个概念。其间，数据库将通过用户动作进行修改。

4.7　CRUD 应用程序

前述 Web 应用程序可在单一页面中查看过滤后的数据。如果运行 crud 文件夹中的当前项目，将会显示更加丰富和可用的 Web 页面，如图 4.3 所示。

其中，Id 编辑框和其右侧的 Find 按钮可打开一个页面，进而利用特定的 ID 查看或编辑人员数据。Name portion 编辑框和 Filter 按钮则用于过滤表，其方式与 list 项目类似。

随后是 Delete Selected Persons 和 Add New Person 两个按钮，分别用于删除和添加数据。

最后是人员过滤表。在当前应用程序中，数据库的初始状态为人员的空列表，因而不会显示 HTML 表。

单击 Add New Person 按钮，对应结果如图 4.4 所示。

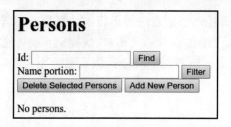

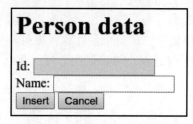

图 4.3　　　　　　　　　　　　　　　　　　图 4.4

上述页面用于创建一个员工并将其插入数据库中。其中，Id 值被禁用，因为其值将自动生成。当插入一个员工时，需要输入其名称（如 Juliet）并单击 Insert 按钮。此时将再次显示主页，但是显示有一个只包含 Juliet 的小表，名称之前的数字 1 表示为其 ID。

当重复上述过程，即插入 Romeo 和 Julius 后，对应结果如图 4.5 所示。

上述页面与插入员工时所用的页面十分类似，但涵盖以下不同之处。

❑　Id 字段包含一个值。

❑　Name 字段包含一个初始值。

❑　存在一个 Update 按钮，而非 Insert 按钮。

如果将 Julius 值修改为 Julius Caesar，并单击 Update 按钮，则会在主页上看到更新后的列表。

另一种打开与单个人员相关页面的方式是将人员 ID 输入 Id 输入框中，并单击 Find 按钮。如果该输入框为空或包含无效的人员 ID，那么单击 Find 按钮将在页面上显示一条红色的错误消息，如图 4.6 所示。

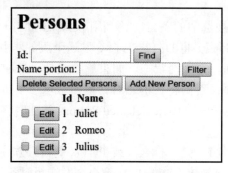

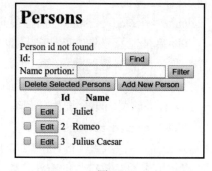

图 4.5　　　　　　　　　　　　　　　　　　图 4.6

当前应用程序的最后一个特性是可删除记录。对此，选中各行左侧需要删除的复选框，并随后单击 Delete Selected Persons 按钮，当前列表将立即被更新。

注意，数据库被存储于后端进程内存中。如果关闭浏览器并重新打开，或者打开另一个浏览器，将会看到相同的人员列表。只要插入了后台进程运行的计算机名称或 IP 地址，甚至就可以从另一台计算机上打开页面。然而，如果按 Ctrl+C 快捷键（或其他方式）终止了后端进程并随后再次运行，那么当页面重新被加载时全部浏览器将不会显示任何人员。

4.7.1　处理 JavaScript 代码

本节将查看当前项目的不同之处。首先，由于 main.js 文件包含了下列附加功能，因此其篇幅相对较大。

- ❑ sendCommand：表示一个通用例程，用于将 HTTP 请求发送至服务器，或者以异步方式处理接收后的请求。sendCommand 包含下列 5 个参数。

（1）method 表示所用的 HTTP 命令，如 GET、PUT、POST、DELETE。

（2）uri 表示发送至服务器的路径和可能的查询。

（3）body 表示可能的请求体，用于发送大于 2KB 的数据。

（4）success 表示为一个函数引用，并在接收任何成功响应结果（status == 200）后被调用。

（5）failure 表示为一个函数引用，并在接收任何失败响应结果（status != 200）后被调用。

由于该函数支持任何 HTTP 方法，因此常用于访问 REST 服务，但并不会自动修改当前 HTML 页面。相反，getPage 函数仅使用 GET 方法，但会利用所接收的 HTML 代码替换当前 HTML 页面。

- ❑ delete_selected_persons：扫描复选框被选中的条目，并利用/persons?id_list=URI（随后是逗号分隔的所选条目的 ID 列表）将 DELETE 命令发送至服务器中。相应地，服务器应删除这些记录并返回一个成功状态。如果删除成功，JavaScript 函数将重新载入不包含过滤器的主页；否则将在消息对话框中显示一条错误消息，且当前页面不会发生任何变化。当单击 Delete Selected Persons 按钮时将调用 delete_selected_persons 函数。

- ❑ savePerson：接收一个 HTTP 方法，即 POST（插入）或 PUT（更新）方法，这将利用作为参数接收的方法，以及取决于该方法的 URI 把命令发送至服务器中。对于 POST 请求，URI 表示为/one_person?name=NAME；而对于 PUT 请求，URI 则表示为/one_person?id=ID&name=NAME，其中，ID 和 NAME 实际上为所创建或更新的记录的 id 和 name 字段值。当单击 Insert 按钮时，savePerson 函数将通过 POST 参数被调用；当单击 Update 按钮时，savePerson 函数则通过 PUT 参数被调用。

接下来查看应用程序的 HTML 代码。

4.7.2　HTML 代码

当前，许多 HTML 元素已被添加至 persons.html 文件中，进而创建额外的微件。

首先是<label class="error">{{id_error}}</label>元素，用于显示 Find 按钮所生成的错误消息。当正确地处理该元素时，需要在当前 Tera 上下文中定义 id_error Tera 变量。

接下来查看下列元素。

```
<div>
    <label>Id:</label>
    <input id="person_id" type="number">
    <button onclick="getPage(
        '/page/edit_person/' + getElementById('person_id').value)"
        >Find</button>
</div>
```

当单击 Find 按钮时，页面在/page/edit_person/URI（随后是类型 ID）处被请求。

下面是两个按钮。

```
<div>
    <button onclick="delete_selected_persons()">Delete Selected
Persons</button>
    <button onclick="getPage('/page/new_person')">Add New Person</button>
</div>
```

其中，第 1 个按钮简单地将全部工作托管至 delete_selected_persons 函数中，而第 2 个按钮则获取/page/new_person URI 处的页面。

最后，包含人员列表的 HTML 表中加入了两列，且位于该表的左侧，如下所示。

```
<td><input name="selector" id="{{p.id}}" type="checkbox"/></td>
<td><button
onclick="getPage('/page/edit_person/{{p.id}}')">Edit</button></td>
```

其中，第 1 列为复选框，用于选取所删除的记录；第 2 列则表示为 Edit 按钮。复选框元素的 HTML id 属性值为{{p.id}} Tera 表达式，并被当前行的记录 ID 所替换。因此，该属性可用于准备请求，进而将这一请求发送至服务器中以删除所选条目。

Edit 按钮将获取/page/edit_person/URI（随后是当前记录的 ID）处的页面。

除此之外，还存在另一个 HTML 部分文件，即 one_person.html。这可被视为插入新增人员和查看/删除现有人员的页面。该文件的第 1 部分内容如下。

```
<h1>Person data</h1>
<div>
    <label>Id:</label>
    <input id="person_id" type="number" value="{{ person_id }}" disabled>
</div>
<div>
    <label>Name:</label>
    <input id="person_name" type="text" value="{{ person_name }}"/>
</div>
```

针对两个 input 元素，value 属性被设置为一个 Tera 表达式。相应地，第 1 个元素对应于 person_id Tera 变量，而第 2 个元素则对应于 person_name Tera 变量。当插入人员时，这些变量为空；而当编辑人员时，这些变量将包含数据库字段的当前值。

one_person.html 文件的最后一部分内容如下。

```
{% if inserting %}
    <button onclick="savePerson('POST')">Insert</button>
{% else %}
    <button onclick="savePerson('PUT')">Update</button>
{% endif %}
<button onclick="getPage('/page/persons')">Cancel</button>
```

当打开该页面并插入某个人员时，此处需要显示 Insert 按钮；当打开页面并查看/编辑人员时，则需要显示 Update 按钮。因此，这里将使用 inserting Tera 变量，当处于插入模式时，其值为 true；当处于编辑模式时，其值为 false。

最后，Cancel 按钮将打开/page/persons 页面，且不包含任何过滤机制。

至此，我们介绍了 templates 文件夹中的全部内容。

4.7.3　Rust 代码

在 src 文件夹中，db_access.rs 和 main.rs 文件产生了许多变化。

1．db_access.rs 文件中的变化内容

persons 向量在初始状态下为空，因为用户可以向其中插入记录。

此外还添加了下列函数。

❑ get_person_by_id：针对包含特定 ID 的人员搜索对应向量。若存在，该函数返回该人员；否则返回 false。

- ❑ delete_by_id：针对包含特定 ID 的人员搜索对应向量。若存在，则从向量中移除并返回 true；否则返回 false。
- ❑ insert_person：作为参数接收 Person 对象，并将其插入数据库中。然而，在将其插入向量中之前，其 id 字段将被唯一的 ID 值覆写。该值是一个大于向量中最大 ID 的整数值（如果该向量不为空）；否则该值为 1。
- ❑ update_person：这将搜索包含特定 ID 人员的向量。若存在，则以此进行替换并返回 true；否则返回 false。

注意，这些函数并不包含特定于 Web 的内容。

2．main.rs 文件中的变化内容

对于 main 函数，存在多种路由请求。一些新的路由如下。

```
.service(
    web::resource("/persons")
        .route(web::delete().to(delete_persons)),
)
.service(
    web::resource("/page/new_person")
        .route(web::get().to(get_page_new_person)),
)
.service(
    web::resource("/page/edit_person/{id}")
        .route(web::get().to(get_page_edit_person)),
)
.service(
    web::resource("/one_person")
        .route(web::post().to(insert_person))
        .route(web::put().to(update_person)),
)
```

其中，第 1 个路由用于删除所选的人员。

第 2 个路由用于获取页面，以使用户在插入模式下可插入新的人员，即 one_person.html 页面。

第 3 个路由用于获取页面，以使用户可在编辑模式下查看或编辑新人员，即 one_person.html 页面。

对于第 4 个资源，存在两种可能的路由。实际上，该资源可通过 POST 方法或 PUT 方法进行访问。其中，第 1 种方法用于将新记录插入数据库中，第 2 种方法用于通过指定的数据更新特定的记录。

接下来考查处理程序。对于之前的项目来说，一些程序是新增的，一些程序其内容发生了变化，还有一些程序则保持原样。

其中，新的处理程序涵盖以下内容。

❑ delete_persons 用于删除所选的人员。

❑ get_page_new_person 用于获取对应页面以创建新增人员。

❑ get_page_edit_person 用于获取页面以编辑已有人员。

❑ insert_person 用于向数据库中插入新增人员。

❑ update_person 用于更新数据库中已有人员。

另外，发生变化的处理程序包括 get_page_persons 和 invalid_resource；而未变化的处理程序则包括 get_main 和 get_favicon。

这些处理程序将分为以下 3 种逻辑分类。

（1）对应作业任务是生成 HTML 代码，并替换部分 Web 页面。

（2）对应作业任务是返回非 HTML 数据。

（3）执行某些工作并随后返回与已完成的作业任务相关的状态信息。

HTML 返回函数包括 get_main、get_page_persons、get_page_new_person、get_page_edit_person 和 invalid_resource。get_favicon 是唯一的数据返回函数，而其他 3 个函数均为数据操控函数。

从逻辑上讲，可设置一个单一的处理程序，该程序首先执行某些工作，并随后返回所显示的 HTML 页面。然而，较好的做法是将这些逻辑上不同的特性划分至两个独立的函数中，首先执行操控数据的函数，随后运行返回 HTML 代码的函数。相应地，这种隔离行为出现于后端或前端。

在当前项目中，前端负责执行上述隔离行为。首先，JavaScript 代码发送一个请求以操控数据（例如，将一条记录插入数据库中）；随后，如果操作成功，其他 JavaScript 代码将请求 HTML 代码，并在浏览器中进行显示。

另外一种替代架构则涵盖下列调用序列。

（1）用户在 Web 页面上执行某个工作。

（2）该动作导致某个 JavaScript 例程被执行。

（3）该例程将浏览器中的请求发送至服务器中。

（4）服务器将请求路由至后端处理程序函数中。

（5）后端处理程序首先调用一个例程操控数据，并随后等待其完成。

（6）如果后端例程成功，后端将调用另一个例程，进而向浏览器中生成并返回下一个 HTML 页面。如果后端例程失败，后端将生成并返回另一个 HTML 页面以描述失败信息。

（7）JavaScript 例程接收 HTML 页面，并将其显示于用户。

接下来考查 get_page_edit_person 函数体。

记住，该例程的目的是生成 Web 页面的 HTML 代码，进而编辑人员名称。这里，需要编辑的当前人员名称可在数据库中找到，常量 HTML 代码则可在 one_person.html 模板中找到。

此处，前 5 条语句定义并初始化为多个局部变量。

```
let id = &path.0;
let db_conn = &state.lock().unwrap().db;
let mut context = tera::Context::new();
if let Ok(id_n) = id.parse::<u32>() {
    if let Some(person) = db_conn.get_person_by_id(id_n) {
```

其中，第 1 条语句将以字符串方式获取路径中的 id 变量。针对当前函数，路由为 /page/edit_person/{id}，因而 id 变量可被成功地析取。

第 2 条语句获取并锁定数据库连接。

第 3 条语句创建一个空 Tera 上下文。

第 4 条语句尝试将 id Rust 变量解析为一个整数。如果转换成功，则满足 if 语句中的条件，并执行下一条语句。

第 5 条语句通过调用 get_person_by_id 方法，并针对 ID 所指定的人员搜索数据库。

在获得有效信息后，即可过滤 Tera 上下文，如下所示。

```
context.insert("person_id", &id);
context.insert("person_name", &person.name);
context.insert("inserting", &false);
```

相关变量的功能如下所示。

❑ person_id Tera 变量可显示页面中人员的当前（禁用）ID。

❑ person_name Tera 变量可显示页面中人员的当前（可编辑）名称。

❑ inserting Tera 变量可通过条件 Tera 语句将页面设置为一个编辑页面，而非插入页面。

随后可利用对应的上下文调用 render Tera 方法以获取 HTML 页面，并将作为响应结果的 HTML 体发送最终页面。

```
return HttpResponse::Ok()
    .content_type("text/html")
    .body(TERA.render("one_person.html", context).unwrap());
```

这里，我们考查了每条语句均成功的情形。如果类型 ID 不是数字，或者在数据库中不存在，函数则执行下列语句。当用户在主页 Id 输入框中输入错误数字并单击 Find 按钮后一般会出现这种情况。

```
context.insert("id_error", &"Person id not found");
context.insert("partial_name", &"");
let person_list = db_conn.get_persons_by_partial_name(&"");
context.insert("persons", &person_list.collect::<Vec<_>>());
HttpResponse::Ok()
    .content_type("text/html")
    .body(TERA.render("persons.html", context).unwrap())
```

最后一行代码表明，我们将使用的模板为 persons.html，因此将访问主页。该模板的 Tera 变量为 id_error、partial_name 和 persons。我们希望在第 1 个变量中包含一条特定的错误消息，且不存在任何内容作为过滤条件，以及所有人员的列表。这可通过过滤名称包含一个空字符串的全部人员而实现。

当用户单击 Update 按钮时，将调用 update_person 函数。

update_person 函数包含下列参数。

```
state: web::Data<Mutex<AppState>>,
query: web::Query<ToUpdate>,
```

随后是基于某种类型的查询，该类型通过下列结构定义。

```
#[derive(Deserialize)]
struct ToUpdate {
    id: Option<u32>,
    name: Option<String>,
}
```

因此，查询支持两个可选的关键字，即 id 和 name。其中，第一个关键字应为整数数字。下列内容展示了一些有效的查询。

- ❑　?id=35&name=Jo。
- ❑　?id=-2。
- ❑　?name=Jo。
- ❑　无查询。

下列内容为针对上述结果的无效查询。

- ❑　?id=x&name=Jo。
- ❑　?id=2.4。

函数体的第一部分内容如下。

```
let db_conn = &mut state.lock().unwrap().db;
let mut updated_count = 0;
let id = query.id.unwrap_or(0);
```

其中，第 1 条语句获取并锁定数据库连接。

第 2 条语句定义了记录的更新计数，该例程仅可更新一条记录，因而计数结果仅为 0 或 1。

第 3 条语句中 id 变量从查询中被析取（如果存在且有效），否则结果为 0。

注意，查询变量类型设置了所定义的字段（是否可选或必需及其类型），因而 Actix Web 框架可执行严格的 URI 查询解析。如果 URI 查询无效，处理程序将不会被调用，并选择 default_service 例程。另外，在处理程序中，我们可确保查询有效。

函数体的最后一部分内容如下。

```
let name = query.name.clone().unwrap_or_else(||
"".to_string()).clone();
updated_count += if db_conn.update_person(Person { id, name }) {
    1
} else {
    0
};
updated_count.to_string()
```

首先，name 变量从查询中被析取，若该变量未包含于查询中，则考虑空字符串。由于数据库操作接管参数的所有权，且我们无法生成查询字段的所有权，因此该名称将被克隆。

其次，调用数据库连接的 update_person 方法，该方法接收解析后的 id 和 name 构成的 Person 对象。如果该方法返回 true，那么所处理记录的计数将被设置为 1。

最后，所处理记录的计数将作为响应结果被返回。

从概念上讲，其他例程也大同小异。

4.8 利用身份验证处理应用程序

前述应用程序的所有特性均可被访问，进而创建与服务器之间的 HTTP 连接。通常情况下，取决于使用角色的不同，Web 应用程序的行为也有所不同。典型情况下，一些授权用户执行某些重要的操作，如添加或删除记录；而其他一些授权用户仅读取这些记录。有些时候，特定用户的数据需要被记录。

相应地，这将涉及身份验证、授权机制和安全性。

考查以下简单场景，其中包含两个用户且他们的配置文件已经连接至模拟数据库中。

❏ joe 的密码为 xjoe，且仅可读取人员数据库。

❏ susan 的密码为 xsusan，并可读写人员数据库，也就是说，可以执行前述应用程序所做的一切操作。

当前应用程序始于一个登录页面。如果用户未输入已有的用户名及其匹配密码，则无法继续访问其他页面。即使用户名和密码有效，用户未授权的微件仍将处于禁用状态。

针对此类情形，一些应用程序创建了一个服务器端用户会话，且适用于用户数量较少时。如果存在大量用户，那么这将使服务器处于超载状态。这里，我们将展示一种解决方案，且不使用服务器端会话。

如果运行 auth 项目并从浏览器中访问当前网站，将会显示如图 4.7 所示的页面。

其中，可在输入框中输入用户名和密码。如果在 User name 输入框中输入 foo，并随后单击 Log in 按钮，则会显示红色的 User "foo" not found.消息；如果输入 susan 并随后单击 Log in 按钮，则对应显示消息为 Invalid password for user "susan"。

如果输入正确的用户密码 xsusan，则会显示如图 4.8 所示的页面。

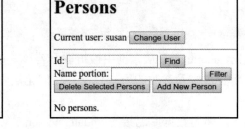

图 4.7　　　　　　　　　　　　　　　图 4.8

这与 crud 项目的主页面基本相同，但增加了一行微件，即当前用户的名称和修改按钮。当单击 Change User 按钮时，将返回登录页面。另外，人员的查看、编辑或插入页面也包含了页面头下方的相同微件。

在登录页面中，当输入 joe（用户名）和 xjoe（密码）时，将显示如图 4.9 所示的页面。

其中包含了针对 susan 所显示的相同的微件，但当前禁用了 Delete Selected Persons 按钮和 Add New Person 按钮。

当考查 joe 如何查看人员内容时，首先需要以 susan 这一身份登录，插入某些人员并随后将用户更改为 joe，因为 joe 无法插入人员内容。待操作完成并单击 Edit 按钮时，将会显示如图 4.10 所示的页面。其中，Name 输入框处于只读状态，而 Update 按钮则处于禁用状态。

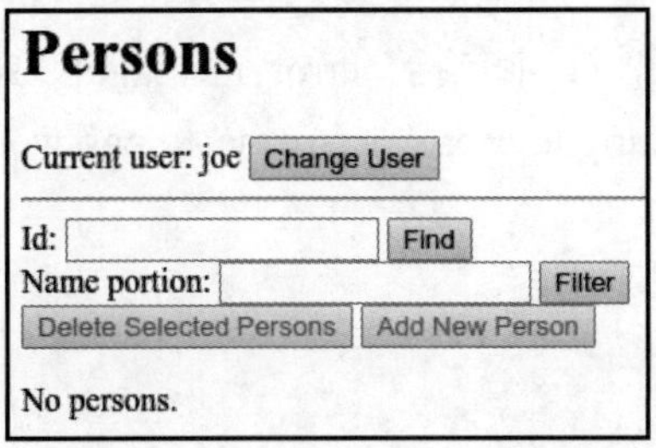

Persons

Current user: joe [Change User]

Id: [_____] [Find]
Name portion: [_____] [Filter]
[Delete Selected Persons] [Add New Person]

No persons.

图 4.9

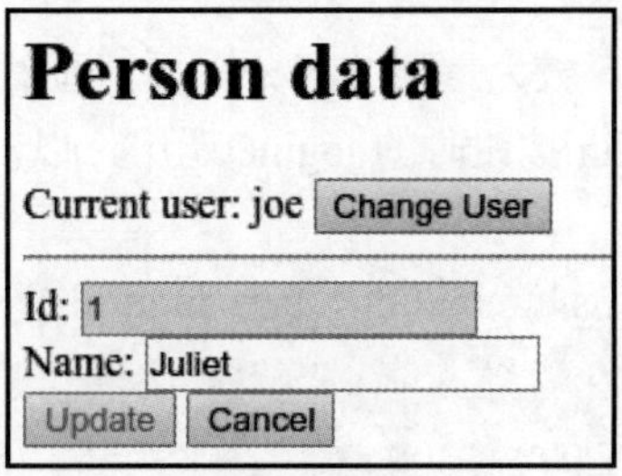

Person data

Current user: joe [Change User]

Id: [1____]
Name: [Juliet____]
[Update] [Cancel]

图 4.10

接下来讨论应用程序的具体实现过程。

4.8.1 实现过程

本节项目将针对 crud 项目添加相应的代码。

这里，第 1 处差别位于 Cargo.toml 文件中，其中添加了 actix-web-httpauth = "0.1"依赖项，用于处理 HTTP 请求中的用户名和密码的编码机制。

4.8.2 HTML 代码

初始时，main.html 主页（而非打开/page/persons URI）将打开/page/login 并显示登录页面。因此，当前项目将针对登录页面添加一个新的 TERA 模板，即 login.html 部分 HTML 页面，如下所示。

```html
<h1>Login to Persons</h1>
<div>
    <span>Current user:</span>
    <span id="current user" class="current-user"></span>
</div>
<hr/>
<label class="error">{{error message}}</label>
<div>
    <label>User name:</label>
    <input id="username" type="text">
</div>
<div>
    <label>Password:</label>
```

```
    <input id="password" type="password">
</div>
<button onclick="login()">Log in</button>
```

其中，较为重要的部分采用下画线方式给出，其中包括{{error_message}} Tera 变量、单击 Log in 按钮时的 login()调用，以及 ID 为 current_user、username 和 password 的 3 个元素。

persons.html 和 one_person.html 模板包含下列内容。

```
<div>
    <span>Current user: </span>
    <span id="current_user" class="current-user"></span>
    <button onclick="getPage('/page/login')">Change User</button>
</div>
<hr/>
```

这将显示当前用户或---，随后是 Change User 按钮。单击该按钮将加载/page/login 页面。

对于未经授权的用户，应用程序包含 4 个禁用的按钮。其中，两个按钮位于 persons.html 模板中，另两个按钮则位于 one_person.html 模板中。这 4 个按钮包含下列属性。

```
{% if not can_write %}disabled{% endif %}
```

此处假设 can_write Tera 变量被定义为 true 或任何非空值，当且仅当当前用户具备修改数据库内容的权限。

除此之外，one_person.html 模板中还存在一个编辑框元素，且对未授权更改数据的用户呈现为只读属性，因而包含下列属性。

```
{% if not can_write %}readonly{% endif %}
```

注意，这些检查行为并非是最终的安全措施。前端软件中的权限检查操作有时可被绕过，因此最终的安全防护是由 DBMS 执行的。

对此，较好的做法是提前执行检查，以使用户体验更加直观并提供有用的错误消息。

例如，如果实体属性不应被当前用户修改，则可通过 DBMS 并以可靠的方式指定这一约束条件。

然而，如果用户界面支持修改行为，用户可尝试修改对应值。

此外，当试图执行所禁止的更改行为时，DBMS 将产生一条错误消息。相应地，该消息可能未实现国际化，并引用了用户不熟悉的一些 DBMS 概念，如表、列、行和对象名称。因此，消息对于用户来说可能是模糊的。

4.8.3　JavaScript 代码

关于 crud 项目，main.js 文件新增了一些新内容。例如，username 和 password 全局变量已被添加并被初始化为空字符串。下列语句已分别被添加至 sendCommand 和 getPage 函数中。

```
xhttp.setRequestHeader("Authorization",
    "Basic " + btoa(username + ":" + password));
```

这设置了即将发送的 HTTP 请求的 Authorization 头，对应格式为标准的 HTTP。在 getPage 函数中，在将接收的 HTML 代码赋予当前主体的语句之后，将插入下列 3 行代码。

```
var cur_user = document.getElementById('current_user');
if (cur_user)
    cur_user.innerHTML = username ? username : '---';
```

这将设置以下元素属性：其 id 属性包含 current_user 值（如果当前页面包含此类元素）。如果已定义且不为空，那么对应内容为 username 全局 JavaScript 变量值；否则为---。

此外还定义了新的 login 函数，如下所示。

```
username = document.getElementById('username').value;
password = document.getElementById('password').value;
getPage('/page/persons');
```

这将得到页面的 username 和 password 元素值，并通过相同的名称将其保存为全局变量，随后打开主页面。这一过程仅应在 login.html 页面中被调用，因为其他页面可能不包含 password 元素。

4.8.4　模拟数据库代码

模拟数据库新增了一个表，即 users 表。因此，其元素类型必须已被定义：

```
#[derive(Serialize, Clone, Debug)]
pub struct User {
    pub username: String,
    pub password: String,
    pub privileges: Vec<DbPrivilege>,
}
```

任何用户仅包含一个用户名、一个密码和一组权限。这里，权限是一种自定义类型，并被定义在同一文件中，如下所示。

```
#[derive(Serialize, Clone, Copy, PartialEq, Debug)]
pub enum DbPrivilege { CanRead, CanWrite }
```

此处存在两种可能的权限，即读取数据库和写入数据库。相比之下，实际的数据库系统可能包含更细的粒度。

DbConnection 结构还定义了 users 字段，即 Users 向量，其内容（与 joe 和 susan 相关的记录）通过内联方式指定。

此外还添加了 get_user_by_username 函数。

```
pub fn get_user_by_username(&self, username: &str) -> Option<&User> {
    if let Some(u) = self.users.iter().find(|u| u.username == username) {
        Some(u)
    }
    else { None }
}
```

针对包含指定用户名的用户，这将搜索 Users 向量。若该向量被找到，则返回；否则返回 None。

4.8.5　main 函数

main 函数进行了两处修改。其中，第 1 处修改是在 App 对象上调用 data(Config::default().realm("PersonsApp"))，进而获取 HTTP 请求中的身份验证上下文。这通过 realm 调用指定了对应的上下文。

第 2 处修改是加入了路由规则，如下所示。

```
.service(
    web::resource("/page/login")
        .route(web::get().to(get_page_login)),
)
```

对应路径用于打开登录页面，且被主页用作应用程序的入口点，同时还被两个 Change User 按钮使用。

get_page_login 函数则是唯一的新增处理程序，并调用 get_page_login_with_message 函数（包含一个字符串参数）以显示错误消息。当 get_page_login_with_message 函数被 get_page_login 函数调用时，参数将指定为一个空字符串，因为当前页面中尚未出现任何错误。另外，get_page_login_with_message 函数还将在其他地方（6 处）被调用，其中指定了不同的错误消息。最后需要说明的是，get_page_login_with_message 函数的目的是访问登录页面，并显示作为参数接收的消息（采用红色显示）。

登录页面显然可以被每个用户访问，就像 favicon 资源一样，但是其他处理程序均已被修改，以确保只有经过授权的用户才能访问这些资源。操控数据的处理程序体包含下列结构。

```
match check_credentials(auth, &state, DbPrivilege::CanWrite) {
    Ok(_) => {
        ... manipulate data ...
        HttpResponse::Ok()
            .content_type("text/plain")
            .body(result)
    },
    Err(msg) => get_page_login_with_message(&msg)
}
```

首先，check_credentials 函数检查 auth 参数指定的证书是否可识别一个包含 CanWrite 权限的用户。另外，仅允许执行写入操作的用户可操控数据。对此，函数以 Ok 返回，因而可修改数据库，并以纯文本格式返回这些变化结果。

相应地，不允许执行写入操作的用户则被重定向至登录页面，同时显示 check_credentials 返回的错误消息。

获取 HTML 页面的处理程序体包含下列结构。

```
match check_credentials(auth, &state, DbPrivilege::CanRead) {
    Ok(privileges) => {
        ... get path arguments, query arguments, body ...
        ... get data from the database ...
        let mut context = tera::Context::new();
        context.insert("can_write",
            &privileges.contains(&DbPrivilege::CanWrite));
        ... insert some other variables in the context ...
        return HttpResponse::Ok()
            .content_type("text/html")
            .body(TERA.render("<template_name>.html",context).unwrap());
    },
    Err(msg) => get_page_login_with_message(&msg)
}
```

通常情况下，任何可以读取数据的用户都可以访问 Web 页面。在当前示例中，check_credentials 函数工作良好，并返回用户的完整权限集合。随后，将这些结果与 Ok(privileges)模式进行匹配，可使用户的权限用于初始化 privileges Rust 变量。

如果用户包含 CanWrite 权限，那么该信息将作为 true 值被传递至 can_write Tera 变量中；否则将作为 false 值进行传递。通过这种方式，页面可与用户的权限保持一致，进而启用或禁用 HTML 微件。

接下来考查 check_credentials 函数。

在 check_credentials 函数的参数中，应留意 auth: BasicAuth 参数。考虑到 actix_web_httpauth 库以及主函数中的 data 调用，该参数允许访问基本身份验证的授权 HTTP 头。BasicAuth 类型对象包含 user_id 和 password 方法，这两个方法返回 HTTP 指定的可选证书。

上述方法通过下列代码片段进行调用。

```
if let Some(user) = db_conn.get_user_by_username(auth.user_id()) {
    if auth.password().is_some() && &user.password ==
auth.password().unwrap() {
```

上述代码通过用户名获取数据库中的用户，并检查存储的密码是否与源自浏览器中的密码匹配。

这一过程较为简单，实际的系统一般存储了加密的密码，并采用相同的单向加密对指定的密码加密，同时比较加密后的字符串。

随后，例程将在不同的错误类型间进行识别。

❑ HTTP 请求不包含整数；或者证书存在，但指定的用户并不存在于用户表中。

❑ 用户存在，但存储的密码不同于所接收证书中指定的密码。

❑ 证书有效，但用户不包含所需的权限（例如，仅包含 CanRead 访问权限，但实际操作需要 CanWrite 权限）。

至此，我们基本讲解了一个简单的身份验证 Web 应用程序。

4.9　本　章　小　结

本章讨论了如何使用 Tera 模板引擎创建文本字符串或文件（不仅仅是 HTML 格式），此类文件包含变量、条件、重复和另一个文件中的部分内容。

接下来本章考查了 Actix Web 的应用方式，并结合 HTML 代码、JavaScript 代码、CSS 样式和 Tera 模板引擎创建了一个完整的 Web 应用程序，其中涉及 CRUD 功能、验证机制（验证读取用户）和授权机制（针对当前用户禁用某些功能）。

本章所讨论的项目展示了如何创建单一应用程序，并执行客户端和服务器端代码。第 5 章将介绍如何利用 WebAssembly 技术和 Yew 框架创建客户端 Web 应用程序。

4.10　本章练习

（1）对于创建包含变量部分的 HTML 代码，可能的策略是什么？

（2）将 Tera 表达式嵌入某个文本文件中的语法是什么？

（3）将 Tera 语句嵌入某个文本文件中的语法是什么？

（4）如何在一个 Tera 渲染操作中指定变量的值？

（5）如何对 Web 服务器的请求进行分类？

（6）为何说将一个 Web 页面划分为多个部分十分有用？

（7）HTML 模板和 JavaScript 文件应被单独部署，还是将其链接至可执行的程序中？

（8）哪一种 JavaScript 对象可用于发送 HTTP 请求？

（9）如果服务器未存储用户会话，那么当前用户名应存储于何处？

（10）证书如何从 HTTP 请求中被析取？

4.11　进一步阅读

❑　读者可访问 https://tera.netlify.app/以了解与 Tera 相关的额外信息。

❑　读者可访问 https://actix.rs/docs/以了解与 Actix Web 相关的额外信息。

❑　读者可访问 https://www.arewewebyet.org/以了解与 Web 开发库和框架相关的状态。

第 5 章　利用 Yew 创建客户端 WebAssembly 应用程序

作为一种使用 HTML、CSS、JavaScript（一般采用 JavaScript 前端框架，如 React）或其他语言生成 JavaScript 代码（如 Elm 或 TypeScript）的替代方案，本章将考查如何将 Rust 用于构建 Web 应用程序前端。

当针对 Web 浏览器构建 Rust 应用程序时，Rust 代码必须被转换为 WebAssembly 代码，这一过程也得到了现代 Web 浏览器的支持。Rust 代码与 WebAssembly 之间的转换功能现在也包含于稳定的 Rust 编译器中。

当开发大型项目时，需要使用 Web 前端框架。对此，本章将采用 Yew 框架，该框架通过模型-视图-控制器（MVC）架构模式并生成 WebAssembly 代码来支持前端 Web 应用程序开发。

本章主要涉及以下主题。

❑ 了解 MVC 架构模式及其在 Web 页面中的应用。
❑ 利用 Yew 框架构建 WebAssembly 应用程序。
❑ 如何使用 Yew 框架创建 MVC 模式设计的 Web 页面（incr 和 adder）。
❑ 创建包含多个页面的 Web 应用程序（login 和 yauth）。
❑ 创建包含前端和后端的 Web 应用程序（分别位于 yclient 和 persons_db 项目中）。

ℹ **注意：**
前端采用 Yew 开发，而后端（即 HTTP RESTful 服务）则通过 Actix Web 进行开发。

5.1　技　术　需　求

本章假设读者已经掌握了前述章节中的内容，且需要了解 HTML 方面的知识。

当运行本章中的项目时，需要安装 WebAssembly 代码生成器（即 Wasm）。对此，可简单地输入下列命令。

```
cargo install cargo-web
```

随后可以看到，Cargo 工具将包含多条命令，进而得到进一步充实，其中的一些命令如下。

- ❑ cargo web build（或 cargo-web build）：该命令构建运行于 Web 浏览器中所设计的 Rust 项目，且类似于 cargo build 命令，但针对于 Wasm。
- ❑ cargo web start（或 cargo-web start）：该命令执行 cargo web build 命令，随后每次被客户端访问时启动 Web 服务器，并向客户端发送完整的 Wasm 前端应用程序。该命令类似于 cargo run 命令，但服务于 Wasm 应用程序。

读者可访问 https://github.com/PacktPublishing/Creative-Projects-for-Rust-Programmers 查看本章的源代码。

5.2   Wasm 简介

Wasm 是一种功能强大的新技术，用于交付交互式应用程序。在 Web 出现之前，已经有许多开发人员构建客户端/服务器应用程序，客户端应用程序在计算机上运行（通常使用 Microsoft Windows 操作系统），服务器应用程序在公司的系统上运行（通常使用 NetWare、OS/2、Windows NT 或 UNIX 操作系统）。在这些系统中，开发人员可针对客户端应用程序选择自己喜爱的语言，如 Visual Basic、FoxPro、Delphi 或其他广泛使用的语言。

然而，对于此类系统，更新后的部署问题十分严峻，其间会涉及诸多问题，如确保每个客户端计算机包含相应的运行期系统，全部客户端同一时间获取更新结果。这些问题由运行于 Web 浏览器中的 JavaScript 予以解决，因为它是下载和执行前端软件的普遍平台。但是，开发人员往往会被强制使用 HTML + CSS + JavaScript 开发前端软件，而此类软件有时性能较差。

Wasm 是一种类似于机器语言的编程语言，如 Java 字节码或 Microsoft .NET CIL 码，但已被主流 Web 浏览器所接受，并于 2017 年 10 月发布了 1.0 版本的规范；截至 2019 年，大约 80%的 Web 浏览器已支持 Wasm。这意味着，Wasm 更加高效，并可通过多种编程语言生成，包括 Rust。

因此，如果 Wasm 被设置为 Rust 编译器的目标体系结构，那么采用 Rust 编写的程序可运行于任何现代主流 Web 浏览器上。

5.3   理解 MVC 架构模式

本章主要讨论如何创建 Web 应用程序，为了描述得更具体，下面来看名为 incr 和

adder 的两个 Web 应用程序。

5.3.1　实现两种 Web 应用程序

当运行第 1 个 Web 应用程序时，需要执行下列各项操作步骤。

（1）访问 incr 文件夹并输入 cargo web start。

（2）几分钟后，控制台将显示一条消息，如下所示。

`You can access the web server at` `http://127.0.0.1:8000`.

（3）在地址栏中输入 127.0.0.1:8000 或 localhost:8000，随后将看到如图 5.1 所示的内容。

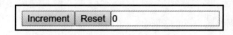

图 5.1

（4）单击两个按钮或者选择后面的文本框，随后按+键或 0 键。

注意：

- 单击一次 Increment 按钮，右侧文本框中的内容从 0 增至 1。
- 再次单击 Increment 按钮，右侧文本框中的内容将变为 2，以此类推。
- 单击 Reset 按钮，对应值变为 0。
- 选择文本框（通过单击方式）并按+键，则会像 Increment 按钮那样递增数字；相反，如果按 0 键，数字则被设置为 0。

（5）若终止服务器，则可在控制台中按 Ctrl+C 快捷键。

（6）当运行 adder 应用程序时，可在 adder 文件夹中输入 cargo web start 命令。

（7）类似地，对于其他应用程序，当服务器应用程序启动后，刷新 Web 浏览器页面后可看到如图 5.2 所示的页面。

（8）在 Addend 1 标记右侧的文本框中输入一个数字，在 Addend 2 标记右侧的文本框中输入另一个数字，并单击 Add 按钮。随后将在底部文本框中看到两个数字之和，文本框的颜色将从黄色变为绿色，如图 5.3 所示。

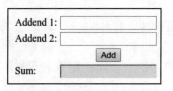

图 5.2

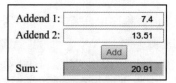

图 5.3

在加法操作执行完毕后，Add 按钮将变为禁用状态。如果前两个文本框之一为空，那么求和计算将失败且不会执行任何操作。另外，如果修改前两个文本框中的数值，Add 按钮将处于可用状态，同时最后一个文本框变为空，且显示为黄色。

5.3.2　MVC 模式

前述内容讨论了一些较为简单的 Web 应用程序，我们可以此解释 MVC 模式的含义。这里，MVC 模式是与事件驱动交互式程序相关的一种架构。

接下来介绍事件驱动交互式程序的含义。其中，"交互式"是"批处理"的反义词。批处理程序是指用户在开始阶段即准备好全部输入内容，程序在运行过程中不会再次请求数据。

相反，交互式程序则涵盖下列步骤。

（1）初始化。

（2）等待用户操作。

（3）当用户与输入设备交互后，程序处理相关的输入数据，随后返回之前的步骤，并等待输入。

例如，控制台命令解释器即是一种交互式程序，所有的 Web 应用程序也是交互式程序。

这里，"事件驱动"是指，应用程序在初始化后不会执行操作，直至用户在用户界面中执行某些操作。当用户与输入设备交互时，应用程序处理输入数据，并更新屏幕内容以作为对用户输入的响应。大多数 Web 应用程序均是事件驱动的。例外情况包括游戏、虚拟现实或增强现实环境。其中，即使用户不执行任何操作，动画效果依然不会停止。

本章示例均为事件驱动型交互式程序。在初始化操作后，仅当用户单击鼠标（或触摸屏幕）或按键盘上的任意键后，程序才执行相关操作。某些单击或按键操作将导致屏幕内容发生变化。因此，MVC 架构可应用于这些示例上。

MVC 模式包含多种版本。Yew 使用的模式源自 Elm 语言实现的架构，因而被命名为 Elm 架构。

5.3.3　模型

在任意 MVC 程序中，存在一种名为 model 的数据结构，其中包含了表现用户界面所需的全部动态数据。

例如，在 incr 应用程序中，右侧文本框中包含的数字需要用来表示文本框，并可在运行时更改，因而该数字值必须位于模型中。

这里，浏览器窗口的宽度和高度并不参与生成 HTML 代码，因而不应是模型中的内容。另外，按钮的大小和文本也不是模型中的内容，其原因在于，它们在运行期内并不发生变化。当然，对于国际化应用程序来说，全部文本也应在模型中。

在 adder 应用程序中，对应模型仅包含文本框中的 3 个值。其中，两个值由用户输入，第 3 个值则通过计算得到。另外，文本框中的标记和背景颜色不应是模型中的内容。

5.3.4　视图

取决于模型中的值，视图被定义为表现（或渲染）屏幕图形内容的规范。视图可以是声明式规范，如纯 HTML 代码，或者是过程式规范，如某些 JavaScript 代码或 Rust 代码，或二者的混合体。

例如，在 incr 应用程序中，视图显示了两个按钮和一个只读文本框。然而，在 adder 应用程序中，视图则显示了 3 个标记、3 个文本框和一个按钮。

全部所显示的按钮均包含固定的外观，但视图需要在模型变化时更改数字的显示结果。

5.3.5　控制器

MVC 架构的最后一部分内容是控制器，当使用输入设备的用户与应用程序交互时，控制器通常是视图调用的一个例程或一组例程。当用户在输入设备上执行某种动作时，全部视图所做的工作是通知控制器用户执行了相应的动作，并表明是哪一项操作（如单击鼠标）或具体位置（如屏幕的某个位置）。

在 incr 应用程序中，存在 3 种可能的动作，如下所示。

（1）单击 Increment 按钮。

（2）单击 Reset 按钮。

（3）选择文本框后按某个键。

通常，用户可能会执行按键操作（如通过键盘按某个按钮），此类操作可被视作等价于鼠标的单击操作。因此，简单的输入动作类型将针对每个按钮得到相应的通知。

在 adder 应用程序中，存在 3 种可能的输入动作，如下所示。

（1）Addend 1 文本框中的数值变化。

（2）Addend 2 文本框中的数值变化。

（3）单击 Add 按钮。

另外，存在多种方式可更改文本框中的值，如下所示。

（1）当未选择文本时输入，插入额外的字符。

（2）当选择某些文本时输入，利用某个字符替换所选的文本。

（3）从粘贴板中复制一些文本。

（4）从另一个屏幕元素中拖曳某些文本。

（5）在下拉列表中使用鼠标。

我们对此并不会过度关注，因为浏览器或框架将执行相关工作。对于应用程序代码来说，重点在于用户执行输入动作时文本框将更改其中的值。

控制器的任务是使用这些输入信息更新模型。当模型更新完毕后，框架通知视图刷新屏幕外观，同时查看模型中的新值。

在 incr 示例应用程序中，当控制器得到"按 Increment 按钮"这一通知后，将递增模型中的数字；当得到"单击 Reset 按钮"这一通知后，将把模型中的该数字设置为 0；当得到文本框的按键通知后，将检查所按的键是否为+、0 或其他，并对模型进行相应的修改。随后，将通知视图更新数字的显示结果。

在 adder 示例程序中，当得到"Addend 1 文本框变化"这一通知后，控制器将利用编辑框中的新值更新模型；类似的行为也会发生于 Addend 2 文本框中——当获得"按 Add 按钮"这一通知后，控制器将对模型中的两个加数进行求和，并将结果存储于第 3 个模型字段中。随后，将通知视图更新计算结果的显示内容。

5.3.6　视图实现

在 Web 页面中，页面的表达一般由 HTML 和代码构成，并使用 Yew 框架协同实现，视图函数需要生成 HTML 代码。生成结果中包含了 HTML 代码的常量部分，但也会访问模型以获得运行期内发生变化的内容。

在 incr 应用程序中，视图构成了定义两个按钮和一个只读数字输入元素的 HTML 代码，并将从模型中获取的值置入这些输入元素中。

另外，通过将事件转发至控制器中，视图还包含了两个按钮上的 HTML 单击事件的处理机制。

在 adder 应用程序中，视图中的 HTML 代码定义了 3 个标记、3 个数字输入元素和一个按钮，并将从模型中获取的值置入最后一个输入元素中。通过将事件转发至控制器中，视图包含了前两个文本框中的 HTML 输入事件以及按钮单击事件的处理机制。关于前两个文本框事件，包含于文本框中的值将被转发至控制器中。

5.3.7　控制器实现

当采用 Yew 时，控制器通过一个更新例程实现，从而处理与用户动作（源自视图）

相关的消息，并使用这些输入内容修改模型。在控制器完成了模型的全部更改内容后，还需要向视图中发送通知，以向用户界面中应用模型的变化内容。

在某些框架中，如 Yew，此类视图调用是自动进行的，该机制涵盖下列步骤。

（1）对于视图处理的任何用户动作，框架将调用 update 函数，即控制器。在该调用过程中，框架向控制器传递与用户动作相关的细节内容。例如，文本框中输入的对应值。

（2）典型地，控制器将更改模型的状态。

（3）如果控制器成功地实施了模型中的某些变化内容，框架将调用视图函数，即 MVC 架构中的视图。

5.3.8　理解 MVC 架构

图 5.4 展示了 MVC 架构的整体控制流。

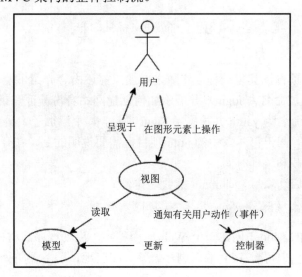

图 5.4

其中，每个用户的循环过程表示为图 5.4 中的操作序列。

（1）用户查看屏幕中图形元素的静态表达。

（2）用户通过输入设备在图形元素上进行操作。

（3）视图接收用户动作并通知控制器。

（4）控制器更新模型。

（5）视图读取新的模型状态，并更新屏幕内容。

（6）用户查看屏幕的新状态。

MVC 的主要概念如下。

❑ 正确构建显示内容所需的所有不可变数据需要位于名为 model 的独立数据结构中。相应地，model 可与某些代码关联，这些代码并不获得直接的用户输入，同时也不会向用户生成输出结果。model 可以访问文件、数据库或其他进程。由于 model 并不直接与用户界面交互，因此，如果应用程序的用户界面被移植到 GUI/Web/移动模式中，那么实现 model 的代码不应该改变。

❑ 显示内容和捕捉用户输入中的绘制逻辑被命名为视图。该视图应了解屏幕渲染机制、输入设备、事件和模型。虽然视图读取模型，但视图不会直接更改模型。当产生某个事件时，视图将通知该事件的控制器。

❑ 当视图通知控制器后，该视图对控制器进行相应的修改，待结束后，框架通知视图利用新的模型状态对其自身进行刷新。

5.4　项　目　简　述

本章涵盖 4 个项目，其复杂程度将随之增加。前述内容介绍了两个项目，即 incr 和 adder。第 3 个项目被命名为 login，并展示如何创建网站身份验证登录页面。

第 4 个项目被命名为 yauth 并扩展了 login 项目，其中添加了人员列表的 CRUD 处理机制，其行为几乎等同于第 4 章中的 auth 项目。需要说明的是，在开始阶段，每个项目需要 1~3min 的下载和编译时间。

下列语句用于启动项目，即 main 函数主体。

```
yew::start_app::<Model>();
```

这将根据自定的 Model 创建一个 Web 应用程序，启动程序后将在默认的 TCP 端口上等待。当然，我们也可对 TCP 端口进行调整。相应地，服务器将处理访问浏览器的应用程序。

5.5　incr 应用程序

本节将考查 incr 项目，前述内容已经讨论了如何构建和使用该项目。这里，唯一的依赖项位于 Yew 框架上，因而 TOML 文件包含了下列代码行。

```
yew = "0.6"
```

另外，所有的源代码位于 main.rs 文件中。对应的模型通过下列简单的声明实现。

```
struct Model {
    value: u64,
}
```

该模型仅需要是一个结构体，由框架实例化，被视图所读取，并通过控制器读写。模型的名称和字段名称并无太多限制。

视图和控制器间的通知可声明为一个 enum 类型，如下所示。

```
enum Msg {
    Increment,
    Reset,
    KeyDown(String),
}
```

其中的名称也不存在限制，如下所示。

❑ Msg 是消息（message）的缩写，因为这种通知在某种意义上是从视图到控制器的消息。

❑ Increment 消息通知 Increment 按钮上的单击事件。

❑ Reset 消息则通知 Reset 按钮上的单击事件。

❑ KeyDown 消息通知按键事件，其参数表示已按了哪个键。

当实现控制器时，需要针对当前模型实现 yew::Component 特性。在当前项目中，对应代码如下。

```
impl Component for Model {
    type Message = Msg;
    type Properties = ();
    fn create(_: Self::Properties, _: ComponentLink<Self>) -> Self {
        Self { value: 0 }
    }
    fn update(&mut self, msg: Self::Message) -> ShouldRender { ... }
}
```

这里，需要实现的内容如下。

❑ Message：即之前定义的 enum 类型，描述了视图与控制器之间所有可能的通知。

❑ Properties：该实现并未用于当前项目中，因而应为空元组。

❑ create：由框架调用，以使控制器初始化模型。其中包含两个参数（此处可忽略这两个参数），并返回包含初始值的模型实例。考虑到需要在初始阶段显示数字 0，因而可将 value 设置为 0。

❑ update：当用户在视图处理的页面上执行某些操作时，由框架调用。其中，两个
参数表示为可变模型自身（self）和源自视图的通知（msg）。该方法应返回一
个 ShouldRender 类型值，或者是 bool 值。相应地，返回 true 意味着模型已被更
改，因而需要刷新视图；返回 false 意味着模型未发生任何变化，因而无须执行
刷新操作。

update 方法包含了一个消息类型中的 match。前两个消息类型十分简单，如下所示。

```
match msg {
    Msg::Increment => {
        self.value += 1;
        true
    }
    Msg::Reset => {
        self.value = 0;
        true
    }
}
```

如果得到 Increment 消息，对应值将递增；如果得到 Reset 消息，对应值则被设置为
0。在这两种情形中，视图需要被刷新。

相比之下，按键的处理机制稍显复杂。

```
Msg::KeyDown(s) => match s.as_ref() {
    "+" => {
        self.value += 1;
        true
    }
    "0" => {
        self.value = 0;
        true
    }
    _ => false,
}
```

KeyDown 将所按下的键分配予变量 s。由于当前仅关注两种可能的按键，因此 s 变
量中存在一个嵌套的 match 语句。对于两种处理后的按键（+和 0），模型将被更新，并
返回 true 刷新视图；而对于其他按键，则不执行任何操作。

当实现 MVC 中的视图部分时，需要针对我们的模型实现 yew::Renderable 特性。这
里，唯一需要的方法是 view，该方法获取一个指向模型的引用，并返回表示 HTML 代码
的一个对象，进而读取模型并通知控制器。

```
impl Renderable<Model> for Model {
    fn view(&self) -> Html<Self> {
        html! { ... }
    }
}
```

此类方法体通过功能强大的 yew::html 宏予以构建。对此，下列代码展示了宏调用体。

```
<div>
    <button onclick=|_| Msg::Increment,>{"Increment"}</button>
    <button onclick=|_| Msg::Reset,>{"Reset"}</button>
    <input
        readonly="true",
        value={self.value},
        onkeydown=|e| Msg::KeyDown(e.key()),
    />
</div>
```

这与实际的 HTML 代码十分类似，且等价于下列 HTML 伪代码。

```
<div>
    <button onclick="notify(Increment)">Increment</button>
    <button onclick="notify(Reset)">Reset</button>
    <input
        readonly="true"
        value="[value]"
        onkeydown="notify(KeyDown, [key])"),
    />
</div>
```

注意，在任何 HTML 事件中，在上述 HTML 伪代码中可以看到，将调用一个 JavaScript 函数（此处为 notify 函数）。相反，在 Rust 中，则存在一个闭包并针对控制器返回一条消息。此类消息需要包含相应的类型参数。虽然 onclick 事件未包含任何参数，但 onkeydown 事件包含了一个参数（在变量 e 中被捕捉），并通过调用该参数上的 key 方法，按键将被传递至控制器中。

此外，在 HTML 伪代码中还应注意[value]符号，该符号在运行期内将被实际值所替换。

最后，宏的主体包含 3 个特性，以区别于 HTML 代码。

❑ 所有的 HTML 元素的参数应以逗号结束。

❑ 只要被括号包含，任何 Rust 代码均可在 HTML 内进行计算。

❑ 当前 HTML 代码中不允许出现字面值字符串，因而应作为 Rust 字面值被插入（将其包含在括号内）。

5.6　adder 应用程序

本节将考查 adder 项目实现，前述内容已经介绍了该项目的构建和使用方式。本节仅讨论该项目与 incr 项目的不同之处。

首先，HTML 宏展开递归级别中存在一个问题，且需要在程序开始时使用下列指示符执行递增操作。

```
#![recursion_limit = "128"]
#[macro_use]
extern crate yew;
```

如果没有上述指示符，则将会出现编译错误。对于更复杂的视图，还需要设置更加严格的限制条件。当前，对应模型包含了下列字段。

```
addend1: String,
addend2: String,
sum: Option<f64>,
```

具体解释如下。

- 第 1 个文本框中插入的文本（addend1）。
- 第 2 个文本框中插入的文本（addend2）。
- 如果计算已被执行且成功，则 sum 表示为第 3 个文本框中计算并显示的数字；否则不显示任何内容。

处理后的事件（即消息）如下。

```
ChangedAddend1(String),
ChangedAddend2(String),
ComputeSum,
```

具体解释如下所示。

- 对于第 1 个文本框中的任何更改，ChangedAddend1 文本框中包含新值。
- 对于第 2 个文本框中的任何更改，ChangedAddend2 文本框中包含其值。
- Add 按钮上的单击行为。

create 函数初始化模型的上述 3 个字段。其中，两个加数被设置为空字符串，sum 字段被设置为 None。根据这些初始值，Sum 文本框中此时不会显示任何数字。

update 函数处理 3 条可能的消息。对于 ComputeSum 消息，该函数执行下列工作。

```
self.sum = match (self.addend1.parse::<f64>(), self.addend2.parse::<f64>())
{
    (Ok(a1), Ok(a2)) => Some(a1 + a2),
    _ => None,
};
```

模型的 addend1 和 addend2 字段被解析后将其转换为数字。如果两个转换操作均成功，则 a1 和 a2 值相加，且求和结果将被赋予 sum 字段；如果转换失败，则 sum 字段将被赋予 None。

这里，与第 1 个加数相关的内容如下。

```
Msg::ChangedAddend1(value) => {
    self.addend1 = value;
    self.sum = None;
}
```

其中，文本框的当前值被赋予模型的 addend1 字段，并且 sum 字段则被设置为 None。类似情况也出现于修改其他加数时。

下面考查 view 方法中最为有趣的部分，如下所示。

```
let numeric = "text-align: right;";
```

上述代码将 CSS 代码片段赋予 Rust 变量。随后，第 1 个 addend 的文本框通过下列代码创建。

```
<input type="number", style=numeric,
    oninput=|e| Msg::ChangedAddend1(e.value),/>
```

此处应注意 style 属性，该属性被赋予 numeric 变量值。这些属性的值即为 Rust 表达式。

sum 文本框通过下列代码创建。

```
<input type="number",

    style=numeric.to_string()
        + "background-color: "
        + if self.sum.is_some() { "lightgreen;" } else { "yellow;" },
        readonly="true", value={
        match self.sum { Some(n) => n.to_string(), None => "".to_string() }
    },
/>
```

style 属性由之前看到的数字字符串与背景颜色连接而成。如果 sum 包含数字值，那么对应颜色为浅绿色；如果 sum 为 None，则对应颜色显示为黄色。另外，value 属性通过表达式被赋值，如果 sum 为 None，则赋予一个空字符串。

5.7 login 应用程序

截至目前，我们所讨论的应用程序仅包含一个模型结构、一个消息 enum、一个 create 函数、一个 update 函数和一个 view 方法。这对于简单的应用程序来说已然足够，但对于复杂的应用程序，这种简单的结构往往缺乏实用性。对此，我们需要将应用程序的不同部分划分为不同的组件。其中，每个组件采用 MVC 模式设计，因而包含自身的模型、控制器和视图。

通常情况下（但非必需）存在一个通用组件，该组件包含了应用程序中的相同内容，如下所示。

❑   包含 Logo、菜单和当前用户名的标题。

❑   包含版权信息和联系信息的页脚。

页面中部涵盖了内部部分（也称作体，尽管这并非 body HTML 元素）。这里，内部部分包含了应用程序的实际信息，如组件或表单（或页面）。

（1）运行 login 应用程序，即在该应用程序的文件夹下输入 cargo web start。

（2）访问 localhost:8000 将显示如图 5.5 所示的页面。

图 5.5 中显示了两条直线。第 1 条直线的上方为标题，并用于全部应用程序；第 2 条直线下方为页脚，同样应用于全部应用程序。中间部分为 Login 组件，且仅在用户通过身份验证后显示。当用户通过身份验证后，这一部分内容将被其他组件所替换。

下面首先考查一些身份验证无效示例。

❑   如果直接单击 Log in 按钮，则会弹出一个消息框，并显示 User not found；如果在 User name 文本框中输入某些随机字符，也会出现该消息框。这里，所允许的用户名是 susan 和 joe。

❑   如果插入所允许的用户名并单击 Log in 按钮，则将显示 Invalid password for the specified user 消息。

❑   相同情形也出现于在 Password 文本框中输入某些随机字符时。当前，对于用户 susan，所允许的密码是 xsusan；对于用户 joe，所允许的密码是 xjoe。如果在单击 Log in 按钮之前输入 susan 和 xsusan，则会显示如图 5.6 所示的结果。

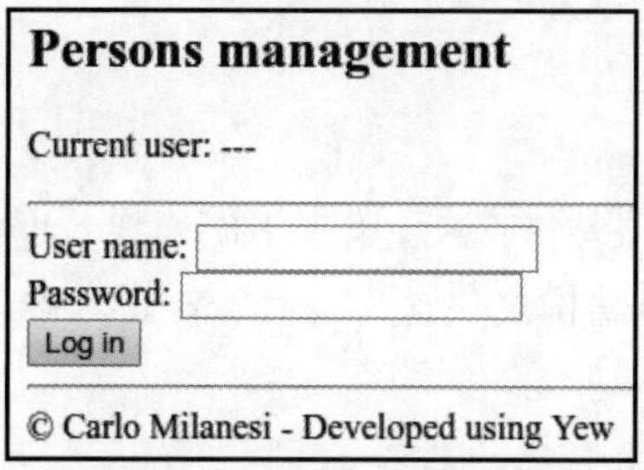

图 5.5 图 5.6

登录后将显示如图 5.7 所示的页面。

其间发生了 3 处变化，如下所示。

（1）在标记 Current user 的右侧，蓝色的文本已经被 susan 替换。

（2）在蓝色文本右侧出现了 Change User 按钮。

（3）在两条水平直线之间，所有的 HTML 元素均已被文本 Page to be implemented 所替换。此时，用户已成功地通过身份验证。

单击 Change User 按钮将显示如图 5.8 所示的页面。

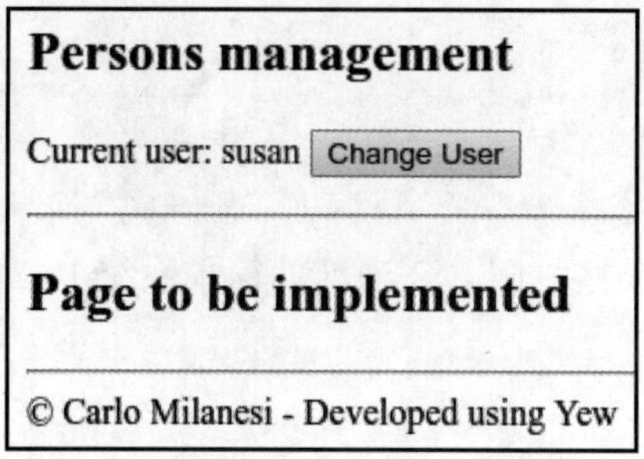

图 5.7 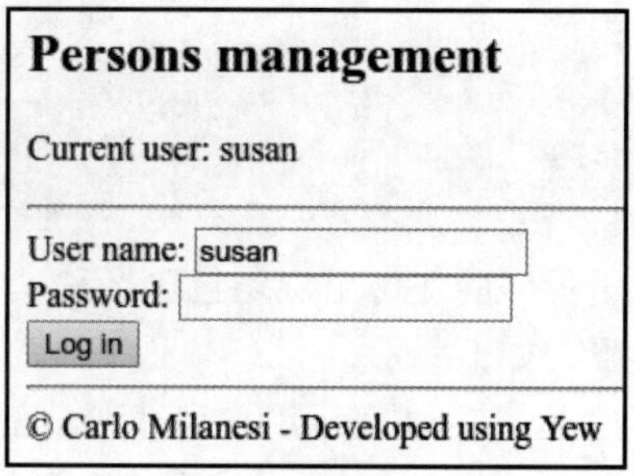 图 5.8

图 5.8 与图 5.5 类似，但 Current user 和 User name 处均显示为 susan。

5.7.1 项目组织方式

本章的源代码分为 3 个部分（读者可访问 Chapter05/login/src/db_access.rs），如下所示。

（1）db_access.rs：包含用于处理身份验证的用户目录的存根。

（2）main.rs：包含 main 函数和 MVC 组件，用于处理页面的标题和页脚，并将内部部分委托至身份验证组件。

（3）login.rs：包含用于处理身份验证行为的 MVC 组件，且用作主组件的内部部分。

5.7.2　db_access.rs 文件

db_access 模块源自第 4 章中的项目并表示为一个子集，用于声明模拟数据库连接的 DbConnection 结构。实际上，出于简单考虑，该结构仅包含 Vec<User>。其中，User 表示对应应用程序的账户。

```rust
#[derive(PartialEq, Clone)]
pub struct DbConnection {
    users: Vec<User>,
}
```

User 类型定义如下。

```rust
pub enum DbPrivilege {
    CanRead,
    CanWrite,
}

pub struct User {
    pub username: String,
    pub password: String,
    pub privileges: Vec<DbPrivilege>,
}
```

应用程序的任何用户均包含名称、密码和某些权限。在当前的简单系统中，仅存在两种权限，如下所示。

（1）CanRead 表示用户可读取全部数据库。

（2）CanWrite 表示用户可修改全部数据库（即插入、更新和删除记录）。

当前包含了两名用户，如下所示。

（1）用户 joe 的密码为 xjoe，仅可读取数据库。

（2）用户 susan 的密码为 xsusan，并可读写数据。

相关函数如下所示。

❑　new 函数创建一个 DbConnection。

```rust
pub fn new() -> DbConnection {
    DbConnection {
        users: vec![
            User {
                username: "joe".to_string(),
                password: "xjoe".to_string(),
```

```
                privileges: vec![DbPrivilege::CanRead],
            },
            User {
                username: "susan".to_string(),
                password: "xsusan".to_string(),
                privileges: vec![DbPrivilege::CanRead,
                DbPrivilege::CanWrite],
            },
        ],
    }
}
```

❑ get_user_by_username 函数获取包含指定名称的用户的引用，如果不存在包含指定名称的用户，则返回 None。

```
pub fn get_user_by_username(&self, username: &str) -> Option<&User>
{
    if let Some(u) = self.users.iter().find(|u|
      u.username == username) {
        Some(u)
    } else {
        None
    }
}
```

这里，首先需要通过 new 函数创建一个 DbConnection 对象，随后通过 get_user_by_username 方法获取该对象中的 User。

5.7.3　main.rs 文件

main.rs 文件始于下列声明。

```
mod login;

enum Page {
    Login,
    PersonsList,
}
```

第 1 个声明导入了 login 模块，该模块由 main 模块引用。任何内部模块需要于此处被导入。

第 2 条语句声明了用作内部部分的所有组件。此处，我们仅包含身份验证组件

（Login）和一个尚未实现的组件（PersonsList）。

接下来是主页的 MVC 组件的模型，如下所示。

```
struct MainModel {
    page: Page,
    current_user: Option<String>,
    can_write: bool,
    db_connection: std::rc::Rc<std::cell::RefCell<DbConnection>>,
}
```

作为一种约定，任何模型的名称都以 Model 结尾。

❑ 模型的第 1 个字段最为重要，表示哪一个内部部分（或 page）处于活动状态。

❑ 其他字段包含了全局信息，即对显示标题、页脚有用的信息，或者需要与内部组件共享的信息。

❑ current_user 字段包含登录用户名，如果不存在登录用户，则该字段为 None。

❑ can_write 标志表示为用户权限的简单描述。当前，两个用户均可执行读取操作，但仅一个用户可执行写入操作。因此，当两个用户登录时，该标志为 true。

❑ db_connection 表示为数据库存根的引用，且需要在内部组件之间共享，因而实现为指向 RefCell 的引用计数的智能指针，并包含了实际的 DbConnection。通过这种封装机制，当单线程执行一次访问时，任何对象均可在其他组件间共享。

视图至控制器间通知如下所示。

```
enum MainMsg {
    LoggedIn(User),
    ChangeUserPressed,
}
```

记住，页面不包含可获取输入内容的元素；而对于标题，则存在一个 Change User 按钮并在可见时可获取输入内容。单击该按钮后将发送 ChangeUserPressed 消息。

因此，当前似乎无法发送 LoggedIn 消息！实际上，Login 组件可以将它发送到主组件。

控制器的更新函数包含下列内容。

```
match msg {
    MainMsg::LoggedIn(user) => {
        self.page = Page::PersonsList;
        self.current_user = Some(user.username);
        self.can_write = user.privileges.contains(&DbPrivilege::CanWrite);
    }
    MainMsg::ChangeUserPressed => self.page = Page::Login,
```

当 Login 组件通知主组件身份验证成功后，同时也指定了通过身份验证的用户，主控制器将 PersonsList 设置为所访问的页面，保存经过身份验证的新用户的名称，并析取该用户的权限。

单击 Change User 按钮后，所访问的页面将变为 Login 页面。这里，view 方法仅包含了 html 宏调用，此类宏需要包含一个 HTML 元素，在当前示例中为 div 元素。

上述 div 元素包含了 3 个 HTML 元素，即 style 元素、header 元素和 footer 元素。但是，在 header 和 footer 元素之间，存在一段 Rust 代码以生成主页的内部部分。

当在 html 宏中插入 Rust 代码时，存在两种可能的情况。

（1）HTML 元素的属性即为 Rust 代码。

（2）在任意位置处，一对括号包含了 Rust 代码。

对于第 1 种情况，这种 Rust 代码的评估需要通过 Display 特性返回一个可转换为字符串的值。

对于第 2 种情况，括号中的 Rust 代码评估需要返回一个 HTML 元素。这里的问题是，如何从 Rust 中返回一个 HTML 元素？答案是使用 html 宏。

因此，实现了 view 方法的 Rust 代码包含了涵盖 Rust 代码块的 html 宏调用。这种递归行为将在编译期内执行，并且包含了一个限制条件，即可以使用 recursion_limit Rust 属性进行重写。

💡 提示：

标题和页脚部分包含了一个 match self.page 表达式。

在标题中，仅当当前页面不是登录页面时，它才用于显示 Change User 按钮，但这对标题来说并不具有实际意义。

在内部部分中，此类语句体如下所示。

```
Page::Login => html! {
    <LoginModel:
        current_username=&self.current_user,
        when_logged_in=|u| MainMsg::LoggedIn(u),
        db_connection=Some(self.db_connection.clone()),
    />
},
Page::PersonsList => html! {
    <h2>{ "Page to be implemented" }</h2>
},
```

如果当前页面为 Login，那么 html 宏调用则包含 LoginModel:HTML 元素。实际上，

HTML 语言并不包含此类元素类型，这可被视为在当前组件中嵌入另一个 Yew 组件的一种方法。LoginModel 组件在 login.rs 源文件中声明，其构造过程涵盖了下列参数。

❑ current_username 表示当前用户的名称。

❑ when_logged_in 表示为身份验证成功后组件应调用的回调。

❑ db_connection 表示为一个数据库的（引用计数）副本。

需要注意的是，回调接收一个用户（即参数 u），并返回用户修饰的 LoggedIn 消息，将该消息发送至主组件控制器可被视为 Login 组件与主组件间的通信方式。

5.7.4 login.rs 文件

login 模块始于 Login 组件的模块定义，如下所示。

```
pub struct LoginModel {
    dialog: DialogService,
    username: String,
    password: String,
    when_logged_in: Option<Callback<User>>,
    db_connection: std::rc::Rc<std::cell::RefCell<DbConnection>>,
}
```

主组件需要使用该模块，因而该模块必须被定义为 public。

该模块的字段包含下列内容。

❑ dialog 表示为 Yew 服务的引用，除了实现 MVC 架构之外，这可被视为请求框架执行其他任务的一种方式。对话框服务通过浏览器的 JavaScript 引擎可向用户显示消息框。

❑ username 和 password 表示用户在两个文本框中输入的文本值。

❑ when_logged_in 被定义为可能的回调函数，并在身份验证成功后予以调用。

❑ db_connection 表示为数据库的引用。

相应地，可能的通知消息包含下列内容。

```
pub enum LoginMsg {
    UsernameChanged(String),
    PasswordChanged(String),
    LoginPressed,
}
```

其中，前两条消息表明，相关字段更改了数值，而第 3 条消息则说明，用户单击了某个按钮。

截至目前，我们可以看到组件包含了一个模型和某些消息，这与之前介绍的组件类似。此外，当前组件还涉及了一些新内容，如下所示。

```
pub struct LoginProps {
    pub current_username: Option<String>,
    pub when_logged_in: Option<Callback<User>>,
    pub db_connection:
      Option<std::rc::Rc<std::cell::RefCell<DbConnection>>>,
}
```

上述结构说明，组件的每个父组件在创建组件时需要传递的参数。当前项目仅存在 Login 组件的父组件，即主组件，并且该组件创建了一个 LoginModel:元素，其中作为属性包含了 LoginProps 字段。注意，所有字段均特定于 Option:，以供 Yew 框架所需，即使我们并未作为属性对此进行传递。

LoginProps 类型用于下列 4 种场合。

（1）该类型需要实现 Default 特性，以确保其字段在框架需要该类型对象时实现正常的初始化。

```
impl Default for LoginProps {
    fn default() -> Self {
        LoginProps {
            current_username: None,
            when_logged_in: None,
            db_connection: None,
        }
    }
}
```

（2）如前所述，模型的 Component 特性实现需要定义一个 Properties 类型。在当前示例中，该类型如下所示。

```
impl Component for LoginModel {
    type Message = LoginMsg;
    type Properties = LoginProps;
```

🔵 提示：

对于 LoginModel 类型，Properties 类型被传递至 Component 特性实现中。

（3）create 函数需要使用第 1 个参数，该参数包含了父组件传递的值。create 函数如下所示。

```
fn create(props: Self::Properties, _link: ComponentLink<Self>)
```

```
-> Self {
    LoginModel {
        dialog: DialogService::new(),
        username: props.current_username.unwrap_or(String::new()),
        password: String::new(),
        when_logged_in: props.when_logged_in,
        db_connection: props.db_connection.unwrap(),
    }
}
```

模型的全部字段均已被初始化，但 dialog 和 password 字段接收默认值；其他字段则从接收自父组件的 props 对象中接收一个值，即 MainModel。考虑到应确保 props 的 db_connection 字段为 None，因而可对此调用 unwrap 函数。另外，current_username 字段可能为 None，因而在当前示例中可使用一个空字符串。

（4）update 函数，即 Login 组件的控制器。

当用户单击 Log in 按钮时，将执行下列代码。

```
if let Some(user) = self.db_connection.borrow()
    .get_user_by_username(&self.username)
{
    if user.password == self.password {
        if let Some(ref go_to_page) = self.when_logged_in {
            go_to_page.emit(user.clone());
        }
    } else {
        self.dialog.alert("Invalid password for the specified user.");
    }
} else {
    self.dialog.alert("User not found.");
}
```

这里，数据库的连接是通过 borrow 方法从 RefCell 中析取的，并随后查找包含当前名称的用户。如果该用户存在，且存储密码等同于用户的输入密码，那么保存于 when_logged_in 字段中的回调将被析取，并调用其中的 emit 方法，同时作为参数传递用户名称的副本内容，进而执行父组件（即|u|MainMsg::LoggedIn(u)闭包）传递的例程。

如果密码缺失或不匹配，则通过对话框服务的 alert 方法显示一个消息框。之前讨论的控制仅包含了两个函数，即 create 和 update，另一个 change 方法如下所示。

```
fn change(&mut self, props: Self::Properties) -> ShouldRender {
    self.username = props.current_username.unwrap_or(String::new());
    self.when_logged_in = props.when_logged_in;
```

```
    self.db_connection = props.db_connection.unwrap();
    true
}
```

上述方法允许父组件使用 Properties 结构向当前组件重新发送更新后的参数。这里，create 方法仅调用一次，而 change 方法则在需要更新参数时被调用，进而传递至子组件中。

关于视图，读者可通过阅读代码予以理解，此处不再赘述。

5.8　yauth 应用程序

前述内容介绍的 login 应用程序展示了如何创建一个父组件，该父组件包含了某个子组件。然而，我们仅实现了一个子组件，即 Login 组件。因此，本节将讨论一个更加复杂的示例，其中包含 3 个不同的子组件，分别对应于 Web 应用程序中的 3 个不同的页面。

对应的应用程序命名为 yauth，即 Yew Auth 的缩写，其行为与第 4 章中的 auth 项目基本相同，但完全基于 Yew 框架，而非基于 Actix Web 和 Tera。

5.8.1　理解应用程序的行为

本节所讨论的应用程序的构建和发布方式与前述内容基本相同。其中，第 1 个页面等同于 login 应用程序的第 1 个页面。如果分别输入 susan 和 xsusan 作为用户名和密码，并随后单击 Log in 按钮，则会显示如图 5.9 所示的页面。

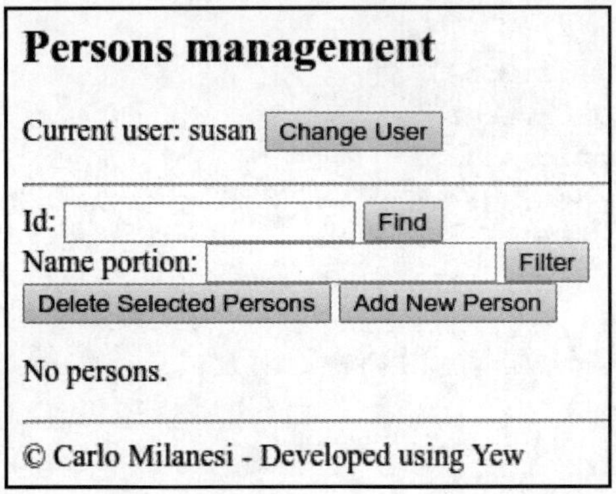

Persons management

Current user: susan [Change User]

Id: [   ] [Find]
Name portion: [   ] [Filter]
[Delete Selected Persons] [Add New Person]

No persons.

© Carlo Milanesi - Developed using Yew

图 5.9

上述页面和读取应用程序中的其他页面基本等同于第 4 章中的 auth 应用程序，唯一的差别如下。

❑ 任何错误消息不再作为嵌入在页面中的红色文本予以显示，而是弹出一个消息框。

❑ 标题和页脚通过主组件实现，其外观和行为与前述内容一致。

因此，我们仅考查应用程序的实现过程。

5.8.2　项目的组织方式

本节的源代码将被划分为 5 个部分。

（1）db_access.rs 包含数据库连接的存根，并提供了用户目录的访问能力，进而处理身份验证行为和人员列表。另外，db_access.rs 实际上还包含了向量这一类数据，db_access.rs 与第 4 章中的 auth 项目中的同名文件几乎完全相同，唯一的差别在于未实现 Serialize 特性，因为这对于 Yew 框架并非必需。

（2）main.rs 包含了一个 main 函数，以及一个处理页面标题和页脚的 MVC 组件，并将内部部分委托至应用程序的其他 3 个组件之一。

（3）login.rs 包含了 MVC 组件以处理身份验证行为，并用作主组件的内部部分。login.rs 与 login 项目中的同名模块完全相同。

（4）persons_list.rs 包含了 MVC 组件以处理人员列表，并用作主组件的内部部分。

（5）one_person.rs 包含了查看、编辑或插入一个人员的 MVC 组件，并用作主组件的内部部分。

接下来考查 yauth 应用程序中特有的文件，即 persons_list.rs。

persons_list.rs 文件包含组件的定义，以使用户可管理人员列表，并将下列结构定义为模型。

```
pub struct PersonsListModel {
    dialog: DialogService,
    id_to_find: Option<u32>,
    name_portion: String,
    filtered_persons: Vec<Person>,
    selected_ids: std::collections::HashSet<u32>,
    can_write: bool,
    go_to_one_person_page: Option<Callback<Option<Person>>>,
    db_connection: std::rc::Rc<std::cell::RefCell<DbConnection>>,
}
```

在上述代码中，各行内容解释如下。

❑ dialog 字段包含了一项开启消息框的服务。

❑ 如果 Id 文本框中包含一个数字，则 id_to_find 字段包含用户在该文本框中输入的值；否则为 None。

❑ name_portion 字段包含了 Name portion:文本框中的值。特别地，如果该文本框为空，那么模型的 name_portion 字段将包含一个空字符串。

❑ filtered_persons 字段包含一个人员列表，该列表通过指定的过滤器从数据库中被析取出来。初始状态下，过滤器将析取名称包含空字符串的所有人员。当然，此时全部人员均满足该过滤条件。因此，数据库中的所有人员均被添加至向量中，即使数据库和向量均为空。

❑ selected_ids 字段包含了全部列表中的人员 ID，其复选框均被选中以供进一步处理。

❑ can_write 字段指定当前用户是否拥有修改数据的权限。

❑ go_to_one_person_page 字段包含了传递至页面的回调，以查看/编辑/插入某个人员。此类回调函数接收一个参数，即查看/编辑的人员或 None，进而打开一个页面并插入一个新成员。

❑ db_connection 字段包含了指向数据库连接的共享引用。

这里，视图和控制器之间的通知消息定义为下列结构。

```
pub enum PersonsListMsg {
    IdChanged(String),
    FindPressed,
    PartialNameChanged(String),
    FilterPressed,
    DeletePressed,
    AddPressed,
    SelectionToggled(u32),
    EditPressed(u32),
}
```

上述代码内容解释如下。

❑ 当 Id:文本框中的文本发生变化时，需要发送 IdChanged 消息，对应的参数是字段的新文本值。

❑ 当单击 Find 按钮时，需要发送 FindPressed 消息。

❑ 当 Name portion:文本框中的文本发生变化时，需要发送 PartialNameChanged 消息，对应参数为字段的新文本值。

❑ 当单击 Filter 按钮时，需要发送 FilterPressed 消息。

❑ 当单击 Delete Selected Persons 按钮时，需要发送 DeletePressed 消息。

❑ 当单击 Add New Person 按钮时，需要发送 AddPressed 消息。

❑ 当人员列表中的复选框被切换时（即选中/取消选中复选框），需要发送 SelectionToggled 消息，对应的参数为列表中指定的人员 ID。

❑ 当单击人员列表中的 Edit 按钮时，需要发送 EditPressed 消息，对应的参数为列表中指定的人员 ID。

接下来针对组件定义初始化参数的结果，如下所示。

```
pub struct PersonsListProps {
    pub can_write: bool,
    pub go_to_one_person_page: Option<Callback<Option<Person>>>,
    pub db_connection:
      Option<std::rc::Rc<std::cell::RefCell<DbConnection>>>,
}
```

其工作方式解释如下。

❑ 当使用 can_write 字段时，主组件指定一个当前用户的简单定义。相应地，复杂的应用程序则包含更加复杂的权限定义。

❑ 当使用 go_to_one_person_page 字段时，主组件传递一个函数引用；当显示、编辑或插入人员时，需要调用该函数以访问相关页面。

❑ 当使用 db_connection 字段时，主组件将传递一个指向数据库连接的共享引用。

除了 filtered_persons 字段之外，PersonsListProps 结构的初始化（实现 Default 特性）和 PersonsListModel 结构的初始化（实现 Component 特性）均十分简单。此处首先将 filtered_persons 设置为空向量，并随后通过下列语句进行调整。

```
model.filtered_persons = model.db_connection.borrow()
    .get_persons_by_partial_name("");
```

5.8.3　不可针对 filtered_persons 使用空集合

每次在登录页面和 OnePerson 页面中打开 PersonsList 页面时，模型将通过 create 函数被初始化，页面的所有用户界面将通过该模型被初始化。

因此，当在 PersonsList 页面中输入某些内容，并随后访问另一个页面，接下来再次访问 PersonsList 页面时，所输入的全部内容均被清空，除非在 create 函数中对其进行设置。

或许，Id 文本框、Name 文本框或选定的人员被清除是可接受的，但是人员列表的清除操作则意味着出现了下列行为。

❑ 过滤了某些人员以查看列表人员。

❑ 单击某位人员的 Edit 按钮，修改该人员的名称，进而访问 OnePerson 页面。

❑　修改名称并单击 Update 按钮，进而访问 PersonsList 页面。

❑　显示 No persons 文本，而非人员列表。

此时将无法看到在 OnePerson 页面中刚刚修改的人员，因而缺乏应有的方便性。

当查看列表人员时，需要将 filtered_persons 设置为包含该人员的对应值。当前所选择的方案将显示数据库中的全部人员，并通过调用 get_persons_by_partial_name("")函数予以执行。

接下来考查 update 函数如何处理视图中的消息。

当接收到 IdChanged 消息时，将执行下列语句。

```
self.id_to_find = id_str.parse::<u32>().ok(),
```

这将尝试将文本框中的值存储于模型中，如果对应值无法转换为一个数字，则该值为 None。

当接收到 FindPressed 消息时，将执行下列语句。

```
match self.id_to_find {
    Some(id) => { self.update(PersonsListMsg::EditPressed(id)); }
    None => { self.dialog.alert("No id specified."); }
},
```

如果 Id 文本框中包含一个有效值，那么另一条消息将以递归方式被发送，即 EditPressed 消息。这里，单击 Find 按钮与单击 Edit 按钮（具有 Id 文本框中相同的 ID）具有相同的行为，因而消息将被转发至相同的函数中。如果文本框中不存在 ID，则会显示一个消息框。

当接收到 PartialNameChanged 消息时，部分新的名称将被保存至模型的 name_portion 字段中。当接收到 FilterPressed 消息时，将执行下列语句。

```
self.filtered_persons = self
    .db_connection
    .borrow()
    .get_persons_by_partial_name(&self.name_portion);
```

数据库的连接被封装至 RefCell 对象中，该对象则被进一步封装至 Rc 对象中。Rc 对象内部的访问是隐式的，但在 RefCell 内部访问时，则需要调用 borrow 方法。随后，数据库需要获取所有人员的列表，对应的名称包含当前部分名称。最后，这一列表最终被赋予模型的 filtered_persons 字段。

当接收到 DeletePressed 消息时，将执行下列语句。

```
if self
    .dialog
    .confirm("Do you confirm to delete the selected persons?") {
    {
        let mut db = self.db_connection.borrow_mut();
        for id in &self.selected_ids {
            db.delete_by_id(*id);
        }
    }
    self.update(PersonsListMsg::FilterPressed);
    self.dialog.alert("Deleted.");
}
```

图 5.10 所示的消息框展示了相应的确认操作。

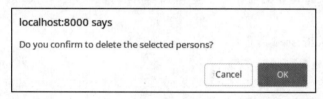

图 5.10

如果用户单击 OK 按钮（或按 Enter 键），则通过下列方式执行删除操作：从共享数据库连接中获取可变的引用，针对通过复选框所选中的任何 ID，都将从数据库中删除相应的人员。

作用域范围结束后将释放引用，随后，update 递归调用将触发 FilterPressed 消息，其目的是刷新所显示的人员列表。最后，图 5.11 所示的消息框将通知操作完成。

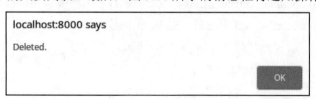

图 5.11

当接收到 AddPressed 消息时，将执行下列代码。

```
if let Some(ref go_to_page) = self.go_to_one_person_page {
    go_to_page.emit(None);
}
```

此处使用了指向 go_to_one_person_page 回调的引用，并通过 emit 方法对其进行调用。

这种调用结果将访问 OnePerson 页面。另外，emit 方法的参数指定了页面上编辑的人员。如果该参数为 None，就像当前示例那样，那么页面将以插入模式打开。

当接收到 SelectionToggled 消息时，将指定一个人员的 ID，但不会确定该人员是否已被选择，因而有下列执行代码。

```
if self.selected_ids.contains(&id) {
    self.selected_ids.remove(&id);
} else {
    self.selected_ids.insert(id);
}
```

此外，我们还需要逆置用户执行单击操作后人员的状态。也就是说，如果状态未被选择，则转换为已选取状态；如果状态已被选择，则转换为未选取状态。模型的selected_ids 字段包含了所选人员集合，因此，如果单击后的 ID 包含于所选 ID 集合中，则可通过调用 remove 方法从这一集合中对其进行移除；否则，则可通过调用 insert 方法将其添加至列表中。

最后，当接收到 EditPressed 消息时（指定人员的 id 为查看/修改），将执行下列代码。

```
match self.db_connection.borrow().get_person_by_id(id) {
    Some(person) => {
        if let Some(ref go_to_page) = self.go_to_one_person_page {
            go_to_page.emit(Some(person.clone()));
        }
    }
    None => self.dialog.alert("No person found with the indicated id."),
}
```

其间，针对包含指定 ID 的人员，将执行数据库搜索操作。如果找到该人员，则调用go_to_one_person_page 回调，同时传递该人员的克隆结果；否则弹出一个消息框并显示错误原因。当源自父组件的任何属性发生变化时，change 方法将使模型的字段保持在更新状态。

随后是视图，当显示消息时，将对视图发送的消息进行描述。关于视图，稍后还将介绍其他一些有趣的内容。

Delete Selected Persons button 和 the Add New Person 按钮包含 disabled=!self.can_write属性，仅当用户拥有数据修改权限时方可使用此类命令。

另外，仅当至少存在一个人员（经筛选后）时，if !self.filtered_persons.is_empty()子句将导致人员表被显示；否则将显示 No persons.文本。

相应地，表体的范围如下列代码所示。

```
for self.filtered_persons.iter().map(|p| {
    let id = p.id;
    let name = p.name.clone();
    html! {
        ...
    }
})
```

针对基于迭代器的 HTML 元素序列生成机制，这可被视为必需的语法内容。

关键字 for 后面是一个迭代器（在当前示例中为表达式 self.filtered_persons.iter()），随后是表达式.map(|p|。其中，p 被定义为循环变量。通过这种方式，可将生成序列元素的 html 宏调用插入映射闭包中。在当前示例中，这些元素是 HTML 表。

最后一点是所选人员的显示方式。这里，每个复选框均包含属性 checked=self.selected_ids.contains(&id)。选取后的属性期望一个 bool 值。对于 id 隶属于选取 ID 表的人员来说，该表达式将复选框设置为"选中"。

5.8.4　one_person.rs 文件

one_person.rs 文件包含组件的定义，以使用户查看、编辑某个人员的细节信息或填写细节信息，并插入一个新的人员。当然，当查看已有记录的详细内容时，相关内容应作为参数被传递至组件中；当插入一个新的人员时，数据无须被传递至组件中。

组件不会将变化内容直接传递至其父组件中，这些变化内容被保存在数据库中，如果用户对此有所请求，父组件可从数据库中对其进行检索。

因此，模型可通过下列结构定义。

```
pub struct OnePersonModel {
    id: Option<u32>,
    name: String,
    can_write: bool,
    is_inserting: bool,
    go_to_persons_list_page: Option<Callback<()>>,
    db_connection: std::rc::Rc<std::cell::RefCell<DbConnection>>,
}
```

借助于上述代码，我们可进一步了解以下内容。

❑ 如果文本框中包含了一个数字，那么 id 字段将涵盖 Id 文本框中的数值；否则为 None。

❑ name 字段包含了 Name 文本框中的数值。特别地，如果文本框为空，那么模型的该字段将包含一个空字符串。

❑ can_write 字段指定了当前权限是否允许用户修改数据，或仅是查看数据。

❑ is_inserting 字段指定了组件是否未接收到数据，进而将新的人员插入数据库中；或者是否已接收到某个人员的数据，进而对其查看或编辑。

❑ go_to_persons_list_page 是一个不包含任何参数的回调，当用户关闭当前页面并访问人员列表管理页面时，组件将调用该回调。

❑ db_connection 字段是一个指向数据库的共享连接。

如果禁止用户更改数据，那么打开一个页面并执行插入操作是毫无意义的。

因此，可能的组合包括以下内容。

❑ 插入模式：id 字段为 None；can_write 字段为 true；is_inserting 字段为 true。

❑ 编辑模式：id 字段为 Some；can_write 字段为 true；is_inserting 字段为 false。

❑ 只读模式：id 字段为 Some；can_write 字段为 false；is_inserting 字段为 false。

视图和控制器之间可能的通知通过下列 enum 定义。

```
pub enum OnePersonMsg {
    NameChanged(String),
    SavePressed,
    CancelPressed,
}
```

上述代码的具体解释如下。

❑ 当用户修改 Name 文本框中的内容时，将发送 NameChanged 消息，同时也指定了文本框的当前内容。

❑ 当用户单击 Insert 按钮或 Update 按钮时，将发送 SavePressed 消息。当区分这两个按钮时，可使用 is_inserting 字段。

❑ 当用户单击 Cancel 按钮时，将发送 CancelPressed 消息。

在组件的生命周期内，Id 文本框的值可保持不变，因而不需要任何消息。从父组件中检索的数据可通过下列结构定义。

```
pub struct OnePersonProps {
    pub id: Option<u32>,
    pub name: String,
    pub can_write: bool,
    pub go_to_persons_list_page: Option<Callback<()>>,
    pub db_connection:
      Option<std::rc::Rc<std::cell::RefCell<DbConnection>>>,
}
```

上述代码检查了以下内容。

❑ 如果父组件需要打开一个页面以使用户插入一个新的成员,那么 id 字段为 None;如果页面用于查看或编辑人员的数据,那么 id 字段则包含已有人员的 ID。

❑ name 字段是唯一可更改的人员数据。如果页面针对新的人员插入而创建,那么该字段为空格字符串;否则,父组件将传递人员的当前名称。

❑ can_write 字段指定了用户是否可修改显示数据。如果 id 字段为 None,那么该字段应为 true。

❑ go_to_persons_list_page 被定义为回调,并激活父组件中的 PersonsList 组件。

❑ db_connection 表示为共享数据库连接。

在模块的其余部分中,唯一需要注意的是基于模型的 can_write 和 is_inserting 标志的条件表达式的使用,从而可持有一个基于突变(mutant)视图的组件。

5.9 访问 RESTful 服务的 Web 应用程序

前述内容讨论了一个相对复杂的软件架构,由安装它的网站提供服务后,仅运行于用户的 Web 浏览器上。这种场景比较少见,因为大多数 Web 浏览器实际上还将与其他进程进行通信。典型地,提供前端应用程序的同一网站也会提供后端服务。也就是说,令应用程序访问驻留于服务器上的共享数据的 Web 服务。

本节将考查两个项目,具体如下。

❑ yclient:该程序与 yauth 应用程序十分类似。实际上,yclient 采用 Yew 和 Wasm 开发,并与 yauth 包含相同的外观和行为。另外,相关数据(经过身份验证的用户和存储于模拟数据库中的人员)不再位于应用程序自身中,而是处于通过 HTTP 连接访问的另一个应用程序中。

❑ persons_db:该程序表示为一个 RESTful 服务,并可访问 yclient 应用程序的数据。persons_db 程序采用 Actix Web 框架开发(参见第 4 章)。注意,该应用程序并不管理真正的数据库,而是一个模拟的内存数据库。

当运行上述系统时,需要执行两条命令,分别运行前端 yclient 和 Web 服务 persons_db。具体来说,当运行前端时,需要访问 yclient 并输入下列命令。

```
cargo web start
```

在下载并编译了全部所需库后,将输出下列信息。

```
You can access the web server at `http://127.0.0.1:8000`.
```

当运行后端时，可在另一个控制台窗口中访问 db_persons 文件夹，并输入下列命令。

```
cargo run
```

或者也可采用下列命令。

```
cargo run --release
```

上述两个命令将输出下列信息。

```
Listening at address 127.0.0.1:8080
```

当前，可使用 Web 浏览器并访问 localhost:8000。打开后的应用程序类似于 yauth 和 auth 应用程序，前述内容对此有所展示。

下面首先考查 persons_db 的组织方式。

5.9.1　persons_db 应用程序

persons_db 应用程序使用 Actix Web 框架。特别地，该项目涵盖了 json_db 项目（参见第 3 章）和 auth 项目（参见第 4 章）。

接下来考查一些新的特性。例如，Cargo.toml 文件中包含了下列新代码。

```
actix-cors = "0.1"
```

该库支持跨源资源共享（CORS 检测处理机制），这通常由浏览器负责执行。当运行于浏览器中的某些代码尝试通过网络连接访问外部资源时，出于安全考虑，浏览器检查寻址主机是否正是提供执行请求的代码的主机。这意味着，前端和后端实际上是相同的网站。

如果检查失败，也就是说，前端应用程序尝试与不同的网站通信，浏览器将利用 OPTION 方法发送 HTTP 请求，进而检查当前站点是否同意与对应的 Web 应用程序就资源共享进行合作。仅当 OPTION 方法请求的响应结果支持所需的访问类型时，才可转发原始请求。

在当前示例中，前端应用程序和 Web 服务均运行于本地主机上，虽然二者使用不同的 TCP 端口。例如，前端使用 8000 端口，后端使用 8080 端口。因此，二者可被视为不同的源，因而需要使用 CORS 处理机制。对此，actix-cors 库提供了相关特性，并通过 Actix Web 支持后端开发的跨源访问。

上述特性之一用于 main 函数中，如下所示。

```
.wrap(
    actix_cors::Cors::new()
        .allowed_methods(vec!["GET", "POST", "PUT", "DELETE"])
)
```

上述代码即所谓的中间件，并针对服务接收的每个请求而运行，因而可被视为位于客户端和服务器中间的部分软件。

wrap 方法用于添加中间件，也就是说，后续代码必须围绕每个处理程序进行，可能会同时过滤请求和响应结果。

上述代码创建一个 Cors 类型的对象，并对此指定所接收的 HTTP 方法。

至于 Web 服务的其余部分，相信了解 Actix 网络框架的读者对此不会感到陌生。

RESTful Web 服务作为 URI 路径和查询接收请求，并作为 JSON 体返回响应结果，在请求中通过基本认证头提供认证。

API 针对 GET 方法和/authenticate 路径包含了新的路由，这将调用 authenticate 处理程序，从而获取包含权限列表的全部用户对象。

接下来考查 yclient 的组织方式。

5.9.2　yclient 应用程序

yclient 应用程序在 yauth 的基础上完成。yauth 应用程序包含自身的内存数据库，而此处所描述的 yclient 应用程序则与 person_db Web 服务通信，从而访问其数据库。

此处我们仅讨论不同于 yauth 项目的新特性。

1. 导入后的库

Cargo.toml 文件包含下列新增代码。

```
failure = "0.1"
serde = "1"
serde_derive = "1"
url = "1"
base64 = "0.10"
```

上述代码的解释如下。

❑　failure 库用于封装通信错误。

❑　serde 和 serde_derive 库基于序列化在服务器和客户端之间传输对象。特别地，Person、User、DbPrivilege 类型的完整对象将被传输至服务器响应结果中。

❑　url 库用于编码 URL 中的信息。在某个 URL 路径或 URL 查询中，我们可方便地仅置入标识符或整数，如/person/id/478 或/persons?ids=1,3,39；但更加复杂的数据则不被允许，如人员的名称。例如，我们无法持有/persons?partial_name=John Doe 这一类 URL，因为其中包含了空格。总的而言，我们需要在 URL 所支持的编码机制下进行编码，这可通过 url::form_urlencoded::byte_serialize 调用得到，从而获得一个字节切片，并返回生成字符的迭代器。如果调用迭代器上的 collect::<String>()方法，则可获得能够安全地置于 Web URI 中的字符串。

❑ base64 库用于执行类似的编码机制，也就是说，将二进制数据编码为文本数据，但仅针对 HTTP 请求头或请求体。特别地，此处需要在基本认证头中对用户名和密码进行编码。

2．源文件

除了 db_access.rs 文件被重命名为 common.rs 之外，源文件名称与 yauth 项目保持一致。实际上，在当前项目中，并不存在需要访问数据库的代码，因为访问行为仅通过服务执行。另外，common 模块包含了一个常量、两个结构、一个枚举和一个函数的定义，以供多个组件使用。

3．模块的变化内容

相应地，组件的模型涵盖以下变化内容。

全部 db_connection 字段已被移除，因为应用程序当前并不直接访问数据库。

此外，我们添加了 fetching 布尔字段，该字段在某个请求被发送至服务器中时被设置为 true；在接收响应结果或请求失败时被设置为 false。当前应用程序对此并无需求，但是，当使用较慢的通信（如基于远程服务器）或较为冗长的请求时，这一点应引起我们的注意。此外，该字段还用于显示请求挂起的用户，以及禁用其他一些请求。

fetch_service 字段被添加后可提供某些通信特性。ft 字段被添加后将在请求期间包含一个指向当前 FetchTask 对象的引用；或者在不存在发送请求时被设置为 Nothing。实际上，该字段并未真正投入使用，并可被视为保持当前请求处于活动状态的一种技巧，因为在请求被发送或 update 函数返回后，局部变量将不复存在。

link 字段被添加后用于向当前模型中转发接收响应结果时调用的回调。

console 字段被添加后可提供一种浏览器控制台输出方式，以供调试使用。在 Yew 中，print!和 println!宏均无法发挥自身的作用，因为此时不存在可输出的系统控制台。然而，Web 浏览器则包含控制台，并可通过 console.log() JavaScript 函数调用进行访问。因此，这一项 Yew 服务提供了这一特性的访问功能。

username 和 password 字段被添加后可发送包含任意请求的身份验证数据。

考虑到需要与服务器进行通信，接下来考查代码对此所做出的变化。

4．典型的客户端/服务器请求

在 yauth 项目中，对于任何需要访问数据库的用户命令，这种访问已经被移除，取而代之的是以下变化。

此类命令将向 Web 服务中发送一条用户命令，并随后处理源自该服务的响应结果。在我们的示例中，用户命令与服务响应结果接收之间的时间较短，仅为几毫秒，其原因如下。

❑ 客户端和服务器运行于同一台计算机上，因而 TCP/IP 包实际上并未退出当前计算机。

❑ 计算机设备处于空闲状态。

❑ 数据库实际上是一个较小的内存向量，因而其操作过程较快。

在真实的系统中，引发通信的命令往往会占用较多的时间。如果一切顺利，一条命令仅占用 0.5s，但有些时候，一条命令也会占用数秒的时间。因此，同步通信难以令人接受。考虑到阻塞问题，因而应用程序不能仅是等待服务器的响应。

因此，Yew 框架的 FetchService 对象提供了异步通信模型。

用户命令触发的控制器例程负责准备发送至服务器中的请求，以及回调例程，进而处理源自服务器的响应结果。随后发送该请求，这样，应用程序可自由地处理其他消息。

如果响应结果来自服务器，则会触发一条控制器处理的消息。消息处理机制将调用事前准备的回调。

除了提示用户命令的消息之外，其他消息也被加入进来。其中，一些消息报告响应的接收结果，即成功完成一个请求；其他消息则报告源自服务器的请求失效，即未成功完成一个请求。例如，在 persons_list.rs 文件中实现的 PersonsListModel 组件中，下列用户操作需要执行通信操作。

❑ 单击 Find 按钮（触发 FindPressed 消息）。

❑ 单击 Filter 按钮（触发 FilterPressed 消息）。

❑ 单击 Delete Selected Persons 按钮（触发 DeletePressed 消息）。

❑ 单击某个 Edit 按钮（触发 EditPressed 消息）。

对此，下列消息已被添加完毕。

❑ ReadyFilteredPersons(Result<Vec<Person>,Error>)：当过滤后的人员列表从服务中被接收后，这一消息将被 FetchService 实例所触发。此列表包含于 Person 的 Vec 中。这一过程可能出现于 FilterPressed 消息处理之后。

❑ ReadyDeletedPersons(Result<u32,Error>)：当服务已经完成删除某些人员的命令

时，这一消息将被 FetchService 实例所触发。相应地，删除人员的数量包含于 u32
中。这可能出现于 DeletePressed 消息处理之后。

❑ ReadyPersonToEdit(Result<Person,Error>)：当请求的 Person 从服务中被接收，这
一消息将被 FetchService 所发送，因而可对其进行编辑（或简单地显示）。这一
过程出现于 FindPressed 消息或 EditPressed 消息处理之后。

❑ Failure(String)：当前述任何一个请求失败时，FetchService 即会发送这一消息，
因为服务会返回无效的响应结果。

下面考查处理 EditPressed 消息的代码，代码的第 1 部分内容如下。

```rust
self.fetching = true;
self.console.log(&format!("EditPressed: {:?}.", id));
let callback =
    self.link
        .send_back(move |response: Response<Json<Result<Person, Error>>>| {
            let (meta, Json(data)) = response.into_parts();
            if meta.status.is_success() {
                PersonsListMsg::ReadyPersonToEdit(data)
            } else {
                PersonsListMsg::Failure(
                    "No person found with the indicated id".to_string(),
                )
            }
        });
```

上述代码的工作机制如下。

❑ 首先，fetching 状态被设置为 true。注意，此时通信正处于进行中。

❑ 调试消息被输出至浏览器的控制台中。

❑ 回调准备完毕以处理响应结果。当准备此类回调时，一个移动（move）闭包，
即获得全部所用变量所有权的闭包，将被传递至 link 对象的 send_back 函数中。

💡 提示：

记住，当用户单击按钮编辑一个由其 ID 指定的人员时，即会面临当前我们讨论的阶
段。因此，我们需要全部人员数据以显示于用户。

回调体是在接收到服务器的响应结果后要执行的代码。如果成功，这一类响应结果
必须包含与需要编辑的人员相关的所有数据。因此，闭包获取服务中的 Response 对象。
实际上，这一类型被可能的响应结果内容所参数化。在当前项目中，我们总是期待一个
yew::format::Json 负载，且该负载是一个 Result，通常包含 failure::Error 作为其错误类型。

虽然成功类型随请求类型而变化，但在当前特定的请求中，我们期望 Person 对象作为一个成功的结果。

闭包体调用响应结果上的 into_parts 方法，并将响应结果析构至元数据和当前数据中。其中，元数据表示为特定于 HTTP 的信息，而当前数据则是指 JSON 负载。

当使用元数据时，有可能需要检查响应结果是否成功（meta.status.is_success()）。此时，将触发 Yew 消息 ReadyPersonToEdit(data)，这一类消息将处理响应负载。在错误事件中，将触发一个 Failure 的 Yew 消息，而这一消息将显示指定的错误消息。

这里的问题是，为何回调将负载转发至 Yew 框架中，并指定另一条消息，而非在接收到响应后执行原本应该完成的任务？

其中的原因在于，回调由框架执行于上下文之外，且需要在其创建后，即请求被发送直至被销毁（接收到响应结果时）这一段时间，成为所访问任何变量的所有者。所以，回调无法使用当前模型或其他外部变量。我们甚至无法在控制台中进行输出，或者在此类回调内打开一个警告窗口。因此，我们需要以异步方式将响应结果转发至一个消息处理程序中，该程序能够访问当前模型。

EditPressed 消息的处理程序的其余部分如下。

```
let mut request = Request::get(format!("{}person/id/{}", BACKEND_SITE, id))
    .body(Nothing)
    .unwrap();

add_auth(&self.username, &self.password, &mut request);
self.ft = Some(self.fetch_service.fetch(request, callback));
```

首先需要利用 get 方法准备一个 Web 请求，其间使用了 GET HTTP 方法，并指定一个 body（可选），在当前示例中为空（Nothing）。

这些请求通过身份验证信息（即调用 add_auth 公共函数）得到了进一步的丰富，最后一步则是调用 FetchService 对象的 fetch 方法。该方法使用请求和回调开始与服务器的通信，并随即返回一个存储于模型 ft 字段中的句柄。

随后，控制流程返回值 Yew，以处理其他消息，直至服务器发出响应。这一响应结果将被转发至之前定义的回调中。

下面考查 ReadyPersonToEdit(person)消息的处理程序，当从服务器中接收到一个 Person 结构时，该程序将作为请求（即根据 id 编辑某个人员）的响应而被转发，对应代码如下。

```
self.fetching = false;
let person = person.unwrap_or(Person {
```

```
    id: 0,
    name: "".to_string(),
});
if let Some(ref go_to_page) = self.go_to_one_person_page {
    self.console
        .log(&format!("ReadyPersonToEdit: {:?}.", person));
    go_to_page.emit(Some(person.clone()));
}
```

首先，fetching 状态被设置为 false，以表示当前通信已经结束。

接下来，如果接收到的人员为 None，该值将被 id 为 0、名称为空字符串的人员所替代。当然，这是一个无效的人员。

随后是指向模型的 go_to_one_person_page 字段的引用，该字段可以是 None（实际上仅在初始化阶段）。因此，若该字段未加定义，则不执行任何操作。另外，该字段表示为转向另一个页面的 Yew 回调。

最后将输出调试消息，且回调通过 emit 方法被调用。该调用接收人员的副本并在当前页面上予以显示。

下面考查 Failure(msg)消息的处理程序，并在接收到服务器中的错误时被转发。由于具有相同的行为，因此该处理程序被其他请求所共享，对应代码如下。

```
self.fetching = false;
self.console.log(&format!("Failure: {:?}.", msg));
self.dialog.alert(&msg);
return false;
```

再次强调，当通信结束时，fetching 状态将被设置为 false。

随后将输出一条调试消息，并打开消息框向用户展示错误消息。一旦开启消息框，组件就会处于"冻结"状态，且不再处理其他消息。

最后，控制器返回 false，表明不存在需要刷新的视图。注意，默认的返回值是 true，因为通常情况下控制器会修改模型，所以作为其结果需要刷新视图。

5.10　本章小结

本章讨论了如何利用 Rust 实现前端 Web 应用程序，其间使用了 cargo-web 命令、Wasm 代码生成器和 Yew 框架。由于采用了 Elm 架构（MVC 架构模式的变化版本），因此应用程序均呈现为模块化且具有良好的结构。

本章创建了 6 个应用程序，即 incr、adder、login、yauth、persons_db 和 yclient，并讨论了其工作方式。

特别地，我们还学习了如何构建和运行 Wasm 项目，并针对构建交互式应用程序考查了 MVC 架构。其间涉及 Yew 框架如何支持实现了 MVC 模式的应用程序。另外，我们在 Elm 架构的基础上完成了这一项任务。此外，当应用程序体在页面间变化时，本章还考查了如何在多个组件中构建应用程序，以及如何保持公共标题和页脚。

最后，我们学习了如何使用 Yew 与后端应用程序通信，这些应用程序可能运行于不同的计算机上且数据格式为 JSON 格式。

第 6 章将讨论如何利用 Wasm 和 quicksilver 框架构建 Web 游戏程序。

5.11　本 章 练 习

（1）WebAssembly 及其优点是什么？

（2）试解释 MVC 模式的含义。

（3）Elm 架构中的消息是什么？

（4）Yew 框架中的组件是什么？

（5）Yew 框架的特性是什么？

（6）如何利用固定的标题和页脚构建 Web 应用程序，以及如何利用 Yew 框架修改内部部分？

（7）Yew 框架中的回调是什么？

（8）如何在 Yew 组件之间传递一个共享对象？如数据库连接。

（9）当与服务器通信时，为什么必须在模型中保存一个 FetchTask 类型的字段，即使并不需要使用该字段。

（10）如何利用 Yew 框架打开 JavaScript 样式的警告框和确认框？

5.12　进一步阅读

❑　读者可访问 https://github.com/DenisKolodin/yew 下载 Yew 项目，其中包含了简单的教程和大量示例。

❑　关于如何在 Rust 项目中生成 Wasm 代码，读者可访问 https://github.com/koute/

cargo-web 以了解更多信息。

❑ 读者可访问 https://www.arewewebyet.org/以查看 Web 开发库和框架方面的状态。

❑ 读者可访问 https://arewegameyet.com/以查看游戏开发库和框架方面的状态。

❑ 读者可访问 https://areweideyet.com/以查看程序员编辑器和 IDE 方面的状态。

❑ 读者可访问 https://areweasyncyet.rs/以查看异步编程库方面的状态。

❑ 读者可访问 https://areweguiyet.com/以查看 GUI 开发库和框架方面的状态。

第 6 章　利用 quicksilver 创建 WebAssembly 游戏

本章将考查如何使用 Rust 构建简单的 2D 游戏，并可作为桌面应用程序或 Web 应用程序编译运行。当作为 Web 应用程序运行游戏时，我们将采用第 5 章中的工具生成 WebAssembly（Wasm）应用程序。如前所述，Wasm 是一种功能强大的新技术，并可在浏览器中运行应用程序。相关工具将 Rust 源代码转换为名为 Wasm 的伪机器语言，并可被浏览器快速加载和运行。

此外，本章还将介绍并使用 quicksilver 开源框架，该框架涵盖了强大的特性，并可从独立源代码中生成下列应用程序。

❑ 单机图形用户界面（GUI）应用程序，可运行于 Windows、macOS 或 Linux 桌面系统中。

❑ Wasm 应用程序，可运行于 Web 浏览器（支持 JavaScript）中。

quicksilver 是面向游戏编程的。因此，作为示例，我们将开发一个交互式图形游戏。其中，玩家将沿一个斜面驱动滑雪板，并穿越雪道上的回旋门。

本章主要涉及下列主题。

❑ 理解动画循环架构。

❑ 利用 quicksilver 框架构建动画应用程序（ski）。

❑ 利用 quicksilver 框架（silent_slalom）构建简单的游戏。

❑ 向游戏中添加文本和声音（assets_slalom）。

6.1　技　术　需　求

本章要求读者了解 Wasm 方面的知识。当运行本章项目时，需要安装 Wasm 代码生成器。

读者可访问 https://github.com/PacktPublishing/Creative-Projects-for-Rust-Programmers 查看本章的源代码（位于 Chapter06 文件夹中）。

🅣 提示：

对于 macOS 用户，可能无法安装 coreaudio-sys。对此，可将 coreaudio-sys 的补丁版本更新至 0.2.3 以解决这一问题。

6.2　项目简介

本章将考查如何开发游戏程序，该游戏程序可运行于 Web 浏览器或 GUI 窗口中。对此，我们首先将描述交互式游戏的典型架构，这一类游戏基于动画循环这一概念。

随后将引入 quicksilver 库，这是一个可基于动画循环创建图形化应用程序的框架。该框架允许我们生成运行于 Web 浏览器中的 Wasm 可执行文件，或者运行于桌面环境中的本地可执行文件。

第 1 个项目（ski）十分简单，在单一页面中仅包含一个滑雪板，并可通过方向键旋转。该项目将展示通用的游戏架构、如何在页面上进行绘制，以及如何处理输入问题。

第 2 个项目（silent_slalom）将在第 1 个项目的基础上添加一些特性，进而创建一个简单、完整的游戏。然而，该项目并未使用可加载的资源，如图像、字体或声音。

第 3 个项目（assets_slalom）将在第 2 个项目的基础上添加一些新特性，如加载字体和录制完毕的声音，如何在页面上显示文本、如何播放加载后的声音文件。

6.3　理解动画循环架构

在第 5 章中曾有所介绍，典型的交互式软件架构是事件驱动型架构。在该架构中，软件等待输入命令，并随后对其做出响应。在命令到来之前，软件不会执行任何操作。

针对多种应用程序，事件驱动型架构效率高且响应快，但对于其他一些应用程序来说，这一架构并非最佳，如下所示。

- ❏　包含动画效果的游戏。
- ❏　连续性模拟软件。
- ❏　多媒体软件。
- ❏　一些教育软件。
- ❏　机器监测软件，如人机界面（HMI）软件。
- ❏　系统监测软件，如数据采集与监控系统（SCADA）软件。

在上述系统中，软件总会执行某些任务，如下所示。

- ❏　在包含动画效果的游戏中，如体育类游戏、竞技类游戏或赛车类游戏，无论是与人类玩家的对战，还是与机器模拟玩家的对战，即使用户什么都不做，对手也会处于移动状态，时间也会随之流失。因此，屏幕内容需要持续更新，以显示对手的状态和当前时间。

❑ 在连续性模拟软件中，如车辆碰撞的图形模拟、对象的连续移动，即使用户未按任何键，屏幕也将会显示任意时刻对象的最新位置。

❑ 在多媒体软件中，如音频、视频剪辑录制软件，数据呈持续流动状态，直至暂停或终止录制。

❑ 一些教育类软件实际上也可被视为包含动画效果的游戏、连续性模拟软件或多媒体软件。

❑ 大多数的机械设备，为了让用户对其进行监控，即使用户并不要求更新，也会在屏幕上显示其内部状态的持续更新结果。

❑ 许多复杂的系统，如工业厂房、办公楼以及住宅楼，都会在屏幕上显示系统中设备运行状态的持续更新结果。

实际上，一些软件甚至可利用事件驱动型架构进行开发，其间可使用称作定时器的特定微件。这里，定时器是一类条件组件，并在固定的时间间隔触发事件。

例如，电子温度计中设置了一个定时器，且每隔一分钟执行一个例程，并从传感器中读取温度，随后在小屏幕上显示读取值。

对于某一类应用程序，事件驱动型应用（可能包含一个或多个定时器）更加适用。例如，事件驱动程序设计适用于诸如会计软件这一类商业应用程序。其中，用户屏幕被划分为多个微件，如标记、按钮和文本框。在这一类软件中，只有用户单击鼠标或按某个键后才执行应用程序代码。这种输入事件将触发相应的动作。

然而，事件驱动型程序设计并不适用于以下软件：显示充满窗口的场景，其中不包含任何微件；即使用户未操控输入设备，相关代码依然处于运行状态。

（1）绘制例程负责检查输入设备的状态，并根据该状态重新绘制屏幕。

（2）屏幕区域被定义为一个场景，并对此定义刷新率。

（3）当程序启动后，首先针对场景打开一个窗口（或子窗口），随后以固定间隔调用并使用内部定时器调用绘制例程。

（4）这种绘制例程周期性地调用通常被命名为帧，调用频率则通过每秒中的帧数（FPS）计算。

动画循环有时也被称作游戏循环，且多用于游戏中。实际上，这可被视为一种误用，主要包含以下两个原因。

（1）多种应用程序均可使用动画循环，如连续性仿真模拟软件、工业机器监控软件或多媒体软件。因此，动画循环并不仅用于游戏。

（2）一些游戏并不需要使用动画循环。例如，棋牌类游戏、纸牌游戏或冒险类游戏。只要不是基于动画，任何游戏都可使用事件驱动结构完美地实现。因此，游戏并不一定基于动画循环。

ⓘ **注意：**

在事件驱动架构中，用户输入会触发相关动作；而在动画循环架构中，无论如何都会产生相关动作，并随着用户输入而发生变化。

当用户按某个键或单击鼠标时，在事件驱动型程序设计中，输入操作将发送一条命令。相反，在动画循环程序设计中，程序在任意帧处将检查按键是否被按下。如果键被按下的时间很短，那么此类操作有可能被忽略，因为当键盘在一个周期内被检查时，该键还没有被按下，而当键盘在下一个周期内被检查时，该键已经被释放。

当然，这种状况较少出现。一般的帧速率为 20～60FPS，对应的时间间隔为 50～16.7ms。相比之下，按键时间很难小于这一时间间隔。相反，典型情况是，按键时间远远大于这一时间间隔，因而在连续多帧中均存在按键操作。

当采用按键插入文本时，一般希望一次插入一个字母；而通过单击屏幕上的按钮时，一般也希望屏幕按钮被单击一次。为了避免多次单击，需要在第一次操作后短时间内禁用输入。这一过程较为麻烦，因此，对于典型的基于微件的 GUI 应用，事件驱动的编程更为合适。

相反，动画循环程序设计适用于按键的效果"正比于"按键时长。例如，如果方向键用于移动屏幕中的角色，同时保持按键时长为 1s，对应的角色将移动一段距离；若按键时长为 2s，那么角色应移动双倍的距离。总的而言，快速按键应产生少许变化，而长时间的按键则应产生更多的变化。

关于输出结果，当采用事件驱动型程序设计时，操作效果经常通过改变文件属性予以显示（如修改文本框中的文本内容，或加载图像框中的位图）。在经过这一类修改后，微件可通过其内部状态在必要时进行刷新。触发刷新的事件将使得包含该微件部分的屏幕处于无效状态。例如，如果另一个窗口叠加在当前窗口上并随后移开，那么当前窗口的可见部分将处于无效状态，因而需要被刷新。

这一类图形操作被称作保留模式，因为存在一个内部数据结构可在必要时保留刷新屏幕时所需的信息。相反，当采用动画循环程序设计时，所有的图像都需要在每帧中重新生成，因而无须等待特定的事件。这一类图形操作被称作即时模式，因为绘制行为在必须呈现时由应用程序代码执行。

第 5 章曾介绍了事件驱动型应用程序，模型-视图-控制器（MVC）架构模式定义了较好的代码结构。另外，对于动画循环应用程序来说，也存在相应的 MVC 架构模式。

ⓘ 注意:

模型被定义为一种数据结构,其中包含必须在帧间持久化的所有变量。

控制器被定义为一个包含输入的函数(但不涉及输出),该函数检查输入设备的状态(按键、鼠标键、鼠标位置和输入通道值)、读取模型的字段并对此进行更新。

视图则被定义为一个包含数据结果的函数,但不涉及输入内容,该函数读取模型字段,并根据读取值在屏幕上进行绘制。

接下来讨论 quicksilver 框架如何实现 MVC 模式。

其中,模型表示为任意数据类型,通常是一个结构,且需要实现 State 特性。对应特性包含下列 3 个函数。

(1)fn new() -> Result<Screen>:该函数为创建模型的唯一方式,并返回一个有效的模型或一条错误信息。

(2)fn update(&mut self, window: &mut Window) -> Result<()>:该函数被定义为控制器,并周期性地被框架调用。其中,window 参数可获取相应的上下文信息。在当前框架中,该参数可变;而在 MVC 模式的正确实现中,该参数不应被改变。相反,self(即当前模型)则是可变的。

(3)fn draw(&mut self, window: &mut Window) -> Result<()>:该函数被定义为视图,并周期性地被框架调用。通过 self 参数,可从模型中获取相关信息。在当前框架中,该参数是可变的;但在正确的 MVC 模式实现中,该参数不应发生变化。相反,window 参数(即输出设备)则是可变的。

接下来考查基于 quicksilver 框架的第一个项目。

6.4　实现 ski 项目

第一个项目相对简单,仅在屏幕上显示几何形状,并可通过方向键旋转图形。

(1)当作为桌面应用程序运行时,可在 ski 文件夹中输入下列命令。

```
cargo run --release
```

这里,推荐使用--release 优化生成后的代码。针对当前简单示例,其作用并不明显。但对于复杂的示例,未加指定即生成的代码往往效率较低,从而导致生成的应用程序明显缓慢。

(2)经过下载和编译后(可能会花费几分钟),将显示如图 6.1 所示的桌面窗口。

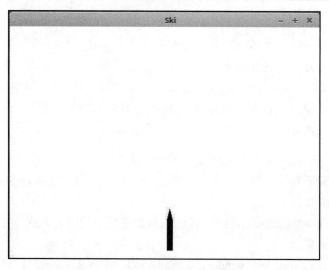

图 6.1

图 6.1 显示了一个 800×600 像素的白色矩形，滑雪板则通过一个矩形和一个三角形表示。

（3）当按左或右方向箭头（←/→）时，滑雪板将围绕其顶端旋转。

（4）在窗口环境下通过相关命令关闭当前窗口。通常，可以单击标题栏中的+图标或按 Alt+F4 快捷键。

（5）另一种启动应用程序的方法是输入下列命令。

```
cargo web start --release
```

在第 5 章曾有所讨论，上述命令可生成一个 Wasm 应用程序，并启动一个命令行程序，同时通过 HTTP 协议向其提供服务。

在编译结束后，将启动一个服务器程序，并提示可访问该应用程序的地址。在浏览器中，我们可输入地址 localhost:8000。需要说明的是，仅 64 位浏览器支持 WebGL2，否则将不会实现任何所需效果。相应地，如果浏览器支持 WebGL2 标准，则会在浏览器中查看到如图 6.1 所示的结果。

由于当前应用程序采用的 quicksilver 框架包含多目标功能，因此上述显示方式是可能的。当针对 Wasm 目标编译时，将生成一个 Web 浏览器应用程序；当针对中央处理器（CPU）目标编译时，将生成一个桌面应用程序。

这种编译期的可移植性对于调试功能来说十分有用。实际上，Wasm 应用程序的调试过程较为复杂，但如果首先对桌面应用程序进行调试，那么在 Wasm 版本中，bug 的数量将会大大减少。

下面考查创建项目的相关代码。

ℹ️ **注意:**

在开始项目之前,有几点内容需要说明。本章所有项目展示了滑雪场中的单板滑雪。关于滑雪板和其他物体的坐标,存在一个约定俗成的用法:横坐标通常命名为 x;纵坐标一般命名为 y。

因此,横向速度是指左、右方向上的运动速度(反之亦然,如果为负数);而纵向速度则是指上、下方向上的速度(反之亦然,如果为负数)。

首先,Cargo.toml 文件需要包含 quicksilver = "0.3"依赖项。随后,main.rs 源文件中仅定义了一些常量,如下列代码片段所示。

```
const SCREEN_WIDTH: f32 = 800.;
const SCREEN_HEIGHT: f32 = 600.;
const SKI_WIDTH: f32 = 10.;
const SKI_LENGTH: f32 = 50.;
const SKI_TIP_LEN: f32 = 20.;
const STEERING_SPEED: f32 = 3.5;
const MAX_ANGLE: f32 = 75.;
```

上述代码的具体解释内容如下。

❑ SCREEN_WIDTH 和 SCREEN_HEIGHT 表示桌面窗口中客户端区域的像素尺寸,或 Web 页面中的画布(canvas)尺寸。

❑ SKI_WIDTH、SKI_LENGTH 和 SKI_TIP_LEN 表示滑雪板的尺寸。

❑ STEERING_SPEED 表示滑雪板每步旋转的度数。这里,步数包含一个频率(即每秒 25 步),因而该常量代表一个角速度(每步 3.5 度*每秒 25 步=每秒 87.5 度)。

❑ MAX_ANGLE 受限于左、右方向上的旋转能力,以确保滑板总是沿下坡方向。

据此,MVC 架构模型如下列代码片段所示。

```
struct Screen {
    ski_across_offset: f32,
    direction: f32,
}
```

上述各字段的具体含义如下。

❑ ski_across_offset 表示滑板顶端相对于屏幕中心位置的横向位移。实际上,在当前项目中,该值通常为 0,因为滑雪板顶端未产生任何移动。但在后续项目中,

　　　该变量将发生变化。

❑ direction 是滑雪板与下坡方向间的角度，其初始值为 0 但可以进行−75～+75 的
　　　变化。该变量也是当前模型中唯一可变化的部分。

模型的构造器十分简单，如下列代码片段所示。

```
Ok(Screen {
    ski_across_offset: 0.,
    direction: 0.,
})
```

模型中的两个字段简单地初始化为 0，控制器（update 函数）则通过下列代码创建。

```
if window.keyboard()[Key::Right].is_down() {
    self.steer(1.);
}
if window.keyboard()[Key::Left].is_down() {
    self.steer(-1.);
}
Ok(())
```

　　　上述例程的功能在于，如果按右方向键，则将滑雪板右转少许；如果按左方向键，
则将滑雪板左转少许。

　　　window.keyboard()表达式获取与当前窗口关联的键盘的引用；随后，[Key::Right]表
达式获取此类键盘的右方向键的引用。如果指定的键在这一瞬间处于按下状态，那么
is_down 函数返回 true。

　　　转向机制是由 steer 方法执行的，其方法体由以下代码组成。

```
self.direction += STEERING_SPEED * side;
if self.direction > MAX_ANGLE {
    self.direction = MAX_ANGLE;
}
else if self.direction < -MAX_ANGLE {
    self.direction = -MAX_ANGLE;
}
```

　　　首先，模型的 direction 字段值通过 STEERING_SPEED 常量递增或递减，随后应确
保新值不会超出所设计的限制条件。

　　　相应地，视图则稍显复杂，且需要重新绘制全部场景，即使场景未发生任何变化。
其中，第 1 项绘制操作是绘制白色的背景，如下所示。

```
window.clear(Color::WHITE)?;
```

接下来绘制矩形，如下所示。

```
window.draw_ex(&Rectangle::new((
    SCREEN_WIDTH / 2. + self.ski_across_offset - SKI_WIDTH / 2.,
    SCREEN_HEIGHT * 15. / 16. - SKI_LENGTH / 2.),
     (SKI_WIDTH, SKI_LENGTH)),
    Background::Col(Color::PURPLE),
    Transform::translate(Vector::new(0, - SKI_LENGTH / 2. - SKI_TIP_LEN)) *
        Transform::rotate(self.direction) *
        Transform::translate(Vector::new(0, SKI_LENGTH / 2.
        + SKI_TIP_LEN)),
    0);
```

draw_ex 方法用于绘制形状，该方法的第 1 个参数是指向绘制形状的引用，在当前示例中为 Rectangle；该方法的第 2 个参数是形状的背景颜色，在当前示例中为 PURPLE；该方法的第 3 个参数是一个平面仿射转换矩阵，在当前示例中为平移-旋转-平移矩阵；该方法的第 4 个参数是一个 z 仰角，目的是使形状生成重叠的顺序，稍后将详细讨论这些参数。

Rectangle::new 接收两个参数。其中，第 1 个参数被定义为一个元组，包含矩形左上角顶点的 x 和 y 坐标；第 2 个参数则是由矩形宽度和高度构成的元组。坐标系的原点位于窗口的左上角，且坐标 x 向右延伸，坐标 y 则向下延伸。

这里，唯一的变量是 self.ski_across_offset，该变量为正值时，表示滑雪板距窗口中心的右向位移；而为负值时则表示左向位移。在当前项目中，self.ski_across_offset 变量被设置为 0，因此，滑雪板的 x 坐标位于窗口的中心位置，而垂直位置则使矩形中心靠近窗口的底部，在当前示例中为窗口高度的 15/16。

矩形一般采用平行于窗口的各条边构建。对于旋转角，则需要采用几何转换。通过矩阵的乘法运算，存在多种组合转换。当在转换后的位置绘制某个形状时，可通过 Transform::translate 方法构建转换操作，该方法接收一个指定了 x 和 y 方向上的位移的 Vector（而非 Vec）。当绘制某个旋转位置上的形状时，可利用 Transform::rotate 方法构建转换，该方法接收一个旋转某个形状的角度。

旋转操作围绕形状中心执行，但此处需要围绕滑雪板顶部旋转。因此，首先需要平移矩形，以使其中心位置位于滑雪板顶部，随后围绕中心位置进行旋转，接下来在将其平移回原中心位置处。通过在 3 次转换间执行乘法运算，即可获得围绕滑雪板顶部的旋转效果。在当前矩形示例中，中心位置恰好为矩心。

draw_ex 方法的最后一个参数是 z 坐标。由于当前采用了 2D 框架，因此无须使用 z

坐标，但 *z* 坐标可指定形状的呈现顺序。实际上，如果两个形状交叠，二者极具有相同的 *z* 坐标，WebGL（供 quicksilver 使用）并不会按照用户的绘制顺序对其进行绘制，实际顺序是未定义的。对于某个位于上方的形状，该形状包含较大的 *z* 坐标。

当在矩形上绘制三角形顶部时，可执行类似的语句。其间，Triangle::new 方法将生成一个 Triangle 形状，并将 3 个 Vector 变量用作其顶点。当围绕顶部旋转时，我们需要知道三角形的中心位置。通过简单的几何学可计算得到，三角形的中心是指三角形底面中心上方的一点，距离等于该三角形高度的三分之一。

程序的结尾是 main 函数，用于初始化应用程序，如下所示。

```
run::<Screen>("Ski",
    Vector::new(SCREEN_WIDTH, SCREEN_HEIGHT), Settings {
        draw_rate: 40.,
        update_rate: 40.,
        ..Settings::default()
    }
);
```

上述语句通过一些参数运行当前模型。其中，第 1 个参数是标题栏的标题，第 2 个参数是窗口的大小，第 3 个参数是一个包含一些可选设置的结构。

注意以下两项设置。

（1）draw_rate 表示每次连续 draw 函数调用间的时间间隔（以毫秒计算）。

（2）update_rate 表示每次连续 update 函数调用间的时间间隔（以毫秒计算）。

当前项目相对简单，但展示了后续项目中需要使用的诸多概念。

6.5　实现 silent_slalom 项目

前述内容讨论了一个滑雪板项目，本节将在此基础上实现一个障碍滑雪项目。出于简单考虑，该项目暂时不涵盖文本和音效，对应的源代码位于 silent_slalom 文件夹中。

在编译并运行项目的桌面版本后，将显示如图 6.2 所示的窗口。

除了滑雪板之外，此处还绘制了一些蓝点。具体来说，窗口中部包含 4 个点状图案，其他两个圆点则位于上方边缘处。这里，每一对点状图案都表示滑雪场中的回旋门。当前游戏的目标是使滑雪板穿过每扇回旋门。当前仅显示了 3 扇回旋门，赛道整体包含 7 个中间回旋门以及终点处的 1 扇门。另外，其余 5 扇回旋门将在滑雪时沿斜坡行进时出现。

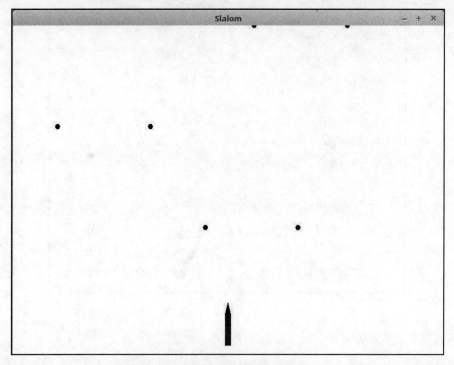

图 6.2

　　在当前项目中，回旋杆的实际位置将是不同的，因为其水平（横向）位置是随机生成的。如果终止或重启当前程序，那么我们将会看到其他回旋杆的位置。回旋门的大小（即两个回旋杆之间的距离）保持不变；另外，在 y 方向上，回旋门之间的距离同样保持不变。

　　按空格键即可启动当前游戏。其间，蓝点将向下缓慢移动，进而产生一种滑雪板前进的效果。通过旋转滑雪板，我们可调整其运动方向，以使滑雪板穿过回旋杆。

　　终点处的回旋门则通过绿色表示，穿越该回旋门后游戏即结束，并显示如图 6.3 所示的窗口。

　　我们可按 R 键重启游戏。如果无法正确地穿过回旋门，游戏将终止并结束。对此，可再次按 R 键进行重启。

　　当前项目在前述内容的基础上完成，接下来考查其中的不同之处。

　　第 1 个差别是在 Cargo.toml 文件中插入了 rand = "0.6" 依赖项。在当前游戏中，回旋门被放置在随机 x 位置处，因而需要使用库中的随机数生成器。

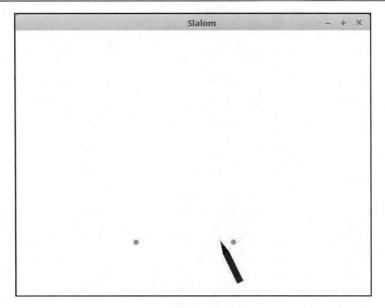

图 6.3

随后定义了下列常量。

```
const N_GATES_IN_SCREEN: usize = 3;
const GATE_POLE_RADIUS: f32 = 4.;
const GATE_WIDTH: f32 = 150.;
const SKI_MARGIN: f32 = 12.;
const ALONG_ACCELERATION: f32 = 0.06;
const DRAG_FACTOR: f32 = 0.02;
const TOTAL_N_GATES: usize = 8;
```

上述常量的详细解释如下所示。

❑ N_GATES_IN_SCREEN 被定义为窗口中一次显示的回旋门数量。窗口的高度除
以该数字即为连续回旋门之间的间隔。因此，N_GATES_IN_SCREEN 应为正值。

❑ GATE_POLE_RADIUS 表示每个圆形图案（表示回旋杆）的像素半径。

❑ GATE_WIDTH 表示回旋杆中心位置之间的像素距离。

❑ SKI_MARGIN 表示以像素为单位的、滑雪板顶部所能到达的最左边窗口边界以
及最右边窗口边界之间的距离。

❑ ALONG_ACCELERATION 表示下坡时的加速度（以每帧像素计算）。例如，如
果加速度为 0.06，且刷新率为 40 毫秒（或每秒 25 帧），那么在 1 秒内速度即可
从 0 到达 0.06 * 25 = 1.5 像素/帧，即速度为 1.5 * 25 = 37.5 像素/秒。如果滑雪板

与坡面间存在倾角，加速度值也将会随之降低。

❑ DRAG_FACTOR 表示摩擦力导致的减速度。实际的减速度即为该因子乘以速度的模（module）。

❑ TOTAL_N_GATES 被定义为回旋门的数量，包括终点处的回旋门。

之前的项目仅完成了一项操作，即滑雪板的旋转。在当前项目中，我们需要区分 4 种不同的状态，如下所示。

```
enum Mode {
    Ready,
    Running,
    Finished,
    Failed,
}
```

当启动游戏时，初始状态为 Ready。在执行 start 命令后，游戏将进入 Running 模式，直至正确地结束游戏的运行，此时为 Finished 模式；或者以失败告终，此时为 Failed 模式。

应用程序模型中加入了一些字段，下列代码用于跟踪某些状态信息。

```
gates: Vec<(f32, f32)>,
forward_speed: f32,
gates_along_offset: f32,
mode: Mode,
entered_gate: bool,
disappeared_gates: usize,
```

上述字段的具体含义如下。

❑ gates 表示为旋转杆的位置列表。对此，原点位置为窗口的中心。

❑ forward_speed 表示为速度的模（像素/帧）。

❑ gates_along_offset 表示所有回旋门相对于底部的 y 方向平移，表示滑雪板的前进量。这是一个连续回旋门之间介于 0 和行进间隔之间的一个数字。

❑ mode 表示为之前描述的状态。

❑ entered_gate 表示滑雪板顶部是否已进入窗口中所显示的最低的回旋门。该标志被初始化为 false。当滑雪板正确地通过一扇回旋门时，这一标志将变为 true；当从底部离开窗口时，该标志再次变为 false，因为此时将参考下一扇回旋门。

❑ disappeared_gates 计算从窗口中离开的回旋门数量，且初始化为 0，并在每次回旋门离开窗口时递增。

添加至 Screen 类型中的函数可生成随机的回旋门，如下所示。

```
fn get_random_gate(gate_is_at_right: bool) -> (f32, f32) {
    let mut rng = thread_rng();
    let pole_pos = rng.gen_range(-GATE_WIDTH / 2.,SCREEN_WIDTH/ 2. -
        GATE_WIDTH * 1.5);
    if gate_is_at_right {
        (pole_pos, pole_pos + GATE_WIDTH)
    } else {
        (-pole_pos - GATE_WIDTH, -pole_pos)
    }
}
```

上述函数接收 gate_is_at_right 标志，表明生成的回旋门位于斜坡的哪一部分。如果该参数为 true，新的回旋门将位于窗口中心的右侧；否则则位于窗口中心的左侧。该函数创建一个随机数生成器，并以此生成回旋杆的合理位置。其他回旋杆的位置则通过函数参数和固定回旋门的尺寸（GATE_WIDTH）进行计算。

另一个工具函数则是 deg_to_rad，并将角度从度数转换为弧度，其原因在于，quicksilver 使用度数，而三角几何函数则使用弧度。另外，new 方法负责创建所有的回旋门（左右交替）并初始化当前模型。相应地，update 函数的工作量也随之增加。下面考查下列代码片段。

```
match self.mode {
    Mode::Ready => {
        if window.keyboard()[Key::Space].is_down() {
            self.mode = Mode::Running;
        }
    }
```

根据当前模式，将执行不同的操作。如果模式为 Ready，则检查空格键是否被按下。此时，将当前模式设置为 Running。这意味着游戏即将开始。如果模式为 Running，则执行下列代码。

```
Mode::Running => {
    let angle = deg_to_rad(self.direction);
    self.forward_speed +=
        ALONG_ACCELERATION * angle.cos() - DRAG_FACTOR
            * self.forward_speed;
    let along_speed = self.forward_speed * angle.cos();
    self.ski_across_offset += self.forward_speed * angle.sin();
```

该模式将计算大量数据。首先，滑雪板的方向由度数转换为弧度。

　　随后，斜坡导致前向速度递增，而空气摩擦力与速度成正比进而导致速度降低，因而总体效果可描述为，速度将趋向于最大值。除此之外，滑雪板方向相对于斜坡的旋转角度越大，则速度也就越慢，这可通过 cos 余弦三角函数实现。

　　随后，前向速度被划分为两个分量，即导致向下运动的垂直速度，以及增加滑雪板偏移量的水平速度。这可分别对前向速度执行 cos 和 sin 三角函数运算得到，如下列代码片段所示。

```
if self.ski_across_offset < -SCREEN_WIDTH / 2. + SKI_MARGIN {
    self.ski_across_offset = -SCREEN_WIDTH / 2. + SKI_MARGIN;
}
if self.ski_across_offset > SCREEN_WIDTH / 2. - SKI_MARGIN {
    self.ski_across_offset = SCREEN_WIDTH / 2. - SKI_MARGIN;
}
```

　　随后检查滑雪板的位置是否过于偏左或偏右。若是，则将滑雪板保持在定义的边距范围内，如下列代码片段所示。

```
self.gates_along_offset += along_speed;
let max_gates_along_offset = SCREEN_HEIGHT / N_GATES_IN_SCREEN as f32;
if self.gates_along_offset > max_gates_along_offset {
    self.gates_along_offset -= max_gates_along_offset;
    self.disappeared_gates += 1;
}
```

　　新的下降速度用于沿回旋门移动，即增加 gates_along_offset 字段。如果其值大于连续回旋门之间的距离，那么其中的一扇回旋门将从窗口底部被移除，所有的回旋门向后移动一步，且消失的回旋门数量相应地增加，如下列代码片段所示。

```
let ski_tip_along = SCREEN_HEIGHT * 15. / 16. - SKI_LENGTH / 2. -
SKI_TIP_LEN;
let ski_tip_across = SCREEN_WIDTH / 2. + self.ski_across_offset;
let n_next_gate = self.disappeared_gates;
let next_gate = &self.gates[n_next_gate];
let left_pole_offset = SCREEN_WIDTH / 2. + next_gate.0 + GATE_POLE_RADIUS;
let right_pole_offset = SCREEN_WIDTH / 2. + next_gate.1 - GATE_POLE_RADIUS;
let next_gate_along = self.gates_along_offset + SCREEN_HEIGHT
    - SCREEN_HEIGHT / N_GATES_IN_SCREEN as f32;
```

　　随后计算滑雪板顶部的两个坐标。其中，ski_tip_along 表示即距窗口顶部的 *y* 坐标，ski_tip_across 表示距窗口中心的 *x* 坐标。

　　接下来计算下一个回旋杆中的位置。其中，left_pole_offse 表示左回旋杆右侧的 *x* 位置；而 right_pole_offset 则表示右回旋杆左侧的 *x* 位置。这些坐标可根据窗口的左侧边框计算。相应地，next_gate_along 则表示这些点的 *y* 位置，如下列代码片段所示。

```
if ski_tip_along <= next_gate_along {
    if !self.entered_gate {
        if ski_tip_across < left_pole_offset ||
            ski_tip_across > right_pole_offset {
                self.mode = Mode::Failed;
        } else if self.disappeared_gates == TOTAL_N_GATES - 1 {
            self.mode = Mode::Finished;
        }
        self.entered_gate = true;
    }
} else {
    self.entered_gate = false;
}
```

如果滑雪板顶部的 *y* 坐标（ski_tip_along）小于回旋门的 *y* 坐标（next_gate_along），则可以说滑雪板的顶部穿越至下一扇回旋门。如果记录穿越行为的 entered_gate 字段仍为 false，那么，在上一帧中滑雪板尚未穿过回旋门。因此，在这种情况下，滑雪板仅穿过了一扇回旋门。因此，我们需要检查回旋门是否被正确地或错误地穿越。

如果滑雪板顶部的 *x* 坐标未在回旋杆的两个坐标之间，则可被视为处于回旋门的外部，因而进入 Failed 模式；否则，我们需要检查该回旋门是否是进程中的最后一扇回旋门，即终点。若是，则进入 Finish 模式；否则，可设置一个标记表明已经进入并穿过该回旋门，以避免在下一帧中重复检测。

如果 *y* 坐标表明尚未到达下一扇回旋门，注意，此时 entered_gate 仍为 false。据此，我们完成了 Running 模式下的计算。

下列代码片段展示了其余的两种模式。

```
Mode::Failed | Mode::Finished => {
    if window.keyboard()[Key::R].is_down() {
        *self = Screen::new().unwrap();
    }
}
```

在 Failed 模式和 Finished 模式中，我们将检查 R 键。如果该键被按下，模型则被重新初始化，并在游戏刚刚开始时进入相同的状态。

最后，还需要针对任意模式检查转向键，这与之前的项目类似。与之前的项目相比，当前项目中加入了 draw 函数，用于绘制回旋杆，如下列代码片段所示。

```
for i_gate in self.disappeared_gates..self.disappeared_gates +
N_GATES_IN_SCREEN {
    if i_gate >= TOTAL_N_GATES {
        break;
    }
```

其中，循环操作扫描窗口中出现的回旋门，回旋门的索引为 0～TOTAL_N_GATES。另外，从底部消失的回旋门表示已经穿越的回旋门，其数量为 self.disappeared_gates。相应地，应至少显示 N_GATES_IN_SCREEN 回旋门，并在最后一扇回旋门处终止。

当显示终点处的玩家时，可采用不同的颜色，如下列代码片段所示。

```
let pole_color = Background::Col(if i_gate == TOTAL_N_GATES - 1 {
    Color::GREEN
} else {
    Color::BLUE
});
```

可以看到，最后一扇回旋门是绿色的。当计算回旋杆的 y 坐标时，可采用下列公式。

```
let gates_along_pos = self.gates_along_offset
    + SCREEN_HEIGHT / N_GATES_IN_SCREEN as f32
        * (self.disappeared_gates + N_GATES_IN_SCREEN - 1 - i_gate) as f32;
```

这向前 3 扇回旋门的初始位置中添加了两个连续回旋门（gates_along_offset）之间的滑雪板的位置。

随后针对每扇回旋门绘制两个圆形图案。其中，左边的圆形图案通过下列语句进行绘制。

```
window.draw(
    &Circle::new(
        (SCREEN_WIDTH / 2. + gate.0, gates_along_pos),
        GATE_POLE_RADIUS,
    ),
    pole_color,
);
```

Circle 构造函数的参数是一个由中心和半径的 x 和 y 坐标构成的元组。此处还调用了窗口对象的 draw 方法，而非 draw_ex 方法。draw 方法较为简单，且不需要转换也不需要 z 坐标。

在下一个项目中，我们将考查如何在游戏中添加文本和声音。

6.6　实现 assets_slalom 项目

前述内容实现了滑雪障碍赛，但游戏中并未加入声音和文本。本节项目位于 assets_slalom 文件夹中，并向游戏中加入了声音和文本内容。

图 6.4 显示了竞赛中的画面之一。

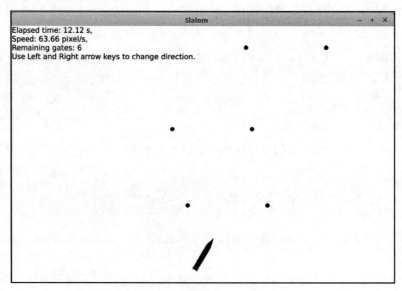

图 6.4

在窗口左上方，可以看到下列各项信息。

❏ Elapsed time：自游戏开始起所经历的秒数。

❏ Speed：当前前向速度（像素/秒）。

❏ Remaining gates：为穿越的回旋门数量。

随后，一条帮助消息负责解释那些命令是可用的。

除此之外，游戏中还加入了 4 种声音，如下所示。

❏ 游戏开始时的时间声。

❏ 回旋时的呼啸声。

❏ 失败时的碰撞声。

❏ 终点处的钟声。

读者可尝试运行游戏并感受这些声音。注意，某些 Web 浏览器可能无法重现声音。

接下来考查 quicksilver 如何显示文本内容和播放声音。声音和文本使用起来并不那么简单，因为它们都需要借助于相关文件，例如，对于文本内容，需要加载一种或多种字体文件；对于声音，任何音效都需要一个声音文件。这些文件必须被存储于项目根文件夹的 static 文件夹中。该文件夹中涵盖以下内容。

- ❑ font.ttf：TrueType 格式的字体。
- ❑ click.ogg：较短的时钟声音，在比赛开始时播放。
- ❑ whoosh.ogg：较短的摩擦声音，在滑雪板转向时播放。
- ❑ bump.ogg：碰撞声音，并在滑雪板错失回旋门时播放。
- ❑ two_notes.ogg：胜利的声音，在滑雪板穿越终点回旋门时播放。

static 文件夹及其所包含的文件需要与可执行的程序文件一起部署，因为这些文件在运行期内被程序加载，通常命名为资源数据。这一类文件仅表示为数据，而非代码。

quicksilver 通过 Future 这一概念并采用异步方式加载这些资源数据。当从某个文件中加载声音时，可使用 Sound::load(«filename»)表达式，并接收实现了路径引用的一个值，如字符串，最后返回实现了 Future 特性的一个对象。

资源数据（封装了一个 Future 的对象，用于加载某个文件）由 Asset::new(«future value»)表达式创建，并接收实现了 Future 的某个值，从而返回特定类型的 Asset 实例。例如，Asset::new(Sound::load("bump.ogg"))表达式返回一个 Asset<Sound>类型值，该值表示为一个封装了 Future 的资源数据。也就是说，从 bump.ogg 文件中读取声音。读取项目中的声音采用了.ogg 格式，但 quicksilver 支持读取多种音频格式。

一旦持有封装了加载文件的 Future 的资源数据，就可在表达式中访问此类文件，如 sound_future.execute(|sound_resource|sound_resource.play())。这里，sound_future 变量即是当前的资源数据。由于该变量是一个 Future，因此，我们需要等待其就绪状态，这可通过 Asset 类型的 execute 方法予以实现。该方法调用作为参数接收的闭包，并将封装后的资源传递于其中。在当前示例中为 Sound 类型。

Sound 类型中定义了一个 play 方法，进而可回放声音。与多媒体系统一样，这种回放行为是异步实现的，也就是说，不必等待声音结束就可以继续游戏。当前一种声音仍处于回放状态时，如果调用了某个声音的 play 方法，那么两种声音将处于重叠状态。如果播放数量较多，那么所产生的音量也会随之变高。因此，声音应较为短促或较少对其进行播放。

类似地，Asset::new(Font::load("font.ttf"))表达式返回一个 Asset<Font>类型值，此类值是一个封装了 Future 的资源数据。也就是说，从 font.ttf 文件中读取某种字体，并与 font_future.execute(|font_resource|image=font_resource.render(&"Hello",&style))结合使用。这里，font_future 变量即为资源数据。由于该变量是一个 Future，因此需要使用 Asset 类

型的 execute 方法对其进行等待，该方法将调用作为参数接收的闭包，并将封装后的资源传递于其中，在当前示例中为 Font 类型。

Font 类型包含了 render 方法，该方法接收一个字符串和指向 FontStyle 值的引用，创建包含文本内容的一幅图像，并通过该字体和字体样式予以输出。

接下来讨论当前项目的代码，其中定义了一个新的常量，如下所示。

```
const MIN_TIME_DURATION: f64 = 0.1;
```

上述常量用于解决以下问题：如果游戏帧速率为 50FPS，窗口将在每秒内重新绘制 50 次，且每次使用最新的变量值。

这里，时间表示为一个数字，且变化迅速而难以读取。因此，该常量设置了显示时间的最大变化率。

当前模型包含多个字段，如下列代码片段所示。

```
elapsed_sec: f64,
elapsed_shown_sec: f64,
font_style: FontStyle,
font: Asset<Font>,
whoosh_sound: Asset<Sound>,
bump_sound: Asset<Sound>,
click_sound: Asset<Sound>,
two_notes_sound: Asset<Sound>,
```

相关字段的具体含义如下所示。

❑ elapsed_sec 是指采用最大分辨率时比赛开始至当前所经过的秒数。

❑ elapsed_shown_sec 是指自比赛开始以来，向用户显示的秒数。

❑ font_style 包含了输出文本的大小和颜色。

❑ font 表示为字体的 Future 值，用于输出屏幕上的文本内容。

❑ whoosh_sound 表示为声音的 Future 值，并在滑雪板转向时播放。

❑ bump_sound 表示为声音的 Future 值，并在错失回旋门时播放。

❑ click_sound 表示为声音的 Future 值，并在比赛开始时播放。

❑ two_notes_sound 表示为声音的 Future 值，并在跨过终点回旋门时播放。

声音播放例程定义如下。

```
fn play_sound(sound: &mut Asset<Sound>, volume: f32) {
    let _ = sound.execute(|sound| {
        sound.set_volume(volume);
        let _ = sound.play();
        Ok(())
    });
}
```

　　该例程接收声音和音量的 Future 值，并调用 execute 方法确保声音已被加载，随后设置指定的音量并播放声音。需要注意的是，execute 方法返回一个 Result，以支持错误处理。在游戏中，声音并不是必需的，因而我们需要忽略与声音相关的可能错误，且一般返回 Ok(())。

　　在 steer 函数中，当执行转向操作时，并且滑雪板还没有达到极限角度时，将执行以下语句。

```
play_sound(&mut self.whoosh_sound, self.forward_speed * 0.1);
```

　　上述语句播放"呼啸"声，对应的音量正比于滑雪板的速度。通过这种方式，当在静止状态下转动滑雪板时，则并不会播放这一声音。

　　模型的新字段将按照下列方式初始化。

```
elapsed_sec: 0.,
elapsed_shown_sec: 0.,
font_style: FontStyle::new(16.0, Color::BLACK),
font: Asset::new(Font::load("font.ttf")),
whoosh_sound: Asset::new(Sound::load("whoosh.ogg")),
bump_sound: Asset::new(Sound::load("bump.ogg")),
click_sound: Asset::new(Sound::load("click.ogg")),
two_notes_sound: Asset::new(Sound::load("two_notes.ogg")),
```

　　注意，font_style 的大小被设置为 16 个像素点和黑色，其他类型的表达式之前也有所描述。

　　在 update 函数中，当按空格键开始游戏时，将执行下列语句。

```
play_sound(&mut self.click_sound, 1.)
```

　　这将以正常的音量播放单击声音。当在运行过程中，流逝的时间按照下列方式进行计算。

```
self.elapsed_sec += window.update_rate() / 1000.;
if self.elapsed_sec - self.elapsed_shown_sec >= MIN_TIME_DURATION {
    self.elapsed_shown_sec = self.elapsed_sec;
}
```

　　update_rate 函数返回帧间的时间（以毫秒计算）。因此，如果将该时间除以 1000，将会得到每帧间的秒数。

　　如果帧速率较高，如 25FPS 或更多，在任意帧处向用户显示不同的文本将会呈现混乱状态，因为此时将无法读取快速变化的文本内容。因此，上述代码片段中的第二条语句展示了一种较低速率下的文本更新技术。其中，elapsed_shown_sec 字段保存最近一次更新的时间，而 elapsed_sec 字段则保存当前时间。

　　MIN_TIME_DURATION 常量保存最小时长，据此，文本在更新之前在屏幕上保持不变。因此，如果上一次更新的时间至当前时间之间的时长大于该最小时长，那么文本内容才可被更新。在这种特殊情况下，更新的文本只是以秒为单位所经历的时间。因此，如果已经历了足够的时间，那么 elapsed_shown_sec 字段将被设置为当前时间。

　　当 mode 变为 Failed 时，play_sound 将被调用并播放碰撞声；当 mode 变为 Finished 时，则调用 play_soundbig 播放钟声。

　　接下来，绘制例程负责输出全部文本内容。首先，文本格式化为多行字符串显示，如下所示。

```
let elapsed_shown_text = format!(
    "Elapsed time: {:.2} s,\n\
     Speed: {:.2} pixel/s,\n\
     Remaining gates: {}\n\
     Use Left and Right arrow keys to change direction.\n\
     {}",
    self.elapsed_shown_sec,
    self.forward_speed * 1000f32 / window.update_rate() as f32,
    TOTAL_N_GATES - self.disappeared_gates - if self.entered_gate { 1 }
else { 0 },
    match self.mode {
        Mode::Ready => "Press Space to start.",
        Mode::Running => "",
        Mode::Finished => "Finished: Press R to reset.",
        Mode::Failed => "Failed: Press R to reset.",
    }
);
```

　　其中，所经历的时间和速度通过两个小数表示；剩余的回旋门数量则通过回旋门总量减去消失的回旋门计算。除此之外，如果当前的回旋门已被穿越，那么剩余的回旋门数量将减 1。随后将根据当前模式输出相应的信息。

　　对于已经准备完毕的多行字符串，该字符串将被输出至一幅新图像中，并被保存于 image 局部变量中，随后该图像通过 draw 方法并作为纹理背景绘制至窗口中。draw 方法的第 1 个参数为输出的矩形区域，对应大小为整个位图；该方法的第 2 个参数是 Background 类型的 Img 变量（通过当前图像构建）。对应代码片段如下所示。

```
let style = self.font_style;
self.font.execute(|font| {
    let image = font.render(&elapsed_shown_text, &style).unwrap();
```

```
window.draw(&image.area(), Img(&image));
   Ok(())
})?;
```

至此，我们完成了简单、有趣的框架解释工作。

6.7　本　章　小　结

本章讨论了如何利用 Rust 和 quicksilver 框架构建一个完整的游戏，并可运行于桌面和 Web 中，其间还使用了 cargo-web 命令和 Wasm 代码生成器。该游戏根据动画循环架构和 MVC 架构模式构建。相应地，我们创建了 3 个应用程序，即 ski、silent_slalom 和 assets_slalom，同时解释了背后的实现过程。

第 7 章将考查另一个 2D 游戏框架，即面向桌面应用程序的 ggez 框架。

6.8　本　章　练　习

（1）什么是动画循环？相对于事件驱动型架构，动画循环的优点是什么？

（2）在哪一种情况下，事件驱动型架构优于动画循环架构？

（3）哪一类软件可使用动画循环？

（4）如何利用 quicksilver 绘制三角形、矩形和圆形？

（5）如何利用 quicksilver 从键盘接收输入内容？

（6）如何利用 quicksilver 实现 MVC 的控制器和视图？

（7）如何利用 quicksilver 改变动画的帧速率？

（8）如何利用 quicksilver 加载源自文件的资源数据，应将此类资源数据保存于何处？

（9）如何利用 quicksilver 播放声音？

（10）如何利用 quicksilver 在屏幕上绘制文本？

6.9　进一步阅读

读者可访问 https://github.com/ryanisaacg/quicksilver 下载 quicksilver 项目，其中包含了一些教程链接和示例内容。

读者可访问 https://github.com/koute/cargo-web 以了解与 Rust 项目中 Wasm 代码生成相关的更多内容。

第7章 利用 ggez 创建 2D 桌面游戏

第 6 章考查了如何利用 quicksilver 框架并根据动画循环（通常为动画游戏）以及单独的资源代码集创建桌面或 Web 浏览器交互式软件。该方案的一个缺点是，桌面程序中的多个输入/输出函数无法用于 Web 浏览器中，因而 Web 浏览器框架特性远远少于桌面应用程序，如文件存储。

除此之外，当采用动画循环架构时，获取输入内容往往较为困难，如鼠标单击操作，以及输入的字母或数字。对此，事件驱动型架构更为适宜。

本章将介绍另一个应用程序框架 ggez，用于处理动画循环和离散事件。在编写本书时，ggez 仅支持二维桌面应用程序。

第 6 章曾讨论了如何计算各种图形对象的位置和方向，因而需要读者了解一些几何学和三角学方面的知识。对于更复杂的应用程序，数学计算也会随之增加。为了简化代码，可封装点对象中的位置和向量对象中的平移非常有用，因而本章将实现这一类封装操作。对此，本章引入了 nalgebra 数学库。

本章主要包含以下主题。

❏ 了解线性代数。
❏ 实现 gg_ski 项目。
❏ 实现 gg_silent_slalom 项目。
❏ 实现 gg_assets_slalom 项目。
❏ 实现 gg_whac 项目。

特别地，我们将进一步考查第 6 章中的 gg_ski、gg_silent_slalom 和 gg_assets_slalom 3 个项目的实现过程，以展示动画循环技术，以及基于离散事件处理的 Whac-A-Mole 游戏（gg_whac）。

7.1 技 术 需 求

本章引用了动画循环架构，以及第 6 章中的滑雪游戏。另外，ggez 框架（正确地渲染图形对象）需要操作系统 OpenGL 3.2 API 支持。因此，早期的操作系统（如 Windows XP）可能无法使用。

　　读者可访问 https://github.com/PacktPublishing/Creative-Projects-for-Rust-Programmers，并在 Chapter07 文件夹中查看本章的完整源代码。

提示：

　　macOS 用户可能无法安装 coreaudio-sys。对此，可使用更新后的补丁版本，即 coreaudio-sys 0.2.3。

7.2　项　目　简　介

　　本章首先讨论线性代数及其在图形游戏中描述和操控绘制对象时所发挥的作用。随后还将考查如何使用 nalgebra 库以在程序中执行线性代数操作。

　　接下来，我们将创建第 6 章中使用的相同项目，但会使用 nalgebra 库和 ggez 框架，而非 quicksilver 框架。这里，gg_ski、gg_silent_slalom、gg_assets_slalom 分别重写了 ski、silent_slalom、assets_slalom 项目。

　　在本章结尾，我们还将借助于 gg_whac 项目考查不同的游戏实现，进而查看如何处理混合了动画循环和事件驱动的架构中的离散事件处理。这将展示如何创建微件（如按钮）并将其添加至窗口中。

7.3　了解线性代数

　　线性代数是与一阶方程组相关的一门数学学科，如下所示。

$$\begin{cases} 3x + 2y = 8 \\ -x + 5y = -6 \end{cases}$$

该方程组包含一个固定解（即 $x = \dfrac{52}{17}$，$y = -\dfrac{10}{17}$）。除了用于求解方程组之外，线性代数的概念和方法还可用于表达和操控几何实体。

　　特别地，平面上的任何位置均可采用两个坐标 x 和 y 表示；空间中的任意位置则可通过 3 个坐标 x，y，z 表达。另外，平面上的位置平移也可利用两个坐标 Δx 和 Δy 表示；空间中的平移则可通过 3 个坐标 Δx，Δy，Δz 表示。

　　例如，考查平面上的两个位置，如下所示。

❑　p_1：坐标为 $x=4$，$y=7$。

❑　p_2：坐标为 $x=10$，$y=16$。

考查平面上的两个平移，如下所示。

❑　t_1：坐标为 $\Delta x=6$，$\Delta y=9$。

❑　t_2：坐标为 $\Delta x=-3$，$\Delta y=8$。

可以说，如果将位置 p_1 平移 t_1，则可得到位置 p_2。具体计算过程可描述为对应的坐标相加，即 $p_{1x} + t_{1x} = p_{2x}$（对应数字为 $4 + 6 = 10$），$p_{1y} + t_{1y} = p_{2y}$（对应数字为 $7 + 9 = 16$）。

如果将两次平移（即平移 t_1 和 t_2）顺序地应用于位置 p_1 上，则会得到另一个位置 p_3；如果首先将两次平移相加（对应的分量成员相加），并将计算结果应用于 p_1 上，那么我们将会得到相同的结果。

因此，对于坐标 x，则有 $(p_{1x} + t_{1x}) + t_{2x} = p_{1x} + (t_{1x} + t_{2x})$；而坐标 y 也具有类似的结果。因此，平移之间可执行加法运算，并可通过对应坐标间的相加将一个平移加至另一个平移上。但是，位置间的加法运算则不具备实际意义。

通过将计算应用于位置和平移实体自身，可有效地简化几何计算，如下所示。

$$(p_1 + t_1) + t_2 = p_1 + (t_1 + t_2)$$

在线性代数中，包含两种概念适用于此类操作。

（1）向量。代数向量被定义为一个数字元组，可用于添加至另一个向量上，进而获得最终的向量，这也是表达平移操作时常见的做法。

（2）点。代数点被定义为一个数字元组，且无法被添加至另一个点上，但可通过向量而递增，从而获得另一个点，这也是表达某个位置时常见的做法。

因此，线性代数 N 维空间向量适用于表示 N 维几何空间中的平移；而线性代数 N 维点则适用于表示 N 维几何空间中的位置。

nalgebra 库表示为多种代数算法的集合，并提供了二维点和向量类型的具体实现，因而可用于本章所介绍的多个项目中。

根据该标准库，当采用向量和点时，可编写下列程序，以展示哪些操作是允许的，而哪些操作是禁止的。

```
use nalgebra::{Point2, Vector2};
fn main() {
    let p1: Point2<f32> = Point2::new(4., 7.);
    let p2: Point2<f32> = Point2::new(10., 16.);
    let v: Vector2<f32> = Vector2::new(6., 9.);
    assert!(p1.x == 4.);
    assert!(p1.y == 7.);
    assert!(v.x == 6.);
    assert!(v.y == 9.);
    assert!(p1 + v == p2);
    assert!(p2 - p1 == v);
```

```
    assert!(v + v - v == v);
    assert!(v == (2. * v) / 2.);
    //let _ = p1 + p2;
    let _ = 2. * p1;
}
```

main 函数的前 3 条语句生成了一个二维向量，其坐标为 f32 数字。这种内部数字类型通常可被推断，但此处出于清晰考虑而对其加以指定。

接下来的 4 条语句表明，Point2 和 Vector2 类型包含 x 和 y 字段，并由 new 函数的参数初始化。因此，Point2 和 Vector2 类型看起来十分类似，但实际上，许多库和开发人员仅使用一种类型存储位置和平移。

然而，这些类型支持不同的操作。下列 4 条语句显示了可执行哪些语句。

❑ 将向量加至一个点（p1+v）以获得另一个点。

❑ 将两个点相减（p2−p1）以获得一个向量。

❑ 两个向量相加或相减（v+v−v），这两种情况均可获得一个向量。

❑ 向量与一个数字相乘；或者将一个向量除以一个数字（(2.*v)/2.），这两种情况均可获得一个向量。

某些在向量上执行的操作不应在点上执行（不具备实际意义），上述代码中的最后两条语句说明了这一点。其中，不可执行两个点的加法运算，该操作已被注释掉以防止出现编译错误。另外，不应将一个点与数字相乘（2. * p1），但出于某种原因，nalgebra 库支持这项操作。

ℹ️ 注意：

读者可访问 https://www.nalgebra.org/ 以了解与 nalgebra 库相关的更多内容。

前述内容考查了如何利用 nalgebra 库处理几何坐标，接下来将讨论在游戏应用程序中对其加以使用。

7.4　实现 gg_ski 项目

本章前 3 个项目在第 6 章中相关项目的基础上完成，但采用了 ggez 框架和 nalgebra 库，如下所示。

❑ ski 项目变为 gg_ski 项目。

❑ silent_slalom 变为 gg_silent_slalom 项目。

❑ assets_slalom 项目变为 gg_assets_slalom 项目。

其中，每个项目的行为与第 6 章中的对应项目类似，读者可查看第 6 章中的效果图。针对这 3 个项目，即 gg_ski、gg_silent_slalom 和 gg_assets_slalom 项目，Cargo.toml 文件使用了下列依赖项（而非 quicksilver 依赖项）。

```
ggez = "0.5"
nalgebra = "0.18"
```

另外，ggez（发音为 G. G. easy）是多人在线游戏玩家使用的俚语。

ggez 框架的灵感来自 LÖVE 游戏框架，二者的主要差别在于编程语言。LÖVE 采用 C++语言实现，并可通过 Lua 编程；而 ggez 则采用 Rust 实现和编程。

下面针对 ski 项目和 gg_ski 项目的 main.rs 源代码进行比较。

7.4.1　main 函数

main 函数准备游戏的上下文，并随后运行游戏。

```
fn main() -> GameResult {
    let (context, animation_loop) = &mut ContextBuilder::new
      ("slalom", "ggez")
        .window_setup(conf::WindowSetup::default().title("Slalom"))
        .window_mode(conf::WindowMode::default().dimensions(SCREEN_WIDTH,
          SCREEN_HEIGHT))
        .add_resource_path("static")
        .build()?;
    let game = &mut Screen::new(context)?;
    event::run(context, animation_loop, game)
}
```

在该函数中可以看到，当采用 ggez 框架时，无须运行当前模型。首先需要创建下列 3 个对象。

（1）上下文，在当前示例中表示为一个窗口，并被赋予 context 变量。

（2）动画循环，以实现当前上下文的动画效果，并被赋予 animation_loop 变量。

（3）在当前示例中，模型为 Screen 类型，并被赋予 game 变量。

在创建了上述 3 个对象后，即可作为参数调用 run 函数。

当创建上下文和动画循环时，首先通过调用 ContextBuilder::new 函数创建一个 ContextBuilder 对象，随后通过调用其方法 window_setup、window_mode 和 add_resource_path 来修改该构造器。最后调用 build 方法返回上下文和动画循环。

其间需要注意下列事项。

- ❑ 调用 new 函数将指定应用程序的名称（"slalom"）及其构造器的名称（"ggez"）。
- ❑ 调用 window_setup 函数将指定窗口标题栏中的文本（"Slalom"）。
- ❑ 调用 window_mode 函数将指定窗口的大小。
- ❑ 调用 add_resource_path 函数将指定包含运行期加载的资源数据的文件夹（"static"），即使当前项目并未使用资源数据。

关于 Screen 模型，需要注意该模型通过 new 方法创建，因而该方法不可或缺，但也可采用此类创建方法的其他名称。

7.4.2　输入处理的模式

quicksilver 和 ggez 框架采用了基于动画循环的模型-视图-控制器（MVC）模式，这需要模型实现包含下列方法的特性。

（1）update 方法被定义为控制器。

（2）draw 方法被定义为视图。

两种框架运行隐式循环，并周期性地（每秒多次）调用下列内容。

- ❑ 更新模型的控制器，使用可能的输入数据和之前的模型值。
- ❑ 更新屏幕的视图，使用更新后的模型值。

然而，这些框架用于获取输入的技术有很大的不同。quicksilver 是一个完整的面向动画循环的框架。控制器（update 函数）访问输入设备的状态以获取输入内容——检测鼠标、鼠标键和按键。

相反，ggez 输入处理机制则是事件驱动型的，并捕捉输入设备转换，而非输入设备的状态。具体来说，输入设备的转换涵盖以下内容。

- ❑ 鼠标的移动。
- ❑ 单击鼠标键。
- ❑ 释放鼠标键。
- ❑ 按下按键。
- ❑ 释放按键。

在 ggez 中，对于这些可能的输入设备转换，trait 声明了一个可选的处理程序例程，该例程可以由应用程序代码并针对模型予以实现。这些例程包括 mouse_motion_event、mouse_button_down_event、mouse_button_up_event、key_down_event 和 key_up_event。

如果事件出现于动画循环时间帧中，那么对应的处理程序将在 update 函数之前被调用。在这些事件处理程序中，应用程序代码应将事件中收集的信息存储于模型中，如哪一个键被按下，或者鼠标的移动位置。随后，update 函数可处理这些输入数据，并准备视图所需的信息。

为了较好地理解这些技术，考查下列事件序列或时间轴。

❑ update 函数每秒被调用 10 次，即每次 1/10s。因此，帧数/秒=10。

❑ 用户在 0.020s 时按 A 键，并在 50ms 后（即 0.070s 处）释放 A 键。随后，用户在 0.140s 时按 B 键，并于 240ms 后（即 0.380s 处）释放 B 键。

对于 quicksilver，对应的时间轴如表 7.1 所示。

表 7.1

时　刻	输入设备状态	update 函数中的输入处理
0.0	未按任何键	无
0.1	未按任何键	无
0.2	按 B 键	B 键被处理
0.3	按 B 键	B 键被处理
0.4	未按任何键	无
0.5	未按任何键	无

对于 ggez，对应的时间轴如表 7.2 所示。

表 7.2

时　刻	输入设备状态	update 函数中的输入处理
0.0	无输入事件	没有键信息被存储于模型中
0.1	key_down_event 函数被调用，并以 A 键作为参数，同时将 A 键存储于模型中 key_up_event 函数被调用，并以 A 键作为参数，但不执行任何操作	A 键从模型中被读取，进而被处理和重置
0.2	key_down_event 函数被调用，并以 B 键作为参数，同时将 B 键存储于模型中	B 键从模型中被读取，进而被处理和重置
0.3	无输入事件	没有键信息被存储于模型中
0.4	key_up_event 函数被调用，并以 B 键作为参数，但不执行任何操作	没有键信息被存储于模型中
0.5	无输入事件	没有键信息被存储于模型中

注意，对于 quicksilver，A 键从未被按下，而键 B 则已被按下两次。这对连续事件是有益的，如使用游戏杆，但并不适用于离散事件，如单击某个命令或将文本输入文本框中。

然而，quicksilver 可捕捉所有的同步事件。例如，quicksilver 可方便地处理和弦，也就是说，多个键同时持续按下。

相反，对于 ggez。只要在某个时间帧内仅按下一个键，所有的按键都会被处理适当的次数，这也是按钮和文本框所需要的。然而，和弦则无法被正确地处理。ggez 处理的唯一快捷键是那些涉及 Shift、Ctrl 和 Alt 的特殊键。

7.4.3　gg_ski 项目中的输入处理

在许多可被 ggez 应用程序捕捉的众多事件中，gg_ski 游戏仅捕捉两项事件，即左或右方向（箭头）键的按下和释放事件。这些事件的处理机制将相关输入信息存储至模型中，以供 update 函数使用。因此，与 quicksilver ski 项目所包含的字段相比，该模型必须包含某些附加字段。

因此，当前我们持有的模型包含了事件函数更新的某些字段，以供 update 函数使用；update 函数更新的一些其他字段则供 draw 函数使用。当区分这些输入字段时，较好的做法是将其封装至下列结构中。

```
struct InputState {
    to_turn: f32,
    started: bool,
}
```

to_turn 字段表明，用户按下了方向键以调整滑雪板的方向。如果仅按下左箭头键，那么方向角应减少，因而该字段值应为-1.0；如果仅按下右箭头键，方向角则增加，对应字段值为 1.0；如果用户未按下任何箭头键，滑雪板的方向将保持不变，因而对应的字段值为 0.0。

started 字段表明游戏已经开始且未用于当前项目中。另外，该结构的实例通过下列代码行被添加至模型中。

```
input: InputState,
```

按键的捕捉操作则通过下列代码实现。

```
fn key_down_event(
    &mut self,
    _ctx: &mut Context,
    keycode: KeyCode,
    _keymod: KeyMods,
    _repeat: bool,
) {
    match keycode {
        KeyCode::Left => { self.input.to_turn = -1.0; }
```

```
        KeyCode::Right => { self.input.to_turn = 1.0; }
        _ => (),
    }
}
```

keycode 参数定义了哪一个键被按下。如果左箭头键或右箭头键被按下，那么 to_turn 字段将被设置为-1.0 或+1.0。其他按下的键将被忽略。捕捉按键的释放行为则可通过下列代码实现。

```
fn key_up_event(&mut self, _ctx: &mut Context, keycode: KeyCode, _keymod:
KeyMods) {
    match keycode {
        KeyCode::Left | KeyCode::Right => {
            self.input.to_turn = 0.0;
        }
        _ => (),
    }
}
```

如果左箭头键或右箭头键被释放，那么 to_turn 字段将被设置为 0.0，以终止方向的修改。其他键的释放操作将被忽略。

7.4.4　quicksilver 的其他差别

在 quicksilver 和 ggez 之间，除了所描述的概念性的差别之外，还存在其他一些细微的不同之处。

1．trait 名称

对于 quicksilver，模型实现的 trait 名称为 State；而对于 ggez 则为 EventHandler。对于 quicksilver，有下列代码行。

```
impl State for Screen {
```

在 ggez 中，则有下列代码行。

```
impl EventHandler for Screen {
```

2．上下文类型

当采用 quicksilver 和 ggez 时，需要实现 update 方法和 draw 方法。这两个方法分别针对两个框架接收一个参数，以描述输入/输出上下文。该上下文被定义为一个对象，用于接收交互式输入（通过 update 方法）以及生成图形化输出结果（通过 draw 方法）。

然而，对于 quicksilver，上下文参数类型为 Window，如下列函数签名所示。

```
fn update(&mut self, window: &mut Window) -> Result<()> {
...
fn draw(&mut self, window: &mut Window) -> Result<()> {
```

对于 ggez，上下文参数类型为 Context，因而对应的签名如下所示。

```
fn update(&mut self, ctx: &mut Context) -> GameResult {
...
fn draw(&mut self, ctx: &mut Context) -> GameResult {
```

3. new 方法

quicksilver 的 State 特性需要实现 new 方法，以供框架使用并生成模型实例。ggez 的 EventHandler 特性则不包含此类方法，因为模型实例通过 main 函数中的应用程序代码隐式地被创建，之前曾对此有所介绍。

4. 测量角度的单位

quicksilver 旋转角需要指定为度数，而 ggez 旋转角则需要指定为弧度。因此，角度常量和变量通过这一类测量单位定义，如下所示。

```
const STEERING_SPEED: f32 = 110. / 180. * PI; // in radians/second
const MAX_ANGLE: f32 = 75. / 180. * PI; // in radians
```

5. 如何指定 FPS

当采用 quicksilver 并指定帧速率时，需要在 main 函数中指定两个参数；而在 ggez 中，则采用了另一项技术。对于 ggez，update 函数一般每秒内调用 60 次（可能的话），但应用程序则可通过下列 update 函数模拟不同的速率。

```
const DESIRED_FPS: u32 = 25;
while timer::check_update_time(ctx, DESIRED_FPS) {
    ...
}
```

上述代码的目的是确保 while 循环体利用指定的速率执行，在当前示例中为每秒 25 帧。接下来考查其实现过程。

代码中指定的所需速率意味着每隔 1000/25=40ms 执行代码体。当执行 update 函数时，如果距离上次执行还不到 40ms，那么 check_update_time 函数将返回 false，因而此次不会执行 while 循环体。即使在下一次 update 调用时，也可能没有足够的时间，因此

check_update_time 函数将再次返回 false。在以后的执行中，当距离最后一次执行的代码体至少已经过去 40ms 时，true 将被返回，因此对应的代码体将被执行。

这使得速率可低于 60FPS。此外还存在另一种特性。如果某一帧出于某种原因占用了较长的时间，如 130ms，这将导致动画卡顿，而 check_update_time 函数在一行中多次返回 true，以弥补丢失的时间。

当然，如果每一帧都很慢，且需要花费太多时间，那么将无法获得所需的速率。只要帧是在要求的时间范围内处理的，这种技术即可确保平均帧速率将是指定的帧速率。

当实际的平均速率接近于期望的速率时，一帧所占用的平均时间小于一帧所分配的时间就足够了。相反，如果帧平均花费 100ms，那么实际的帧速率为 10FPS。

6. 处理滑雪的转向问题

滑雪转向在 update 循环体中以不同的方式处理。在 ski 项目中，只有当箭头键被持续按下时，steer 函数才会被调用。相反，在 gg_sky 项目中，通常会执行下列语句。

```
self.steer(self.input.to_turn);
```

steer 函数在任意时间帧中被调用，并传递之前由输入处理方法设置的值。如果该值为 0，那么滑雪板将不会转向。

7. 新位置和速度的计算

此外，update 函数体还包含下列语句。

```
let now = timer::time_since_start(ctx);
self.period_in_sec = (now - self.previous_frame_time)
    .as_millis() as f32 / 1000.;
self.previous_frame_time = now;
```

上述语句的目标是计算正确的滑雪板运动学。在数学中，当计算位置变化（Δp）时，需要将当前速率（也称作速度 v）乘以自上一帧经历的时间（Δt），这将产生下列方程。

$$\Delta p = v \cdot \Delta t$$

当计算速度变化（Δv）时，需要将当前加速度（a）乘以自上一帧经历的时间（Δt），这将产生下列方程。

$$\Delta v = a \cdot \Delta t$$

因此，当计算位置变化和速度变化时，需要使用自上一帧经历的时间。对此，ggez 框架提供了 timer::time_since_start 函数，该函数返回自应用程序开始时的时长。相应地，可从该时长中减去前一帧的时间，进而得到两帧之间所经历的时间。随后，时长转换为秒数。最后，保存当前时间，以供下一帧计算使用。

8. 绘制背景

draw 方法的 MVC 视图通过下列语句绘制白色背景。

```
graphics::clear(ctx, graphics::WHITE);
```

接下来考查如何绘制组合形状。

9. 绘制组合形状

当绘制组合形状时，首先需要创建 Mesh 对象，即包含全部组件形状的组合形状，并随后绘制 Mesh 对象，而非单独绘制各组件。当创建 Mesh 对象时，MeshBuilder 类根据下列方式使用。

```
let ski = graphics::MeshBuilder::new()
    .rectangle(
        DrawMode::fill(),
        Rect {
            x: -SKI_WIDTH / 2.,
            y: SKI_TIP_LEN,
            w: SKI_WIDTH,
            h: SKI_LENGTH,
        },
        [1., 0., 1., 1.].into(),
    )
    .polygon(
        DrawMode::fill(),
        &[
            Point2::new(-SKI_WIDTH / 2., SKI_TIP_LEN),
            Point2::new(SKI_WIDTH / 2., SKI_TIP_LEN),
            Point2::new(0., 0.),
        ],
        [0.5, 0., 1., 1.].into(),
    )?
    .build(ctx)?;
```

上述代码的具体解释如下。

（1）new 函数创建 MeshBuilder。

（2）相关方法指导这些网格构造器如何创建网格组件。其中，rectangle 方法解释了如何创建矩形，即滑雪板主体；polygon 方法解释了如何创建一个多边形，即滑雪板顶部。另外，矩形的特征包括其绘制模式（DrawMode::fill()）、位置和大小（x、y、w、h）以及颜色（1.、0.、1.、1.）。多边形的特征则包含绘制模式、顶点列表和颜色，这里，多边形仅包含 3 个顶点,因而是一个三角形。

　　(3) build 方法创建并返回指定的网格。注意,以问号结尾的方法调用是容易出错的,颜色是由 4 元组红-绿-蓝-alpha 模型指定的,其中每个数字取值范围都为 0～1。

当绘制一个网格时,可使用下列语句。

```
graphics::draw(
    ctx,
    &ski,
    graphics::DrawParam::new()
        .dest(Point2::new(
            SCREEN_WIDTH / 2. + self.ski_across_offset,
            SCREEN_HEIGHT * 15. / 16. - SKI_LENGTH / 2.
                - SKI_TIP_LEN,
        ))
        .rotation(self.direction),
)?;
```

　　上述 draw 方法与定义 MVC 架构视图的 draw 方法并不相同。这可以在 ggez::graphics 模块中找到,而包含的方法(视图)则是 ggez::event::EventHandler 特性的一部分。

　　graphics::draw 方法的第 1 个参数 ctx 表示绘制的上下文;第 2 个参数&ski 表示为绘制的网格;第 3 个参数则表示为封装在 DrawParam 对象中的参数集合。这种类型可指定多个参数,其中的两个参数如下所示。

　　❑　利用 dest 方法指定绘制网格的点。

　　❑　利用 rotation 方法指定网格旋转的角度(弧度)。

　　至此,我们考查了如何在屏幕上进行绘制。然而,在调用了这些语句后,屏幕上并未显示任何内容,因为这些语句仅准备了离线输出。当获取输出结果时,需要使用终结语句,稍后将对此加以讨论。

10. 结束绘制

视图(即 draw 方法)应以下列语句结束。

```
graphics::present(ctx)?;
timer::yield_now();
```

　　在 OpenGL 所采用的典型的双缓冲技术中,所有的 ggez 绘制操作并不直接在屏幕上输出图形,而是位于隐藏的缓冲区中。present 函数快速交换所显示的屏幕缓冲区和隐藏的绘制缓冲区,并可即刻显示场景,同时避免可能出现的闪烁的效果。另外,最后一条语句通知操作系统终止使用 CPU,直至需要绘制下一帧时。据此,如果某一帧的处理速度快于时间帧,那么应用程序可避免使用 100%的 CPU 时钟周期。

至此，gg_ski 项目暂告一段落，接下来将考查如何在当前项目的基础上构建 gg_silent_ slalom 项目，进而创建一个不包含声音或文本内容的滑雪障碍赛游戏。

7.5　实现 gg_silent_slalom 项目

本节将考查 gg_silent_slalom 项目，该项目是第 6 章 gg_silent_slalom 游戏中 ggez 框架的实现。本节仅讨论 gg_ski 项目和 silent_slalom 项目之间的差别。

前述内容曾有所讨论，ggez 作为事件处理输入内容。在当前项目中，还将处理其他两个事件，即 Space 和 R，如下所示。

```
KeyCode::Space => {
    self.input.started = true;
}
KeyCode::R => {
    self.input.started = false;
}
```

空格键用于启动游戏，因而会将 started 标志设置为 true；R 键则用于在斜坡开始处重定位滑雪板，因而会将 started 标志设置为 false。

随后，started 标志用于 update 方法中，如下所示。

```
match self.mode {
    Mode::Ready => {
        if self.input.started {
            self.mode = Mode::Running;
        }
    }
```

当处于 Ready 模式时，将检查 started 标志，而非直接检查键盘状态。速度和加速度计算考虑了自前一帧计算开始所经历的时间。

```
self.forward_speed = (self.forward_speed
    + ALONG_ACCELERATION * self.period_in_sec * self.direction.cos())
    * DRAG_FACTOR.powf(self.period_in_sec);
```

当计算前向速度时，沿斜坡的加速度（ALONG_ACCELERATION）通过余弦函数（elf.direction.cos())投影至滑雪板方向；随后，计算结果乘以所经历的时间（self.period_in_ sec）以获得速度增量。

接下来，增加后的速度乘以一个小于 1 的因子，并以此设置摩擦力。该因子被定义为 DRAG_FACTOR 常量（1s 内）。当获取所经历时间的衰减因子时，需要使用指数函数（powf）。

当计算滑雪板顶部的最新水平位置时，可执行下列语句。

```
self.ski_across_offset +=
    self.forward_speed * self.period_in_sec * self.direction.sin();
```

这将速度（self.forward_speed）乘以所经历的时间（self.period_in_sec）以获得空间增量。该增量随后利用正弦函数（self.direction.sin()）投影至水平方向上，进而获得水平方向上的位置变化。

执行类似的计算可计算沿斜坡方向上的移动，这实际上是回旋门的位置偏移量，因为滑雪板始终在相同的 y 坐标处被绘制。

当在 draw 方法中绘制回旋门的回旋杆时，可通过下列语句绘制两个网格。

```
let normal_pole = graphics::Mesh::new_circle(
    ctx,
    DrawMode::fill(),
    Point2::new(0., 0.),
    GATE_POLE_RADIUS,
    0.05,
     [0., 0., 1., 1.].into(),
)?;
let finish_pole = graphics::Mesh::new_circle(
    ctx,
    DrawMode::fill(),
    Point2::new(0., 0.),
    GATE_POLE_RADIUS,
    0.05,
    [0., 1., 0., 1.].into(),
)?;
```

这里，网格将被直接创建，且无须使用 MeshBuilder 对象。new_circle 方法需要作为参数使用当前上下文、填充模式、中心位置、半径、阈值和颜色值。其中，阈值可被视为性能和图形质量之间的一个折中因素。另外，第 1 个网格用于绘制所有的回旋杆（除了终点），第 2 个网格则用于绘制终点处的回旋杆。

随后，这些网格将通过下列语句被绘制，以显示全部回旋杆。

```
graphics::draw(
    ctx,
    pole,
    (Point2::new(SCREEN_WIDTH / 2. + gate.0, gates_along_pos),),
)?;
```

其中，第 3 个参数（基于 DrawParam 类型）采用了一种简单、隐含的方式指定。该参数被定义为一个仅包含一个元素的元组，该元素被解释为网格的绘制位置，并与之前讨论的 dest 方法相对应。

前述内容讨论了 gg_silent_slalom 项目的独特之处，接下来将考查 gg_assets_slalom 项目，其中添加了声音和文本内容。

7.6　实现 gg_assets_slalom 项目

本节将考查 gg_assets_slalom 项目，该项目是第 6 章 assets_slalom 游戏的 ggez 框架的实现。此处仅讨论 gg_silent_slalom 项目和 assets_slalom 项目间的不同之处。

二者主要的差别体现在资源数据的加载方式。这些项目的资源数据分为两种类型，即字体和声音。当封装这些资源数据时，ggez 分别利用 graphics::Font 和 audio::Source 类型使用对象，而非使用基于 Asset<Font>和 Asset<Sound>类型的对象。这些资源数据被加载至模型的构造方法中。例如，Screen 对象的构造方法包含下列语句。

```
font: Font::new(ctx, "/font.ttf")?,
whoosh_sound: audio::Source::new(ctx, "/whoosh.ogg")?,
```

其中，第 1 条语句针对 ctx 上下文加载包含 TrueType 字体的文件，并返回一个封装该字体的对象。第 2 条语句（针对 ctx 上下文）加载一个包含 OGG 声音的文件，并返回封装该声音的一个对象。相应地，两个文件必须位于 asset 文件夹中，该文件在 main 函数中通过 add_resource_path 方法加以指定，同时应包含所支持的格式。

关于 quicksilver 和 ggez 的资源数据的加载方式，还存在一个较为重要的差别。具体来说，quicksilver 以异步方式加载资源数据，并创建 Future 对象，其访问函数需要确保资源数据已被加载；相反，ggez 则呈同步状态，当它加载资源数据时，它将阻塞应用程序，直至资源数据完全被加载，相应地，所生成的对象也不是 Future 对象，因而这些对象可即刻被使用。

由于使用了 Future 对象，因而 quicksilver 相对复杂，但这种复杂度在桌面应用程序中并不明显，因为应用程序仅仅包含几兆字节的资源数据，本地存储的加载过程十分迅速，因而一些阻塞语句在应用程序启动时并不会带来不便。当然，为了防止减缓动画效果，资源数据需要在应用程序启动时被加载，此时需要更改游戏关卡或游戏结束。一旦资源数据加载完毕，就可投入使用中。

最方便的资源数据使用方式是声音。当播放声音时，可定义下列函数。

```
fn play_sound(sound: &mut audio::Source, volume: f32) {
    sound.set_volume(volume);
    let _ = sound.play_detached();
}
```

该函数的第 1 个参数为 sound 资源数据，第 2 个参数是所需的 volume 级别。该函数简单地设置音量，并随后通过 play_detached 方法播放声音。play_detached 方法利用已在播放的声音叠加新声音。此外还存在一个 play 方法，并在开始播放新声音之前自动停止播放原声音。

当播放固定音量的声音时，如穿越回旋门失败时播放的信号，可使用下列语句。

```
play_sound(&mut self.bump_sound, 1.);
```

此外，为了使声音正比于速度，可使用下列语句。

```
play_sound(&mut self.whoosh_sound, self.forward_speed * 0.005);
```

字体的使用则相对简单，如下所示。

```
let text = graphics::Text::new((elapsed_shown_text, self.font,16.0));
graphics::draw(ctx, &text, (Point2::new(4.0, 4.0), graphics::BLACK))?;
```

其中，第 1 条语句通过调用 new 函数创建一个文本形状，作为参数，该函数定义了一个包含 3 个字段的元组，如下所示。

（1）输出的字符串（elapsed_shown_text）。

（2）用于文本（self.font）的可缩放的字体对象。

（3）生成后的文本的期望尺寸（16.0）。

第 2 条语句则在 ctx 上下文中绘制所创建的文本形状，该语句指定了一个元组，该元组将作为第 3 个参数被转换为一个 DrawParam 值。指定的子参数表示为目标点（Point2::new(4.0, 4.0)）和所使用的颜色（graphics::BLACK）。

至此，我们整体介绍了当前游戏，稍后将考查另一个游戏程序，其间将使用声音和图像。

7.7　实现 gg_whac 项目

本节将考查一个 gg_whac 项目，即著名街机游戏 Whack-A-Mole 的 ggez 框架实现。下面首先尝试展示这一款游戏。

当在 gg_whac 文件夹中运行 cargo run --release 命令后，将显示如图 7.1 所示的游戏画面。

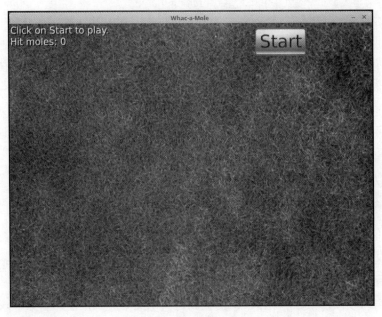

图 7.1

对于熟悉这款游戏的用户来说，规则如下。当单击 Start 按钮时，将显示下列内容。

（1）Start 按钮消失。

（2）左上方位置处开始倒数（40s～0s）。

（3）草地随机位置处出现一只鼹鼠。

（4）鼠标指针变为带有禁止标志的圆形图案。

（5）如果在鼹鼠上方移动鼠标指针，鼠标指针则会变为一个十字形状并出现一个木锤，只要将鼠标悬停于鼹鼠上，这个木锤就可被鼹鼠拖曳。

此时窗口如图 7.2 所示。

当鼠标指针悬停于鼹鼠上时，单击鼠标后鼹鼠即消失，并在另一个位置处出现另一只鼹鼠。同时，计数器将显示所要敲击的鼹鼠数量。当倒数到达 0 时，屏幕上将显示对应的分值。

图 7.2

7.7.1　资源数据

当理解应用程序的行为时，下面首先考查 assets 文件夹中的内容。

❑　当鼹鼠从草地中冒出时，cry.ogg 表示鼹鼠产生的声音。

❑　click.ogg 表示木锤击打鼹鼠时的声音。

❑　bump.ogg 表示木锤击打草地但未击中鼹鼠时的声音。

❑　two_notes.ogg 表示倒计时结束且游戏终止时的声音。

❑　font.ttf 表示全部可见文本所使用的字体。

❑　mole.png 表示鼹鼠的图像。

❑　mallet.png 表示木锤的图像。

❑　lawn.jpg 表示填充背景的图像。

❑　button.png 表示 Start 按钮所用的图像。

前述内容讨论了如何加载和使用声音和字体。此处出现了一种新的资源数据，即图像。图像可通过下列方式声明。

```
lawn_image: graphics::Image,
```

图像在应用程序初始化时通过下列语句加载。

```
lawn_image: graphics::Image::new(ctx, "/lawn.jpg")?
```

下列语句执行图像的显示操作。

```
graphics::draw(ctx, &self.lawn_image, lawn_params)?;
```

其中，参数 lawn_params 基于 DrawParam 类型，并可指定一个位置、缩放、旋转，甚至是剪裁。

7.7.2　应用程序和事件的通用结构

本节将讨论源代码的结构。类似于之前的项目，当前项目包含以下内容。

❑　定义某些常量。

❑　利用 struct Screen 类型定义一个模型。

❑　利用所需的 update 和 draw 方法，以及其可选的 mouse_button_down_event 和 mouse_button_up_event 方法实现 EventHandler 特性。

❑　定义 main 函数。

模型中较为重要的字段是 mode，其类型由下列代码定义。

```
enum Mode {
    Ready,
    Raising,
    Lowering,
}
```

其中，初始模式为 Ready，此时倒计时尚未开始，且游戏已准备启动。当游戏处于运行状态时，通常涵盖以下状态。

❑　没有鼹鼠出现。

❑　一只鼹鼠冒出地面。

❑　一只鼹鼠等待被击打。

❑　木锤准备击打鼹鼠。

❑　被击中的鼹鼠钻回地面。

实际上，第 1 个状态并不存在，因为一旦游戏开始，鼹鼠就会冒出地面；一旦击中鼹鼠，另一只鼹鼠就会冒出地面。另外，第 2 个状态和第 3 个状态通过 Mode::Raising 表示，简而言之，当鼹鼠到达最高高度时，则不会继续升高。

第 4 个状态和第 5 个状态则通过 Mode::Lowering 表示。也就是说，鼹鼠与木锤同步下落。

　　关于输入操作，此处应注意 EventHandler 特性，由于当前游戏并不使用键盘，因此未实现按键处理方法。相反，游戏通过鼠标完成，因而有下列代码。

```
fn mouse_button_down_event(&mut self, _ctx: &mut Context,
    button: MouseButton, x: f32, y: f32) {
    if button == MouseButton::Left {
        self.mouse_down_at = Some(Point2::new(x, y));
    }
}

fn mouse_button_up_event(&mut self, _ctx: &mut Context,
    button: MouseButton, x: f32, y: f32) {
    if button == MouseButton::Left {
        self.mouse_up_at = Some(Point2::new(x, y));
    }
}
```

　　当单击鼠标时，第 1 个方法将被调用；当释放鼠标时，第 2 个方法将被调用。

　　这两个方法的第 3 个参数（button）均被定义为一个枚举值，表示所按下的鼠标键。其中，MouseButton::Left 表示鼠标主键。

　　第 4 个参数和第 5 个参数（x 和 y）表示单击鼠标时鼠标的位置坐标，对应单位为像素，坐标系原点为上下文的左上角顶点。在当前示例中，上下文表示为窗口的客户端区域。

　　此处仅处理鼠标主键。当按下主键时，表示当前鼠标位置的点被存储于模型的 mouse_down_at 字段中；当释放主键时，对应的位置点则被存储于模型的 mouse_up_at 字段中。

　　这些字段通过下列方式被定义于模型中。

```
mouse_down_at: Option<Point2>,
mouse_up_at: Option<Point2>,
```

　　对应值被初始化为 None，并通过上述代码被设置为 Point2。一旦相关事件被 update 方法处理，对应值就会被重置为 None。因此，每个鼠标事件仅被处理一次。

7.7.3　模型的其他字段

　　除了前述内容介绍的字段之外，模型还包含其他字段，如下所示。

```
start_time: Option<Duration>,
active_mole_column: usize,
active_mole_row: usize,
```

```
active_mole_position: f32,
n_hit_moles: u32,
random_generator: ThreadRng,
start_button: Button,
```

start_time 字段用于显示游戏过程中的当前剩余时间，并在游戏结束时显示 Game finished 文本。该字段将被初始化为 None，并在单击 Start 按钮后将当前时间存储于其中。

注意，鼹鼠不会以完全随机的位置出现。另外，草地被划分为 3 行和 5 列。鼹鼠将以随机方式出现于 15 个位置之一。active_mole_column 和 active_mole_row 字段包含当前显示模式下从 0 开始的列和行。

active_mole_position 字段包含鼹鼠的部分外观。其中，值 0 意味着鼹鼠处于完全隐藏状态；值 1 表示鼹鼠图像（展示鼹鼠一部分身体）完全显示。另外，n_hit_moles 字段负责计算被击中的鼹鼠数量。

random_generator 字段被定义为伪随机数生成器，以生成下一个鼹鼠的位置。最后，start_button 字段表示 Start 按钮，其类型并未在库中定义，而是被定义于当前应用程序中，稍后将对此加以讨论。

7.7.4　定义一个微件

商业化应用程序窗口包含较多的小型交互式元素，如按钮和文本框。实际上，这些元素在 Microsoft Windows 文档中被命名为控件，而在 UNIX 环境中被命名为微件（源自窗口对象）。使用图形原语定义微件是一项相当复杂的工作。因此，如果打算开发一个商业化应用程序，应使用定义了一组微件的库。

Rust 标准库和 ggez 框架均无法定义微件。然而，如果仅需一些简单的微件，则可亲自开发这些微件，如当前项目中的按钮。接下来考查其实现过程。

首先，应存在一个 Buttom 类型定义，可针对添加至窗口中的任何按钮进行实例化。

```
struct Button {
    base_image: Rc<graphics::Image>,
    bounding_box: Rect,
    drawable_text: graphics::Text,
}
```

考虑到文本居中问题，因而当前按钮是一个可调整大小的图像。该图像针对所有的按钮保持一致，因而应在整个应用程序中共享以节省内存空间。因此，base_image 字段是一个指向图像的引用计数指针。

bounding_box 字段表示按钮的期望位置和尺寸。图像经过伸缩后将适应该尺寸。另外，drawable_text 表示为文本形状，并作为标题显示在按钮的图像上。Button 类型实现了多个方法，如下所示。

- ❑ new 方法用于创建一个新按钮。
- ❑ contains 方法用于检查给定点是否位于按钮内。
- ❑ draw 方法用于在指定的上下文中显示自己。

其中，new 方法包含多个参数，如下所示。

```
fn new(
    ctx: &mut Context,
    caption: &str,
    center: Point2,
    font: Font,
    base_image: Rc<graphics::Image>,
) -> Self {
```

这里，参数 caption 表示为在按钮中显示的文本内容。center 表示为按钮的中心位置。font 和 base_image 则分别表示为所使用的字体和图像。

当创建按钮时，可使用下列表达式。

```
start_button: Button::new(
    ctx,
    "Start",
    Point2::new(600., 40.),
    font,
    button_image.clone(),
),
```

这将指定"Start"作为标题，对应的宽度为 600 像素，高度为 40 像素。

当绘制按钮时，首先需要通过下列表达式检查鼠标键是否被按下。

```
mouse::button_pressed(ctx, MouseButton::Left)
```

据此，可以使按钮看起来像是被按下，从而提供按钮操作的视觉反馈。

接下来，可通过下列表达式检查鼠标指针是否位于按钮内。

```
rect.contains(mouse::position(ctx))
```

当鼠标悬停于按钮上时，这可将按钮标题的颜色转为红色，以向用户显示该按钮可被按下。至此，我们介绍了项目中最为有趣的部分，并结束了 ggez 框架的考查过程。

7.8　本章小结

本章讨论了如何利用 ggez 框架构建二维桌面游戏。该框架可根据动画循环架构和 MVC 架构模式构建应用程序，此外还可获取离散输入事件。除此之外，本章还考查了如何针对图形应用程序使用线性代数库。

其间，我们创建并考查了 4 个应用程序，即 gg_ski、gg_silent_slalom、gg_assets_slalom 和 gg_whac。

特别地，我们还学习了如何利用 ggez 框架构建图形桌面应用程序（基于 MVC 架构），以及如何在同一个窗口内实现动画循环架构和事件驱动型架构。另外，本章还学习了利用 ggez 在 Web 页面上绘制图形元素，以及通过 ggez 加载和使用静态资源。在本章结尾，我们将点和向量封装至一个结构中，并讨论了如何利用 nalgebra 库对其进行操控。

第 8 章将讨论一种完全不同的技术，即解析机制。解析文本文件在许多场合下均十分有用，特别是解释或编译源代码程序。其间我们将考查 nom 库，进而简化解析任务。

7.9　本章练习

（1）在线性代数中，点和向量间的差别是什么？

（2）代数向量和点分别对应的几何概念是什么？

（3）为何事件捕捉机制十分有用（即使是在面向动画循环的应用程序中）？

（4）为什么说在桌面游戏中加载异步资源数据是一种较好的做法？

（5）ggez 如何从键盘和鼠标中获取输入数据？

（6）ggez 框架中所采用的网格是什么？

（7）如何构建一个 ggez 网格？

（8）如何利用 ggez 获取期望的动画帧速率？

（9）如何利用 ggez 在期望的位置处绘制一个网格，并具有期望的缩放和旋转值？

（10）如何利用 ggez 播放声音？

7.10　进一步阅读

读者可访问 https://github.com/ggez/ggez 下载 ggez 项目，其中包含了多个与街机游戏相关的示例项目。

第 8 章　解释和编译所用的解析器组合器

Rust 是一种系统编程语言。系统编程的典型任务是处理形式语言。这里，形式语言是一种定义良好的逻辑规则，且广泛地应用于计算机技术中。它们可大致被分为命令、编程和标记语言。

当处理形式语言时，第 1 个步骤是解析。解析意味着分析一段代码的语法结构，以判断是否遵守所支持使用的语法规则。如果遵守相关语法规则，随后将生成一个数据结构，以描述所解析的代码段的结构。

本章将考查如何处理以形式语言编写的文本内容，从解析步骤开始，并处理几种可能的结果——简单地检查语法、解释一个程序，并将程序转换为 Rust 语言。

为了展示上述特性，本章将定义一种十分简单的编程语言，并围绕该语言构造 4 种工具，即语法检查器、语义检查器、解释器和转换器。

本章主要涉及以下主题。

❑ 利用形式语言定义一种编程语言。

❑ 将编程语言分为 3 类。

❑ 构造解析器的两种常见技术——编译器-编译器和解析器组合器。

❑ 使用解析器组合器库 Nom。

❑ 使用 Nom 库（calc_parser）处理源代码，并检查其语法是否遵循上下文无关语法。

❑ 验证变量声明的一致性及其在某些源代码中的应用，同时针对代码的优化执行准备所需的结构（calc_analyzer）。

❑ 在解释过程（calc_interpreter）中执行处理后的代码。

❑ 在编译过程（calc_compiler）中将处理后的代码转换为另一种编程语言。作为示例，此处将转换为 Rust 语言代码。

在阅读完本章后，读者将能够编写简单形式语言的语法，并理解现有形式语言的语法。此外，读者还将能够针对任何编程语言并遵循其语法编写一个解释器。最后，读者将可以编写某种形式语言的转换器，并转换为另一种形式语言，同时遵循其相关语法。

8.1　技 术 需 求

当阅读本章内容时，前述各章内容并非必需。但读者应了解形式语言理论和技术方面的知识，当然，相关知识也将在本章中予以介绍。另外，Nom 库将用于构造相关工具，因而也将在本章中加以讨论。

　　读者可访问 https://github.com/PacktPublishing/Creative-Projects-for-Rust-Programmers 查看本章的完整源代码（位于 Chapter08 文件夹中）。

8.2　项 目 简 介

本章将构建 4 个复杂度逐渐增加的项目，如下所示。

❑　第 1 个项目（calc_parser）是 Calc 语言的语法检查器。实际上，这是一个解析器，随后是解析结果的格式化调试输出内容。

❑　第 2 个项目（calc_analyzer）将使用第 1 个项目的解析结果，并添加对变量声明及其应用的一致性验证，随后是分析结果的格式化调试输出内容。

❑　第 3 个项目（calc_interpreter）使用分析结果在交互式解释器中执行预处理后的代码。

❑　第 4 个项目（calc_compiler）再次使用分析结果，并将预处理后的代码转换为等价的 Rust 代码。

8.3　包含 Calc

在进一步解释之前，本节首先定义一种名为 Calc 的玩具编程语言。这里，玩具编程语言用于描述或证实某些理论，而非开发实际的软件。采用 Calc 编写的简单的程序如下所示。

```
@first
@second
> first
> second
@sum
sum := first + second
< sum
< first * second
```

上述代码询问用户输入两个数字，随后在控制台中输出这两个数字的和与乘积结果。下面将逐一对上述语句加以分析。

❑ 前两条语句（（@first 和@second）声明两个变量。注意，Calc 中的任意变量均为
64 位浮点数。

❑ 第 3 条和第 4 条语句（> first 和> second）为输入语句，并显示一个问号等待用
户输入一个数字并按 Enter 键。对应数字（如果有效）将被存储于指定的变量中。
如果在按 Enter 键之前未输入有效数字，那么值 0 将被赋予变量。

❑ 第 5 条语句声明 sum 变量。

❑ 第 6 条语句（sum := first + second）表示为 Pascal 类型的赋值语句，计算 first 和
second 变量之和，并将结果赋予 sum 变量。

❑ 第 7 条语句和第 8 条语句执行输出操作。其中，第 7 条语句（<sum）将 sum 变
量的当前值输出至控制台中；第 8 条语句（< first * second）计算 first 和 second
变量的乘积结果，并随后将其输出至控制台中。

Calc 语言包含两个运算符，即−（减号）和/（除号），进而分别执行减法和除法运
算。此外，下列代码表示该运算可被整合至表达式中，因而是有效的赋值语句。

```
y := m * x + q
a := a + b - c / d
```

运算过程从左向右执行，但乘法和除法与加法和减法相比具有更高的优先级。

除了变量之外，此处还支持数字字面值，因而可编写下列代码。

```
a := 2.1 + 4 * 5
```

上述语句将 22.1 赋予 a，因为乘法预算的优先级高于加法。若强制执行不同的优先
级操作，则可使用括号，如下所示。

```
a := (2.1 + 4) * 5
```

上述代码将 30.5 赋予 a。

在上述代码片段中，除了换行符之外，并没有其他字符分隔语句。实际上，Calc 语
言并不包含分隔语句的符号，同时也不需要此类符号。因此，第 1 个程序等价于下列代
码片段。

```
@first@second>first>second@sum sum:=first+second<sum<first*second
```

上述代码片段中并不存在歧义，其中，@字符标志声明的开始；>字符标志输入操作
的开始；<字符标志输出操作的开始；如果在当前语句不允许出现变量的位置处出现了变
量，则标志着复制操作的开始。

为了进一步理解语法，下列内容解释了一些语法方面的术语。

❑ 将整个文本称作程序。

- ❑ 程序是语句序列，在第 1 个示例程序中，每行仅存在一条语句。
- ❑ 在某些语句中，存在可计算的算术公式，如 a ＊ 3 ＋ 2，将该公式称作表达式。
- ❑ 任何表达式均可包含简单表达式的加法和减法运算。既不包含加法也不包含减法的简单表达式被命名为项（term）。因此，任何表达式均可表示为项（既不包含加法运算也不包含减法运算）；也可表示为表达式与项的和；或者表示为表达式和项的减法运算。
- ❑ 任何项均可包含简单表达式的乘法和除法运算。既不包含乘法也不包含除法的简单表达式被命名为因子（factor）。因此，任何项都可以是一个因子（不包含乘法和除法运算）；也可以是项和因子间的乘法运算；或者是项和因子间的除法运算。相应地，存在 3 种可能的因子，如下所示。
  - ➢ 变量名，即命名的标识符。
  - ➢ 数字序列表示的数字常量，命名为字面值。
  - ➢ 括号包围起来（强制优先级）的完整表达式。

在 Calc 语言中，出于简单和独特性考虑，数字和下画线不允许出现于标识符中。因此，任何标识符均被定义为一个非空字母序列。换而言之，任何标识符都可以是一个字母，或者是标识符后面跟着一个字母。

形式语言的语法可以通过一种称为 Backus-Naur 范式的符号来指定。当采用这种符号时，Calc 语言可通过下列规则确定。

```
<program> ::= "" | <program> <statement>
<statement> ::= "@" <identifier> | ">" <identifier> | "<" <expr> |
<identifier> ":=" <expr>
<expr> ::= <term> | <expr> "+" <term> | <expr> "-" <term>
<term> ::= <factor> | <term> "*" <factor> | <term> "/" <factor>
<factor> ::= <identifier> | <literal> | "(" <expr> ")"
<identifier> := <letter> | <identifier> <letter>
```

上述代码片段的规则解释如下。

- ❑ 第 1 条规则规定，程序是一个空字符串，或者是程序后面跟着一条语句。也就是说，程序是由一条或多条语句构成的列表。
- ❑ 第 2 条规则规定，一条语句可以是@字符后跟一个标识符；也可以是>字符后跟一个标识符；还可以是<字符后跟一个表达式；或者可以是一个标识符后跟一个"∶="字符对，随后是一个表达式。
- ❑ 第 3 条规则规定，表达式可以是一项或一个表达式，后跟+字符和一项；或者是一个表达式后跟_字符和一项。也就是说，表达式可以是一项，后跟 0 个或多个项条目（item）。其中，项-条目表示为+或-运算符，后跟一项。

❑ 第 4 条规则规定，一项可以是一个因子，或者是一项后跟*字符和一个因子；或者是一项后跟/字符和一个因子。也就是说，一项是一个因子后跟 0 个或多个因子条目。其中，因子-条目是一个乘法或除法运算符，后跟一个因子。

❑ 第 5 条规则规定，因子可以是一个标识符或一个字面值，或者是括号包围起来的表达式。注意，只有当小括号在代码中正确配对时，才会满足这一规则。

❑ 第 6 条规则规定，标识符是一个字母，或者是一个标识符后跟一个字母。也就是说，标识符被定义为一个或多个字母的序列。这一语法规则并未指定大小写敏感的处理方式，这里假设标识符均为小写字母。

当前语法并未定义<letter>符号和<literal>符号的含义，具体解释如下。

❑ <letter>符号表示任意字符，基于此，is_alphabetic Rust 标准库函数返回 true。

❑ <literal>符号表示任意的浮点数。实际上，由于我们仅采用 Rust 代码对其进行解析、存储和处理，因此 literal 的 Calc 定义等同于 f64 字面值的 Rust 定义。例如，数字-4.56e300 并不违法，但 1_000 和 3f64 则不予支持。

关于空格，我们还实现了另一种简化方案。除了标识符、字面值和:=符号之外，空格、制表符和换行符允许出现在代码的所有位置处。这一类符号是可选的，但是唯一需要空格的位置是在语句的结束标识符和赋值的开始标识符之间；否则，这两个标识符将被合并为一个标识符。

本节定义了 Calc 语言的句法（syntax），这种正式定义被称作语法（grammar）。虽然简单，但这与实际编程语言的语法较为类似。语言的正式语法对于处理采用该语言编写的代码十分有用。

前述内容查考了一种"玩具"语言，并准备处理采用该语言编写的对应代码。对此，首要任务是构造一个语法检查器，以验证该语言中任何程序的有效性。

8.4　理解形式语言及其解析器

如前所述，系统编程的典型任务是处理形式语言。在形式语言中，常见的操作示例如下所示。

❑ 检查一行代码或一个文件的有效性。

❑ 根据格式规则格式化一个文件。

❑ 执行命令语言编写的一条命令。

❑ 解释编程语言编写的一个文件。也就是说，即刻执行该文件。

❏ 编译编程语言编写的一个文件。也就是说，将该文件转换为另一种编程语言，如汇编语言或机器语言。

❏ 将标记文件转换为另一种标记语言。

❏ 在浏览器中渲染一个标记文件。

所有这些操作的共同之处在于过程的第一步，即解析。根据语法检查字符串以提取其结构的过程称为解析。根据需要解析的形式语言的分类，至少存在 3 种解析技术。对应的分类为正则语言、上下文无关语言和上下文相关语言。

8.4.1　正则语言

最简单的语言是正则语言，它可以使用正则表达式定义。

通过最简单的方式，正则表达式可被视为在子字符串间使用下列运算符的一种模式。

❏ 连接（或序列）：这意味着一个子字符串必须跟在另一个子字符串后面。例如，ab 意味着 b 必须跟随 a。

❏ 交替（或选择）：这意味着一个子字符串可代替另一个子字符串使用。例如，a | b 表示 a 或 b 可以交替使用。

❏ Kleene 星号（或重复）：这意味着子字符串可以使用 0 次或多次。例如，a*表示 a 可以使用 0 次、1 次、2 次或更多次。

当采用上述运算符时，可以使用括号。考查下列正则表达式。

$$a(bcd|(ef)*)g$$

这表明，有效字符串需要以 a 开始，随后是两个可能的子字符串——一个是字符串 bcd，另一个是空字符串，或字符串 ef（或多次重复的字符串 ef），最后必须是字符 g。下列字符串可归类于该正则语言中。

❏ abcdg。

❏ ag。

❏ aefg。

❏ aefefg。

❏ aefefefg。

❏ aefefefefg。

正则语言的优点是，其解析机制所占内存仅与语法相关，且不依赖于所解析的文本。通常情况下，即使解析大型文本，正则语言也仅需要较少的内存空间。

regex 库是最为常用的、基于正则表达式的正则语言解析方法。当解析正则语言时，建议使用 regex 库。例如，检测有效的标识符或有效的浮点数是正则语言解析器的工作任务。

8.4.2　上下文无关语言

由于编程语言并不是简单的正则语言，因此正则表达式无法用于对其进行解析。对于那些并不隶属于正则语言的语言，其特征是括号的使用。大多数编程语言支持((5))这一类字符串，而非字符串((5)，因为开放的括号需要通过闭合的括号进行匹配。此类规则无法通过正则表达式予以表示。

一种更加通用（且功能强大）的语言分类是上下文无关语言。这一类语言通过语法定义，类似于之前讨论的 Calc 语言，同时还包含一些需要匹配的元素（如圆括号、方括号、花括号和引号）。

不同于正则语言，上下文无关语言根据所解析的文本其内存占用量也有所变化。每次遇到左括号时，左括号将被存储，并通过对应的右括号进行匹配。此类内存空间占用通常较小，并可通过后进先出方式（LIFO，即堆栈数据结构）。由于不需要使用堆分配，因此这一过程十分高效。

虽然上下文无关语言对于真实应用已然足够，但实际的语言还应是上下文相关的，稍后将对此加以讨论。

8.4.3　上下文相关语言

令人遗憾的是，即使 CFG 在表达真实编程语言时也有所欠缺，这一问题主要归于标识符的应用。

在许多编程语言中，在使用某个变量之前，需要对其进行声明。在代码的任意位置处，仅可使用定义点之后的变量。这样一组可用的标识符被当作解析下一条语句的上下文。在许多编程语言中，这种上下文不仅包含变量名，同时还应包含对应的类型和初始化方面的信息（如接收了某值，或尚未初始化）。

当捕捉这些限制条件时，可定义上下文相关的语言，尽管这种形式非常笨拙，并且产生的语法解析效率低下。

因此，常见的编程语言文本解析是将解析机制划分为多个步骤，如下所示。

❑ 第 1 步是使用正则表达式，也就是说，解析标识符、字面值、运算符和分隔符。这一步骤将生成一个标记（token）流，其中，每个标记代表某一个解析后的条目（项）。例如，任何标识符都是一个不同的标记，而空格和注释则被忽略，该过程通常被称作词法分析。

❑ 第 2 步是使用上下文无关的解析器，并于其中将语法规则应用于标记流上。这一步骤将生成一个表示对应程序的树形结构，即语法树。其中，标记被存储为树形结构的叶节点（即终结点）。另外，该树形结构还可包含与上下文相关的错误，如未声明的标识符的使用。这一步骤通常被称作语法分析。

❑　第 3 步是处理语法树，并将变量应用与变量声明进行关联，其间可能还需要检查其类型。这一步骤将生成一个名为符号表的新结构，进而描述语法树中的全部标识符，并利用指向符号表的引用修饰语法树。这一步骤通常被称作语义分析，因为通常会涉及类型检查。

当获得一棵装饰后的语法树及其关联的符号表后，解析操作即结束。

接下来，开发人员需要利用该数据结构执行下列操作。

❑　获取语法错误，以防止代码无效。

❑　获取与代码改进方式相关的建议。

❑　获取与代码相关的一些度量指标。

❑　解释代码（如果对应语言是编程语言）。

❑　将代码转换为另一种语言。

此处，我们将执行下列操作。

❑　词法分析步骤和语法分析步骤将被整合为单一步骤，并处理源代码以及生成语法树（位于 calc_parser 项目）。

❑　语义分析步骤将使用解析器生成的语法树，并创建符号表和一棵修饰后的语法树（位于 calc_analyser 项目）。

❑　符号表和修饰后的语法树将用于执行 Calc 语言编写的程序（位于 calc_interpreter 项目）。

❑　符号表和修饰后的语法树用于将程序转换为 Rust 语言（位于 calc_complier 项目）。

本节我们考查了编程语言分类。即使每种编程语言均隶属于上下文相关这一分类，其他分类仍具有各自的用武之地，因为解释器和编译器仍会将正规语法和 CFG 作为其操作的部分内容。

在查看完整的项目之前，下面首先考查构造解析器的相关技术，特别是 Nom 库所采用的技术。

8.5　使用 Nom 构建解析器

在开始编写 Calc 语言解析器之前，本节首先介绍构造解释器和编译器所用的最为流行的技术，其间将涉及 Nom 库的使用。

8.5.1　编译器–编译器和解析器组合器

为了获得快速、灵活的解析器，我们需要从头开始对其进行构建。对此，一种相对简单的方案是使用编译器–编译器或编译器生成器这一类工具，即生成编译器的程序。这些程序获得输入内容作为修饰后的语法规范，并针对这种语法生成解析器的源代码。接下来，生成后的源代码需要与其他源文件进行编译，以获得可执行的编译器。

这一类较为传统的方案现在看来有些过时，随后出现了一种解析器组合器技术。解析器组合器是一组函数，可整合多个解析器以获取另一个解析器。

如前所述，Calc 程序是一个 Calc 语句序列，如果我们有一个单一 Calc 语句的解析器，并且能够依次应用这样的解析器，那么就可以解析任何 Calc 程序。

需要了解的是，Calc 语句是一个 Calc 声明、一个 Calc 赋值语句、一项 Calc 输入操作，或者是一项 Calc 输出操作。如果针对每条语句拥有一个解析器，并能够交替使用这些解析器，我们即可解析任何 Calc 语句。这一过程可持续进行，直至到达某单个字符（或标记，如果使用词法分析器的输出结果）。因此，程序的解析器可通过组合其各项的解析器而获得。

这里的问题是，如何理解采用 Rust 语言编写的解析器？该解析器被定义为一个函数，并作为输入内容获取源代码字符串，并返回一个结果。相应地，对应结果可能是 Err（如果字符串无法被解析）或 Ok（包含一个表示解析项的数据结构）。

常规函数作为输入内容接收数据，并作为输出结果返回数据，解析器组合器接收一个或多个解析器（作为输入接收函数，并作为输出结果返回一个解析器）。这里，作为输入接收函数并作为输出返回函数的函数称作二阶函数，因为此类函数处理的是函数而非数据。在计算机科学中，二阶函数这一概念源自函数式语言，解析器组合器即来自此类语言。

在 Rust 2018 版之前，二阶函数是不可用的，因为 Rust 函数在没有分配闭包的情况下无法返回函数。因此，Nom 库（版本 4）采用了宏作为组合器维护性能，而非函数。当 Rust 引入了 impl Trait 特性（涵盖于 2018 版）后，基于函数（而非闭包）的解析器组合器的高效实现方得以完成。因此，Nom 版本 5 完全基于函数，而宏仅用于后向兼容。

稍后将考查 Nom 库的基本特性，并以此构造解释器和编译器。

8.5.2　Nom 库的基本知识

Nom 库实际上是一个函数集合，且大多数为解析器组合器，即作为参数接收一个或多个解析器，并作为一个返回值返回一个解析器。我们可将其视为一台机器，并作为输入接收一个或多个解析器，随后作为输出结果发出组合后的解析器。

某些 Nom 函数即为解析器，也就是说，作为参数接收 char 值序列，并返回一条错误信息（解析失败）或一个表示解析文本的数据结构（解析成功）。

接下来通过简单的程序考查 Nom 库的基本特性。

❑ char 解析器：解析单一固定的字符。

❑ alt 解析器组合器：接收可替代的解析器。

❑ tuple 解析器组合器：接收固定的解析器序列。

❑ tag 解析器：解析一个字符的固定字符串。

❑ map 解析器组合器：转换解析器的输出值。

❑ Result::map 函数：将更加复杂的转换应用于解析器的输出结果上。

❑ preceded、terminated 和 delimited 解析器组合器：接收固定的解析器序列，并从输出结果中丢弃某些解析器。

❑ take 解析器：接收已定义的字符数量。

❑ many1 解析器组合器：接收一次或多次重复的解析器序列。

1. 解析替代字符

作为解析器示例，下面考查如何解析固定字符的替代字符。这里，我们需要解析较为简单的语言，该语言仅包含 3 个单词，即 a、b 和 c。仅当输入为字符串 a、字符串 b 或字符串 c 时，该解析器方可成功。

如果解析成功，那么对应结果包括剩余的输入内容（即处理了有效部分后的内容）和处理后的文本的表示。由于当前单词由单一字母构成，因此需要一个 char 类型的值（作为表达结果），且包含了一个解析后的字符。

下列代码片段表示为采用 Nom 库的第一段代码。

```rust
extern crate nom;
use nom::{branch::alt, character::complete::char, IResult};

fn parse_abc(input: &str) -> IResult<&str, char> {
    alt((char('a'), char('b'), char('c')))(input)
}

fn main() {
    println!("a: {:?}", parse_abc("a"));
    println!("x: {:?}", parse_abc("x"));
    println!("bjk: {:?}", parse_abc("bjk"));
}
```

如果编译（包括 Nom 库的依赖项）并运行该程序，则将显示下列输出结果。

```
a: Ok(("", 'a'))
x: Err(Error(("x", Char)))
bjk: Ok(("jk", 'b'))
```

这里，我们将解析器命名为 parse_abc。parse_abc 作为输入获取一个字符串切片，并返回一个 IResult<&str, char>类型的值。这种返回值类型表示为一类 Result。其中，Result 类型的 Ok 情形表示为一个二值元组，即包含剩余输入的字符串切片和一个字符串，即通过解析文本得到的信息。Result 类型的 Err 情形则通过 Nom 库以内部方式定义。

在输出结果中可以看到，parse_abc("a")表达式返回 Ok(("", 'a'))。这意味着，当字符串 a 被解析后，解析成功，且不存在可供处理的输入内容，析取后的字符为'a'。

parse_abc("x")表达式返回 Err(Error(("x", Char)))。这意味着，当字符串 x 被解析后，解析失败，且字符串 x 被保留后以供后续处理。此类错误表示为 Char，意味着期望得到 Char 项。注意，Char 表示为 Nom 定义的类型。

最后，parse_abc("bjk")表达式返回 Ok(("jk", 'b'))。这意味着，当字符串 bjk 被解析后，解析成功，且 jk 输入内容被保留以供后续处理，析取后的字符为'b'。

下面考查解析器的实现方式。为 Nom 构建的所有解析器的签名都必须具有类似的签名，而且其主体必须是一个以函数参数为参数的函数调用，在当前示例中为(input)。

这里，值的关注的部分是 alt((char('a'),char('b'),char('c')))。该表达式意味着，我们需要通过组合 3 个解析器构造一个解析器，对应的 3 个解析器分别为 char('a')、char('b')和 char('c')。这里，char 函数（不应与包含相同名称的 Rust 类型混淆）是一个内建的 Nom 解析器，以识别指定的字符，并返回包含该字符的 char 类型的值。alt 函数（alternative 的简写）则表示为一个解析器组合器，且仅包含了一个参数，即由多个解析器构成的元组。alt 解析器选择与输入匹配的某个指定的解析器。

对于任何给定的输入，开发人员应确保最多一个解析器接收输入内容；否则，语法将会出现歧义。例如，alt((char('a'), char('b'), char('a')))即是一个包含歧义的解析器。其中，char('a')子解析器是重复的，但这并不会被 Rust 编译器发现。

接下来将讨论如何解析一个字符序列。

2.　解析字符序列

下面考查另一个解析器，如下所示。

```
extern crate nom;
use nom::{character::complete::char, sequence::tuple, IResult};
```

```
fn parse_abc_sequence(input: &str)
    -> IResult<&str, (char, char, char)> {
    tuple((char('a'), char('b'), char('c')))(input)
}

fn main() {
    println!("abc: {:?}", parse_abc_sequence("abc"));
    println!("bca: {:?}", parse_abc_sequence("bca"));
    println!("abcjk: {:?}", parse_abc_sequence("abcjk"));
}
```

运行解析器后将显示下列输出结果。

```
abc: Ok(("", ('a', 'b', 'c')))
bca: Err(Error(("bca", Char)))
abcjk: Ok(("jk", ('a', 'b', 'c')))
```

这一次，字母 a、b 和 c 必须按此顺序排列，并且 parse_abc_sequence 函数将返回一个包含这些字符的元组。对于输入 abc，此处不存在剩余的输入内容，并返回('a', 'b', 'c')元组。相应地，输入 bca 则不被接收——输入始于字符 b，而非 a。另外，与第一种情况一样，输入 abcjk 被接收，但此次存在剩余的输入内容。

类似地，解析器的组合器表示为 tuple((char('a'), char('b'), char('c')))，这与前面的程序类似，但通过 tuple 解析器组合器得到一个解析器，同时要求按照顺序满足所有指定的解析器。

稍后将考查如何解析一个固定的文本字符串。

3．解析固定的字符串

在之前讨论的 parse_abc_sequence 函数中，当识别 abc 序列时，char 解析器需要被指定 3 次，对应结果为一个 char 值元组。

对于较长的字符串（如语言的关键字），该操作较为不方便，它们容易被认为是字符串，而非字符序列。Nom 库同样包含了一个固定字符串的解析器，即 tag。通过这一内建解析器，上述程序可重写为如下形式。

```
extern crate nom;
use nom::{bytes::complete::tag, IResult};

fn parse_abc_string(input: &str) -> IResult<&str, &str> {
    tag("abc")(input)
}
```

```
fn main() {
    println!("abc: {:?}", parse_abc_string("abc"));
    println!("bca: {:?}", parse_abc_string("bca"));
    println!("abcjk: {:?}", parse_abc_string("abcjk"));
}
```

这将生成下列输出结果。

```
abc: Ok(("", "abc"))
bca: Err(Error(("bca", Tag)))
abcjk: Ok(("jk", "abc"))
```

这里存在一个针对 tag("abc") 的简单调用，而非 tuple((char('a'), char('b'), char('c'))) 表达式。解析器返回一个字符串切片，而不再是 char 值元组。

稍后我们将考查如何将源自解析器的值转换为另一个值，其间可能还会涉及类型转换。

4. 将解析项映射为其他对象

到目前为止，我们所得到的结果与输入中的内容保持一致，但通常情况下，我们需要在返回结果前转换解析后的输入内容。

假设我们想要交替地解析 3 个字母（a、b 或 c），但是在解析的结果中，我们想要数字 5 代表字母 a，数字 16 代表字母 b，数字 8 代表字母 c。

因此，此处需要一个解析器解析一个字母，并返回一个数字（如果解析成功），而非返回该字母。此外，我们还需要将字符 a 映射至数字 5，将字符 b 映射至数字 16，并将字符 c 映射至数字 8。最初的结果类型为 char，而映射后的结果类型为 u8。下列代码片段展示了这一转换过程。

```
extern crate nom;
use nom::{branch::alt, character::complete::char, combinator::map,
IResult};

fn parse_abc_as_numbers(input: &str)
    -> IResult<&str, u8> {
    alt((
        map(char('a'), |_| 5),
        map(char('b'), |_| 16),
        map(char('c'), |_| 8),
    ))(input)
}

fn main() {
    println!("a: {:?}", parse_abc_as_numbers("a"));
```

```
println!("x: {:?}", parse_abc_as_numbers("x"));
println!("bjk: {:?}", parse_abc_as_numbers("bjk"));
}
```

这将生成下列输出结果。

```
a: Ok(("", 5))
x: Err(Error(("x", Char)))
bjk: Ok(("jk", 16))
```

对于输入 a，解析结果为 5；对于输入 x，将得到一条解析错误信息；对于输入 bjk，解析结果为 16；字符串 jk 仍然作为待解析的输入内容。

针对 3 个字符中的每一个字符，实现过程中涉及 map(char('a'), |_| 5)这一类内容。其中，map 函数表示为另一个解析器组合器，并使用一个解析器和一个闭包。如果解析器匹配，那么该函数将生成一个值，并在该值上调用闭包，同时返回转换后的值。在当前示例中，闭包参数并非必需。

同一解析器的另一种等价实现如下所示。

```
fn parse_abc_as_numbers(input: &str) -> IResult<&str, u8> {
    fn transform_letter(ch: char) -> u8 {
        match ch {
            'a' => 5,
            'b' => 16,
            'c' => 8,
            _ => 0,
        }
    }
    alt((
        map(char('a'), transform_letter),
        map(char('b'), transform_letter),
        map(char('c'), transform_letter),
    ))(input)
}
```

上述代码定义了应用转换的 transform_letter 内部函数，并将该函数作为 map 组合器的第 2 个参数进行传递。

稍后将考查如何通过更为复杂的方式操控解析器的输出结果，因为我们将省略或交换结果元组的某些字段。

5. 创建自定义解析结果

截至目前，解析结果由解析器及其所用的组合器确定——如果解析器使用包含 3 项内容的 tuple 组合器，那么对应结果也是一个包含 3 项内容的元组。通常情况下，这并非所需结果。例如，我们希望忽略结果元组中的某些项、添加某个固定项，或交换某些项。

假设需要解析字符串 abc，但在结果中需要忽略 b 且仅保留 ac。对此，可通过下列方式对解析结果进行后置处理。

```
extern crate nom;
use nom::{character::complete::char, sequence::tuple, IResult};

fn parse_abc_to_ac(input: &str) -> IResult<&str, (char, char)> {
    tuple((char('a'), char('b'), char('c')))(input)
        .map(|(rest, result)| (rest, (result.0, result.2)))
}

fn main() {
    println!("abc: {:?}", parse_abc_to_ac("abc"));
}
```

这将生成下列输出结果。

```
abc: Ok(("", ('a', 'c')))
```

当前，解析结果包含了(char, char)。函数体第 2 行代码展示了后置处理过程，其间使用了之前示例中未曾出现的 map 函数，且属于 Result 类型。该函数接收一个闭包，并返回一个新的具有适当类型的 Ok 变量。如果对应类型是显式的，那么相关代码如下所示。

```
.map(|(rest, result): (&str, (char, char, char))|
    -> (&str, (char, char)) {
    (rest, (result.0, result.2))
}
```

其中，tuple 调用返回一个结果，其 Ok 变量包含(&str, (char, char, char))类型。相应地，第 1 个元素表示为剩余的输入内容，并被分配予 rest 变量；第 2 个元素表示为解析后的 char 值序列，并被分配予 result 变量。

接下来，我们需要构造包含两项内容的数据对，分别面向剩余输入和作为结果的字符对。针对剩余输入内容，我们指定 tuple 提供的相同数据对；而对于结果，则指定(result.0,result.2)，即第 1 个和第 3 个解析后的字符'a'和'c'。

下列内容列出了一些较为典型的情形。

❑ 两个解析器，需要保留第 1 个解析器的结果，并丢弃第 2 个解析器的结果。

❑ 两个解析器，需要丢弃第 1 个解析器的结果，并保留第 2 个解析器的结果。

❑ 3 个解析器，需要保留第 2 个解析器的结果，并丢弃第 1 个和第 3 个解析器的结果。这也是带括号或引号的文本的典型情况。

映射技术同样适用于上述各种情形，但 Nom 包含了一些特殊的组合器，如下所示。

❑ preceded(a, b)：仅保留 b 的结果。

❑ terminated(a, b)：仅保留 a 的结果。

❑ delimited(a, b, c)：仅保留 b 的结果。

稍后将考查如何解析特定数量的字符，并返回解析后的字符。

6. 解析可变文本

截至目前，解析功能尚具有一定的局限性，因为我们仅检查了输入内容是否遵循某种语言，而无法接收任意的文本或数字。

假设我们希望解析以 n 字符开始，随后是两个任意字符的文本，并且仅处理后两个字符。这可通过 take 内建解析器完成，如下所示。

```
extern crate nom;
use nom::{bytes::complete::take, character::complete::char,
sequence::tuple, IResult};

fn parse_variable_text(input: &str)
    -> IResult<&str, (char, &str)> {
    tuple((char('n'), take(2usize)))(input)
}

fn main() {
    println!("nghj: {:?}", parse_variable_text("nghj"));
    println!("xghj: {:?}", parse_variable_text("xghj"));
    println!("ng: {:?}", parse_variable_text("ng"));
}
```

这将生成下列输出结果。

```
nghj: Ok(("j", ('n', "gh")))
xghj: Err(Error(("xghj", Char)))
ng: Err(Error(("g", Eof)))
```

第 1 次调用是成功的。其间，n 字符被 char('n')跳过，另外两个字符被 take(2usize)读取。此时，解析器读取其参数指定的字符数量（无符号数字），并作为字符串切片返回字节序列。当读取单个字符时，仅调用 take(1usize)即可，随后返回一个字符串切片。

由于缺少首字符 n，因此第 2 次调用并不成功；随后，由于首字符 n 之后只有不到两个字符，因此第 3 次调用也失败，并出现了 Eof（文件结束符的缩写）错误。

接下来将考查如何通过重复地使用给定的解析器解析一个或多个模式序列。

7. 重复使用解析器

解析重复的表达式是一类较为常见的需求，每一个表达式通过一个解析器识别，因而需要多次使用解析器，直至解析失败。这一重复过程是通过一组组合器完成的，即 many0 和 many1。

即使没有解析表达式的出现，many0 也会成功——也就是说，该组合器是一个 0 或多个组合器；而对于 many1，只有在解析了至少一个表达式时才会成功——换而言之，该组合器是一个 1 或多个组合器。下面讨论如何识别 1 个或多个 abc 字符串，如下所示。

```rust
extern crate nom;
use nom::{bytes::complete::take, multi::many1, IResult};

fn repeated_text(input: &str) -> IResult<&str, Vec<&str>> {
    many1(take(3usize))(input)
}

fn main() {
    println!(": {:?}", repeated_text(""));
    println!("ab: {:?}", repeated_text("abc"));
    println!("abcabcabc: {:?}", repeated_text("abcabcabc"));
}
```

这将生成下列输出结果。

```
: Err(Error(("", Eof)))
abc: Ok(("", ["abc"]))
abcabcabcx: Ok(("x", ["abc", "abc", "abc"]))
```

由于空字符串并不包含 abc，因此第 1 次调用失败。如果已经使用了 many0 组合器，那么该调用将成功。

无论如何，其他两个调用都会成功，并返回一个包含发现次数的 Vec。

本节介绍了两种最为常见的解析技术，即编译器-编译器和解析器组合器，且对于构造解释器和编译器十分有用。接下来我们将介绍 Nom 解析器组合器库，并在后续章节中对其予以使用。

至此，Nom 方面的内容暂告一段落，下面将考查本章的第 1 个项目。

8.6　calc_parser 项目

calc_parser 项目是 Calc 语言的解析器，该程序检查一个字符串，并利用上下文无关解析器判断是否符合 Calc 语言的语法。其间，将根据语言的语法析取此类字符串的逻辑结构。这一类结构通常被称作语法树，代表了解析文本的语法并具有树形结构。

语法树是一种内部数据结构，对于用户来说呈不可见状态且无法被导出。出于调试目的，程序可将该数据结构输出至控制台中。

项目所构建的程序期望接收 Calc 语言文件作为命令行参数。在项目的 data 文件夹中，存在两个示例程序，即 sum.calc 和 bad_sum.calc。

其中，第 1 个程序 sum.calc 如下所示。

```
@a
@b
>a
>b
<a+b
```

其中声明了两个变量 a 和 b，随后请求用户输入两个值并输出求和结果。

另一个程序 bad_sum.calc 与 sum.calc 程序基本相同，除了第 2 行内容之外（即@d，表示一个输入错误），因为稍后将使用未声明的变量 b。

当在第一个 Calc 示例程序上运行项目时，必须访问 calc_parser 文件夹，并输入以下内容。

```
cargo run data/sum.calc
```

上述命令将在控制台中输出下列文本内容。

```
Parsed program: [
    Declaration(
        "a",
    ),
    Declaration(
        "b",
    ),
    InputOperation(
        "a",
    ),
    InputOperation(
        "b",
    ),
    OutputOperation(
        (
            (
                Identifier(
```

```
                "a",
            ),
            [],
        ),
        [
            (
                Add,
                (
                    Identifier(
                        "b",
                    ),
                    [],
                ),
            ),
        ],
    ),
),
]
```

上述代码分别声明了标识符"a"和"b"，随后是变量 a 和 b 上的输入操作，接下来是包含多个括号的输出操作。

OutputOperation 的第 1 个左括号表示表达式项的开始，根据之前所描述的语法，这些表达式项必须呈现于输出操作语句中。此类表达式包含两个条目，即某一项和"运算符-项"对列表。

其中，第 1 项包含两个条目，即一个因子和一个"运算符-因子"对列表，该因子表示为"a"标识符，且"运算符-因子"对列表为空。随后，可将此传递至"运算符-项"对列表中。此处仅包含了一个条目，其中运算符为 Add，对应项是一个因子，随后是一个"运算符-因子"对列表，该因子为"b"标识符，且列表为空。

当运行 cargo run data/bad_sum.calc 命令时，由于程序仅执行语法分析，且不会检查语义上下文，因此不会检测到任何错误。同样，输出也是如此，除了第 6 行代码为"d"（而非"b"）之外。

下面查看 Rust 程序的源代码。此处，唯一的外部库是 Nom，用于词法和语法分析步骤（因而也用于本章中的全部项目，因为这些项目都需要进行解析）。

相应地，存在两个源文件，即 main.rs 和 parser.rs 文件，下面首先考查 main.rs 文件。

8.6.1　理解 main.rs 源文件

main.rs 源文件仅包含 main 函数和 process_file 函数。其中，main 函数检查命令行是否包含一个参数，并将其连同可执行 Rust 程序的路径传递至 process_file 函数中。

　　process_file 函数检查命令行参数是否以.calc 结尾，即唯一期望的文件类型，随后将文件内容读取至 source_code 字符串中，并通过调用 parser.rs 源文件中的 parser::parse_program(&source_code)解析该字符串。

　　当然，此类文件是整个程序的解析器，因而将返回一个 Result 值。此类返回值的 Ok 变量是由剩余代码和语法树构成的。随后，语法树通过下列语句输出。

```
println!("Parsed program: {:#?}", parsed_program);
```

　　sum.calc 文件（仅包含 5 行、17 个字符）处理完毕后，上述 println!语句将显示较长的输出结果，包含 35 行和 604 个字节。当然，对于较长的程序，对应的输出结果也会更加丰富。

　　接下来考查 parser.rs 源文件。

8.6.2　parser.rs 源文件

　　parser.rs 源文件针对语法中的每个语义元素定义了一个解析器函数，如表 8.1 所示。

表 8.1

函　　数	描　　述
parse_program	解析整个 Calc 程序
parse_declaration	解析 Calc 声明语句，如@total
parse_input_statement	解析 Calc 输入语句，如>addend
parse_output_statement	解析 Calc 输出语句，如<total
parse_assignment	解析 Calc 赋值语句，如 total := addend *2
parse_expr	解析 Calc 表达式，如 addend * 2 + val / (incr + 1)
parse_term	解析 Calc 项，如 val / (incr + 1)
parse_factor	解析 Calc 因子，如 incr、4.56e12 或(incr + 1)
parse_subexpr	解析 Calc 括号表达式，如(incr + 1)
parse_identifier	解析 Calc 表达式，如 addend
skip_spaces	解析 0 或多个空格序列

　　关于前面声明的语法，这里需要做出一些解释。parse_subexpr 解析器的任务是解析 (<expr>)序列，也就是说，通过 parse_expr 丢弃括号并解析<expr>初始表达式。

　　skip_spaces 函数也是一个解析器，其任务是解析 0 或多个空格（空格、制表符、换行符）并忽略空格。

在成功的情况下，前面的所有其他函数都会返回一个表示解析后的代码的数据结构。由于内建 double 解析器用于解析浮点数，因此数字字面值尚不存在对应的解析器。

1．解析器所需的类型

在 parser.rs 文件中，除了解析器之外，还定义了多种类型以表示解析后的程序的结构，其中最为重要的类型被定义如下所示。

```
type ParsedProgram<'a> = Vec<ParsedStatement<'a>>;
```

上述代码片段表明，解析后的程序是一个向量。

这里应注意生命周期规范。为了保持最佳性能，内存分配则处于最小化状态。具体来说，此处分配了向量的内存空间，但未分配解析后的字符串的内存空间，它们是引用了输入字符串的字符串切片。因此，语法树依赖于输入字符串，其生命周期应短于输入字符串。

上述声明使用了 ParsedStatement 类型，并通过下列方式实现。

```
enum ParsedStatement<'a> {
    Declaration(&'a str),
    InputOperation(&'a str),
    OutputOperation(ParsedExpr<'a>),
    Assignment(&'a str, ParsedExpr<'a>),
}
```

上述代码片段表明，解析后的语句可以是下列内容。

❑　一个封装了声明变量名的声明。

❑　一个封装了接收输入值的变量名的输入语句。

❑　一项封装了解析表达式（其值将被输出）的输出操作。

❑　一项赋值操作，封装了将要接收计算值和解析表达式的变量名，该表达式的值将被赋予变量。

声明使用了 ParsedExpr 类型，如下所示。

```
type ParsedExpr<'a> = (ParsedTerm<'a>, Vec<(ExprOperator,
ParsedTerm<'a>)>);
```

据此，解析后的表达式是一个数据对，由解析项和 0 个或多个数据对构成，而每个数据对则由一个表达式运算符和解析项构成。

相应地，表达式运算符被定义为 enum ExprOperator { Add, Subtract }，而解析项则被定义如下。

```
type ParsedTerm<'a> = (ParsedFactor<'a>, Vec<(TermOperator,
ParsedFactor<'a>)>);
```

可以看到，解析项是一个数据对，由解析因子和 0 或多个数据对构成，每个数据对则由项运算符和解析因子构成。其中，项运算符被定义为 enum TermOperator { Multiply, Divide }，而解析因子则被定义如下。

```
enum ParsedFactor<'a> {
    Literal(f64),
    Identifier(&'a str),
    SubExpression(Box<ParsedExpr<'a>>),
}
```

上述声明表明，解析因子可以是封装了一个数字的字面值、封装了变量名的标识符，或者是封装了解析表达式的子表达式。

此处应注意 Box 的用法。由于任何解析表达式均包含一个解析项，这个解析项包含一个能够包含解析表达式的 enum 的解析因子，因而 Box 不可或缺。所以，此处呈现为一个无穷的包含递归。如果我们使用 Box，则可从主结构中分配内存。

上述内容介绍了解析器代码所用的类型定义。下面将以自上而下的方式考查对应的代码。

2. 考查解析器代码

下面考查用于解析整个程序的代码。下列代码片段展示了解析器的入口点。

```
pub fn parse_program(input: &str) -> IResult<&str, ParsedProgram> {
    many0(preceded(
        skip_spaces,
        alt((
            parse_declaration,
            parse_input_statement,
            parse_output_statement,
            parse_assignment,
        )),
    ))(input)
}
```

注意，结果类型为 ParsedProgram，即解析后的语句的向量。

函数体采用了 many0 解析器组合器接收 0 或多条语句（空程序视为有效）。实际上，当解析一条语句时，我们使用了 preceded 组合器，并将两个解析器组合起来，同时丢弃第 1 个解析器的输出结果。其中，第 1 个参数为 skip_spaces 解析器，从而简单地忽略语句之间的空格。第 2 个参数为 alt 组合器，并交替接收 4 种可能语句中的一种。

　　many0 组合器生成一个对象的向量，这种对象由组合器的参数生成。这些参数生成解析后的语句，因而可得到所需的解析后的语句的向量。

　　综上所述，函数接收 0 或多条语句，并通过空格分隔。所接收的语句可以是声明、输入语句、输出语句或赋值语句。当成功时，函数的返回值为一个向量，其元素表示为解析后的语句的表达结果。

Calc 声明的解析器如下。

```
fn parse_declaration(input: &str) -> IResult<&str, ParsedStatement> {
    tuple((char('@'), skip_spaces, parse_identifier))(input)
        .map(|(input, output)| (input,
ParsedStatement::Declaration(output.2)))
}
```

　　根据上述代码片段可知，声明应是一个@字符、可选的空格和标识符序列。因此，tuple 组合器用于链接此类解析器。然而，我们并不关注初始字符和空格，且仅需要封装于 ParsedStatement 中的标识符文本。

　　因此，在 tuple 使用完毕后，结果将被映射至一个 Declaration 对象上，其参数是 tuple 生成的第 3 个条目。

　　下列代码片段显示了 Calc 输入语句的解析器。

```
fn parse_input_statement(input: &str) -> IResult<&str, ParsedStatement> {
    tuple((char('>'), skip_spaces, parse_identifier))(input)
        .map(|(input, output)| (input,
ParsedStatement::InputOperation(output.2)))
}
```

　　下列代码片段描述了 Calc 输出语句的解析器。

```
fn parse_output_statement(input: &str) -> IResult<&str, ParsedStatement> {
    tuple((char('<'), skip_spaces, parse_expr))(input)
        .map(|(input, output)| (input,
ParsedStatement::OutputOperation(output.2)))
}
```

　　上述代码中的解析器与前述两个解析器类似，负责查找<字符、解析表达式（而非标识符），并返回一个 OutputOperation。这里，OutputOperation 封装了 parse_expr 返回的解析表达式。

　　最后一类 Calc 语句是赋值语句，其解析器如下列代码片段所示。

```
fn parse_assignment(input: &str) -> IResult<&str, ParsedStatement> {
    tuple((
        parse_identifier,
        skip_spaces,
        tag(":="),
        skip_spaces,
        parse_expr,
    ))(input)
    .map(|(input, output)| (input, ParsedStatement::Assignment(output.0,
output.4)))
}
```

上述代码与前述语句的解析器稍有不同，并链接了 5 个解析器，分别针对一个标识符、某些可能存在的空格、:=字符串、某些可能存在的空格，以及一个表达式。对应结果是 Assignment 变量，并封装了元组中的第 1 个和最后一个解析条目，即标识符字符串和解析表达式。

前述内容曾出现过表达式解析器的应用，其定义如下。

```
fn parse_expr(input: &str) -> IResult<&str, ParsedExpr> {
    tuple((
        parse_term,
        many0(tuple((
            preceded(
                skip_spaces,
                alt((
                    map(char('+'), |_| ExprOperator::Add),
                    map(char('-'), |_| ExprOperator::Subtract),
                )),
            ),
            parse_term,
        ))),
    ))(input)
}
```

根据上述代码可知，当解析表达式时，需要首先解析某一项（parse_term），随后是 0 或多个（many0）数据对（tuple），该数据对由运算符和对应项（parse_term）构成。运算符前面可以是空格（skip_spaces），但必须丢弃；运算符可以是交替（alt）的加号（char('+')）或减号（char('-')）。但是，我们需要将此类符号替换（map）为 ExprOperator 值。生成的对象已经包含了期望的类型，所以不需要其他的 map 转换。

某一项的解析器类似于表达式的解析器，如下所示。

```
fn parse_term(input: &str) -> IResult<&str, ParsedTerm> {
    tuple((
        parse_factor,
        many0(tuple((
            preceded(
                skip_spaces,
                alt((
                    map(char('*'), |_| TermOperator::Multiply),
                    map(char('/'), |_| TermOperator::Divide),
                )),
            ),
            parse_factor,
        ))),
    ))(input)
}
```

parse_expr 和 parse_term 之间的差别如下。

❑　其中 parse_expr 调用 parse_term，而 parse_term 调用 parse_factor。

❑　其中 parse_expr 将'+'字符映射至 ExprOperator::Add 值中，以及将'-'字符映射至 ExprOperator::Subtract 值中；而 parse_term 将'*'字符映射至 TermOperator::Multiply 值，以及将'/'字符映射至 TermOperator::Divide 值中。

❑　其中 parse_expr 包含一个返回值类型中的 ParsedExpr 类型，而 parse_term 包含一个 ParsedTerm 类型。

因子解析器再次遵循相应的语法规则及其返回类型 ParsedFactor 的定义，如下列代码片段所示。

```
fn parse_factor(input: &str) -> IResult<&str, ParsedFactor> {
    preceded(
        skip_spaces,
        alt((
            map(parse_identifier, ParsedFactor::Identifier),
            map(double, ParsedFactor::Literal),
            map(parse_subexpr, |expr|
                ParsedFactor::SubExpression(Box::new(expr))
            ),
        )),
    )(input)
}
```

解析器丢弃了可能存在的初始空格字符，随后交替解析标识符、数字或子表达式。另外，数字的解析器被定义为 double，即一个 Nom 内建的函数，并根据 Rust f64 字面值的语法解析数字。

考虑到这些解析器的所有返回类型都是错误的，因而使用 map 组合器生成其返回值。对于标识符，只需使用 parse_identifier 函数返回的值作为参数，并引用自动构建的 Identifier 变量即可。对此，更为简洁的等价代码则是 map(parse_identifier, |id| ParsedFactor:: Identifier(id))。

类似地，字面值将从 f64 类型转换为 ParsedFactor::Literal(f64)类型，子表达式将被装箱（boxed）并封装在 SubExpression 变体中。

子表达式的解析器需要匹配和丢弃空格和括号，如下列代码片段所示。

```
fn parse_subexpr(input: &str) -> IResult<&str, ParsedExpr> {
    delimited(
        preceded(skip_spaces, char('(')),
        parse_expr,
        preceded(skip_spaces, char(')')),
    )(input)
```

内部 parse_expr 解析器将其输出内容传递至对应结果中。当解析一个标识符时，可使用内建解析器，如下所示。

```
fn parse_identifier(input: &str) -> IResult<&str, &str> {
    alpha1(input)
}
```

alpha1 解析器返回包含 1 个或多个字母的字符串。数字和其他字符则不予支持。通常情况下，alpha1 并不应该被命名为解析器，它更像是一个词法分析器、词法分析程序、扫描器或分词器，但 Nom 对此并不予以区分。

最后，处理空格的小型解析器（或词法分析程序）如下所示。

```
fn skip_spaces(input: &str) -> IResult<&str, &str> {
    let chars = " \t\r\n";
    take_while(move |ch| chars.contains(ch))(input)
}
```

此处使用了一个之前未曾见过的组合器 take_while，并作为参数接收一个返回布尔值的闭包（即预测），该闭包在任意输入字符上被调用。如果返回 true，则解析器将继续工作；否则解析器将停止工作。因此，当预测值为 true 时，这将返回最大的输入字符序列。

在当前示例中，预测过程将检查字符是否位于一个由 4 个字符组合的切片中。

至此，我们介绍了 Calc 项目中的全部解析器。当然，真实的解析器则较为复杂，但所蕴含的相关概念则保持不变。

本节考查了 Nom 库的使用方式，进而通过 CFG 解析采用 Calc 语言编写的程序，这也是应用上下文语法（CSG）的初步工作，随后我们介绍了解释器或编译器。

注意，这里的程序解析器将任意字符序列均视为有效的标识符，且不会检查变量是否在使用前已经被定义完毕；或者变量是否未被定义多次。对于此类检查工作，还需要执行进一步的处理操作。稍后将对此加以讨论。

8.7　calc_analyzer 项目

前述项目遵循 CFG 进而构造一个解析器。这很好，但其中涉及一个重大问题：Calc 语言并非上下文无关的，并存在以下两个问题。

（1）在输入语句、输出语句和赋值语句中使用变量时，必须先声明该变量。

（2）任何变量的声明都不能超过一次。

这一类需求条件无法在上下文无关的语言中进行表达。

除此之外，Calc 仅包含一种数据类型，即浮点数，但也应思考是否还可包含字符串。对此，我们可执行两个数字的减法运算，但不可执行两个字符串的减法操作。如果一个名为 a 的变量被声明为 number 类型，而一个名为 b 的变量被声明为 string 类型，则无法将 a 赋予 b，反之亦然。

总的而言，变量上所支持的操作取决于声明该变量时所使用的类型。另外，这一限制条件无法在 CFG 中表述。

对此，通常的做法是以非正式方式定义语义规则，随后对语法树进行后处理，并检查这些规则的有效性，而非定义一个难以指定和解析的正式的上下文相关语法（CDG）。

这里，我们将调用执行此类语义检查的模块 analyzer（通过语义检查器验证变量上的某些限制条件，如必须在使用前定义变量的事实，以及无法多次定义变量的事实），而 calc_analyzer 是将该模块添加至解析器中的项目。

稍后将考查 analyzer 模块的架构。

8.7.1　检查解析后的程序的变量

分析器始于解析器结束之处。此时，语法树包含标识符字符串、字面值和运算符。因此，分析器不再需要源代码。针对于此，分析器将访问一个树形结构，其间每次遇到变量声明时，它应确保该变量之前未被声明；而每次遇到变量的应用场合时，它还应确保该变量已声明完毕。

为了在执行上述任务时不会深陷于语法树，此处需要使用另一种数据结构，即目前为止已声明的变量的集合，同时访问语法树。当遇到变量声明时，分析器针对同一变量的前述声明查找该集合。如果找到，则视为重复声明错误；否则向集合中添加一项内容。

另外，当遇到变量应用场合时，分析器针对同一变量的前述声明查找该集合。但这次如果未找到，则视为声明缺失（错误）。

对于我们讨论的简单语言来说，此类集合仅包含变量；但在更加复杂的语言中，该集合将包含任意类型的标识符，如常量、函数、命名空间等。相应地，标识符的另一个名称是符号，因而通常情况下，该集合也被称作符号表。

当执行 Calc 程序的变量检查时，符号表仅需要存储变量名，尽管分析器还需要执行其他一些任务，这在构建解释器时十分有用。当运行某个程序时，除了名称之外，解释器还需要存储标识符的值。由于已经持有一个存储每个变量名的集合，因此可针对每个变量值在变量的条目中预留空间。当构建 Calc 解释器时，这将十分有用。

在筹备阶段，解释器要比分析器执行更多任务。解释器需要扫描一类语法树以执行语句。当遇到变量时，还需要查找其对应值。解析器生成的语法树包含变量的标识（而非其值）。因此，每次发现一个变量后，解释器应针对该字符串搜索符号表。

对于快速的解释器而言，字符串查找的速度略逊于指针或数组索引。因此，在快速解释的筹备阶段，分析器访问语法树时将利用符号表中的位置索引替换每个标识符。考虑到字符串无法被 Rust 中的数字替换，因而一种可能的技术是预留语法树中的索引字段，并在符号表中查找到变量后填充该索引。

这里采用了另一种技术。当访问语法树时，分析器构造一棵结构上类似的分析树，并在符号表中设置索引而非标识符。该树形结构连同预留变量值空间的符号表将对程序的解释机制进行优化。

下面考查项目的具体实施。打开 calc_analyzer 文件将其输入 cargo run data/sum.calc。随后，控制台将显示下列输出结果。

```
Symbol table: SymbolTable {
    entries: [
        (
            "a",
            0.0,
        ),
        (
            "b",
            0.0,
        ),
    ],
```

```
}
Analyzed program: [
    Declaration(
        0,
    ),
    Declaration(
        1,
    ),
    InputOperation(
        0,
    ),
    InputOperation(
        1,
    ),
    OutputOperation(
        (
            (
                Identifier(
                    0,
                ),
                [],
            ),
            [
              (
                Add,
                (
                    Identifier(
                        1,
                    ),
                    [],
                ),
              ),
            ],
        ),
    ),
]
```

　　上述代码并未向用户提供输出结果，只是将源代码解析至一棵语法树中，并随后分析该语法树，同时构建一个符号表和分析后的程序。对应的输出结果是此类数据结构的格式化输出内容。

　　其中，第 1 个被转储的结构是符号表，并包含两项内容，即初始值为 0.0 的变量 a，以及初始值为 0.0 的变量 b。

　　分析后的程序与上一个项目输出的、解析后的程序十分相似，唯一的差别在于，所有的"a"均被 0 替换；所有的"b"均被 1 替换。这些数字表示符号表中对应变量的位置。

　　当前项目是对上一个项目的扩展。其中，parser.rs 源文件未发生任何变化，此外增加了 symbol_table.rs 和 analyzer.rs 两个文件。下面首先讨论 main.rs 文件。

8.7.2　main.rs 文件

main.rs 文件基本上与上一个项目相同，只是最后的输出部分替换为下列代码。

```
let analyzed_program;
let mut variables = symbol_table::SymbolTable::new();
match analyzer::analyze_program(&mut variables, &parsed_program) {
    Ok(analyzed_tree) => {
        analyzed_program = analyzed_tree;
    }
    Err(err) => {
        eprintln!("Invalid code in '{}': {}", source_path, err);
        return;
    }
}

println!("Symbol table: {:#?}", variables);
println!("Analyzed program: {:#?}", analyzed_program);
```

　　上述代码首先声明了分析器构造的两个数据结构。其中，analyzed_program 表示基于变量索引的语法树，variables 则表示为符号表。

　　全部分析过程通过 analyze_program 函数完成。如果成功，那么该函数将返回分析后的程序，并随后输出两个结构。

　　接下来讨论符号表（symbol_table.rs）的实现过程。

8.7.3　symbol_table.rs 文件

symbol_table.rs 文件定义了 SymbolTable 类型的实现，即源代码中查找到的标识符的集合。相应地，每一个符号表项描述了一个变量，并至少包含了对应的变量名称。此外在类型化语言中，还应包含变量的数据类型表达，尽管 Calc 对此并无要求（仅包含一种数据类型）。

　　如果语言支持代码块、函数、类或较大结构（编译单元、模块、命名空间或包）的域范围，那么应定义多个符号表，或指定域范围的一个符号表，尽管 Calc 对此并无要求（仅包含一个域）。

符号表主要用于检查标识符、将代码转换为另一种语言、解释代码。当解释器评估某个表达式时，需要获得表达式中所用的当前变量值。对此，符号表可用于存储任意变量的当前值，并将此值提供给解释器。因此，对于解释器，符号表应针对已定义变量的当前值预留一定的空间。

在下一个项目中，我们将创建一个解释器。因此，为了对此予以支持，我们在符号表的条目中添加一个字段，其中存储了变量的当前值。符号表的每个条目的类型是(String, f64)，其中，第 1 个字段表示为变量名，而第 2 个字段为变量的当前值。当解释某个程序时，将访问这一值字段。

这里的问题是，代码如何访问符号表的条目？当分析一个程序时，需要搜索一个字符串，对此，哈希表可提供良好的性能。然而，当解释代码时，可利用索引替换标识符。因此，向量索引可提供较好的性能。出于简单考虑，此处选择了向量。如果变量的数量不多，该方案已然足够。因此，对应的定义如下。

```
struct SymbolTable {
    entries: Vec<(String, f64)>,
}
```

针对 **SymbolTable** 类型，这里实现了 3 种方法，如下所示。

```
fn new() -> SymbolTable
fn insert_symbol(&mut self, identifier: &str) -> Result<usize, String>
fn find_symbol(&self, identifier: &str) -> Result<usize, String>
```

其中，new 方法简单地生成一个空符号表。

insert_symbol 方法尝试向符号表中插入指定的标识符。如果不包含对应名称的标识符，基于该名称的条目将被加入，且默认值为 0，新条目的索引为 Ok；否则，Error: Identifier '{}' declared several times.消息将被返回 Err 结果中。

find_symbol 尝试在符号表中查找指定的标识符。如果找到，结果 Ok 表示为查找项的索引；否则，Error: Identifier '{}' used before having been declared.错误消息将被返回 Err 结果中。

接下来查看分析器的源代码。

8.7.4　analyzer.rs 文件

如前所述，分析阶段将读取解析阶段创建的层次结构，并构建包含 AnalyzedProgram

类型的另一个层次结构。所以，该模块需要声明 AnalyzedProgram 类型，以及所需的全部类型，并与 ParsedProgram 类型相似（并行），如下所示。

```
type AnalyzedProgram = Vec<AnalyzedStatement>;
```

任何分析后的程序均可被视为分析后的语句序列，如下所示。

```
enum AnalyzedStatement {
    Declaration(usize),
    InputOperation(usize),
    OutputOperation(AnalyzedExpr),
    Assignment(usize, AnalyzedExpr),
}
```

分析后的语句可以是以下任何一项内容。

❑　通过索引引用变量的声明。

❑　通过索引引用变量的一项输入操作。

❑　包含分析后的表达式的输出操作。

❑　通过索引引用变量并包含分析后的表达式的赋值操作。

任何一个分析后的表达式均是一对分析项和 0 值序列，或者是多对分析运算符和分析项，如下列代码片段所示。

```
type AnalyzedExpr = (AnalyzedTerm, Vec<(ExprOperator, AnalyzedTerm)>);
```

任何分析项（term）都是一个分析因子和序列对，该序列包含 0 或多对项运算符和分析因子，如下面的代码片段所示。

```
type AnalyzedTerm = (AnalyzedFactor, Vec<(TermOperator, AnalyzedFactor)>);
```

任何分析因子可表示为包含 64 位浮点数的字面值；或者是通过索引引用变量的一个标识符；也或者是一个子表达式，包含指向堆分配的分析表达式的引用，如下面的代码片段所示。

```
pub enum AnalyzedFactor {
Literal(f64),
Identifier(usize),
SubExpression(Box<AnalyzedExpr>),
}
```

分析器的入口点如下面代码片段所示。

```
fn analyze_program(variables: &mut SymbolTable, parsed_program:
&ParsedProgram)
```

```
    -> Result<AnalyzedProgram, String> {
    let mut analyzed_program = AnalyzedProgram::new();
    for statement in parsed_program {
        analyzed_program.push(analyze_statement(variables, statement)?);
    }
    Ok(analyzed_program)
}
```

analyze_program 函数和本模块的所有函数一样，都会得到一个符号表的可变引用，因为它们都必须直接或间接地读写符号。除此之外，该函数还将得到一个指向解析后的程序的引用。如果函数操作成功，则更新符号表并返回一个分析后的程序；否则可能会保留部分更新符号表，并返回一条错误消息。

函数体简单地创建一个空的分析程序，并处理所有解析语句，即调用 analyze_statement。任何解析语句都将被分析，最终的分析语句将被添加至分析程序中。语句的任何分析故障都将生成一条错误消息（作为函数的错误内容）。

因此，我们需要了解如何分析语句，如下所示。

```
fn analyze_statement(
    variables: &mut SymbolTable,
    parsed_statement: &ParsedStatement,
) -> Result<AnalyzedStatement, String> {
    match parsed_statement {
        ParsedStatement::Assignment(identifier, expr) => {
            let handle = variables.find_symbol(identifier)?;
            let analyzed_expr = analyze_expr(variables, expr)?;
            Ok(AnalyzedStatement::Assignment(handle, analyzed_expr))
        }
        ParsedStatement::Declaration(identifier) => {
            let handle = variables.insert_symbol(identifier)?;
            Ok(AnalyzedStatement::Declaration(handle))
        }
        ParsedStatement::InputOperation(identifier) => {
            let handle = variables.find_symbol(identifier)?;
            Ok(AnalyzedStatement::InputOperation(handle))
        }
        ParsedStatement::OutputOperation(expr) => {
            let analyzed_expr = analyze_expr(variables, expr)?;
            Ok(AnalyzedStatement::OutputOperation(analyzed_expr))
        }
    }
}
```

analyze_statement 函数将接收到的解析语句与 4 种语句进行匹配，同时提取出相应变量的成员。声明中包含的标识符尚未定义，所以它不应出现于符号表中。因此，当处理这种语句时，标识符将通过 let handle = variables.insert_symbol(identifier)? Rust 语句插入符号表中。如果插入失败，那么函数将生成错误消息；如果插入成功，那么符号的位置将被存储于局部变量中。

相应地，包含于赋值操作和输入操作中的标识符应已定义完毕，因而应包含于符号表中。所以，当处理这种语句时，将通过 let handle = variables.find_symbol(identifier)? Rust 语句在符号表中查找标识符。

另外，包含于赋值操作和输出操作中的表达式则通过 let analyzed_expr = analyze_expr(variables, expr)? Rust 语句进行分析。如果分析失败，那么函数将生成错误消息；如果分析成功，那么最终分析后的表达式将被存储于局部变量中。

对于 4 种 Calc 语句，如果未发现任何错误，那么函数将返回一个成功的结果，并包含各自分析后的语句变量。

因此，我们需要了解如何分析表达式，如下所示。

```rust
fn analyze_expr(
    variables: &mut SymbolTable,
    parsed_expr: &ParsedExpr,
) -> Result<AnalyzedExpr, String> {
    let first_term = analyze_term(variables, &parsed_expr.0)?;
    let mut other_terms = Vec::<(ExprOperator, AnalyzedTerm)>::new();
    for term in &parsed_expr.1 {
        other_terms.push((term.0, analyze_term(variables, &term.1)?));
    }
    Ok((first_term, other_terms))
}
```

接收的解析表达式是一个数据对。其中，&parsed_expr.0 表示为解析项，&parsed_expr.1 则是一个表达式运算符和分析项的数据对向量。这里，我们需要构造包含相同结构的分析表达式。

首先需要分析第 1 项，随后创建表达式运算符和分析项这一数据对的空列表，最终结果将是一个分析向量。接下来，针对分析向量中的各项，将构建一个条目并将其添加至分析向量中。最后，将返回一个数据对，其中包含第 1 个分析项和另一个分析项的向量。

因此，我们需要了解如何分析各个数据项，如下所示。

```rust
fn analyze_term(
    variables: &mut SymbolTable,
    parsed_term: &ParsedTerm,
```

```
) -> Result<AnalyzedTerm, String> {
    let first_factor = analyze_factor(variables, &parsed_term.0)?;
    let mut other_factors = Vec::<(TermOperator, AnalyzedFactor)>::new();
    for factor in &parsed_term.1 {
        other_factors.push((factor.0, analyze_factor(variables,
            &factor.1)?));
    }
    Ok((first_factor, other_factors))
}
```

上述例程与之前内容相比并无太多变化。其间，首先分析第 1 个解析因子，并获得第 1 个分析因子；随后分析另一个解析因子，并得到另一个分析因子。

所以，我们需要了解如何分析因子，如下所示。

```
fn analyze_factor(
    variables: &mut SymbolTable,
    parsed_factor: &ParsedFactor,
) -> Result<AnalyzedFactor, String> {
    match parsed_factor {
        ParsedFactor::Literal(value) =>
            Ok(AnalyzedFactor::Literal(*value)),
        ParsedFactor::Identifier(name) => {
            Ok(AnalyzedFactor::Identifier(variables.find_symbol(name)?))
        }
        ParsedFactor::SubExpression(expr) =>
            Ok(AnalyzedFactor::SubExpression(
                Box::<AnalyzedExpr>::new(analyze_expr(variables, expr)?),
            )),
    }
}
```

analyze_factor 函数的逻辑如下。

❑ 如果所分析的解析因子为字面值，则返回包含相同值的分析字面值。

❑ 对于标识符，则返回分析标识符，并包含符号表（于其中查找到标识符）的索引；如果未找到，则返回一条错误消息。

❑ 如果分析的解析因子是一个子表达式，则返回该子表达式，同时包含装箱后的分析表达式（通过分析解析表达式得到）；如果失败，则返回一条错误信息。

至此，我们完成了分析器模块的检测过程。

本节考查了如何在 8.6 节创建的解析器的结果上进行分析，并采用了 CSG，这对于构建解释器和编译器来说不可或缺。下一个项目将讨论如何使用和执行一个分析程序。

8.8　calc_interpreter 项目

作为最后一个项目，我们将运行 Calc 程序。

当运行 Calc 程序时，可访问 calc_interpreter 文件夹并输入 cargo run。编译后，将在控制台中显示下列文本内容。

```
* Calc interactive interpreter *
>
```

其中，第 1 行内容为一条介绍消息，第 2 行内容则是一个提示符。接下来，作为示例输入下列内容。

```
@a >a @b b := a + 2 <b
```

按 Enter 键将运行 Calc 程序。此处声明了变量 a，当执行输入语句时，控制台中将显示一个问号。随后，输入数字 5 并按 Enter 键。

程序接下来声明了一个变量 b，并将表达式 a+2 的值赋予该变量 b，随后输出 7 作为 b 的值。最后，程序结束且提示符再次出现。

因此，屏幕上的输出结果如下所示。

```
* Calc interactive interpreter *
> @a >a @b b := a + 2 <b
? 5
7
>
```

另外，解释器包含了一些特定的命令以执行 Calc 程序。如果输入 v（即变量）并按 Enter 键（而非执行一条命令），那么对应的输出结果如下。

```
> v
Variables:
  a: 5
  b: 7
>
```

上述命令已经转储了符号表的内容，同时显示了目前为止声明的全部变量及其当前值。随后，基于这些变量（及其当前值），可输入另一条 Calc 命令。

另一个解释器命令是 c（即清空变量），这将清空符号表。最后一个解释器命令是 q（即退出），这将终止解释器。

这里的问题是，Calc 命令的执行方式是什么？如果持有一棵分析程序树，以及包含变量值空间的相关符号表，那么执行过程是相当容易的。这里，对任何分析元素应用语义（即行为）即可，程序将自行运行。

当前项目扩展了之前的项目。parser.rs 和 analyzer.rs 源文件是等同的；一些代码被添加至 symbol_table.rs 文件中；此外还添加了另一个文件 executor.rs。下面首先介绍 main.rs 文件。

8.8.1　main.rs 文件

除了 main 函数之外，main.rs 文件还包含了 run_interpreter 和 input_command 函数。main 函数仅调用 run_interpreter，即解释器。run_interpreter 函数包含下列结构。

```
fn run_interpreter() {
    eprintln!("* Calc interactive interpreter *");
    let mut variables = symbol_table::SymbolTable::new();
    loop {
        let command = input_command();
        if command.len() == 0 {
            break;
        }
        <<process interpreter commands>>
        <<parse, analyze, and execute the commands>>
    }
}
```

在输出介绍消息并创建符号表后，函数将进入一个无穷循环。

循环的第 1 条语句调用 input_command 函数，并读取控制台（或文件、管道，如果标准输入被重定向）中的一条命令。如果遇到 EOF，循环则被退出，同时整个程序也将被退出。

否则将处理与解释器相关的命令。如果在输入文本中不存在这样的命令，那么处理方式将类似于 Calc 程序，即解析程序、分析程序，并执行分析后的程序。

下列代码块显示了解释器命令的实现方式。

```
match command.trim() {
    "q" => break,
    "c" => {
        variables = symbol_table::SymbolTable::new();
        eprintln!("Cleared variables.");
    }
    "v" => {
```

```
        eprintln!("Variables:");
        for v in variables.iter() {
            eprintln!(" {}: {}", v.0, v.1);
        }
    }
```

命令 q（退出）简单地终止循环。命令 c（清空）将利用新符号表替换现有符号表。命令 v（变量）遍历符号表各项，并输出每项的名称和当前值。

如果输入文本不是这一类单字母命令，则需要按照下列方式处理。

```
trimmed_command => match parser::parse_program(&trimmed_command) {
    Ok((rest, parsed_program)) => {
        if rest.len() > 0 {
            eprintln!("Unparsed input: `{}`.", rest)
        } else {
            match analyzer::analyze_program(&mut variables,
                &parsed_program) {
                    Ok(analyzed_program) => {
                        executor::execute_program(&mut variables,
                            &analyzed_program)
                    }
                Err(err) => eprintln!("Error: {}", err),
            }
        }
    }
    Err(err) => eprintln!("Error: {:?}", err),
},
```

如果成功，parser::parse_program 函数将生成一个解析后的对象。在出现错误或某些输入仍待解析的情况下，将输出错误消息并丢弃命令。

否则，analyzer::analyze_program 使用解析后的程序生成分析程序对象（如果成功）。如果出现错误，则输出该错误并丢弃命令。

最后，分析后的程序将通过 executor::execute_program 予以执行。接下来查看 symbol_table.rs 文件中的变化内容。

8.8.2　symbol_table.rs 文件

下列函数签名已被添加至 SymbolTable 类型的实现中。

```
pub fn get_value(&self, handle: usize) -> f64
pub fn set_value(&mut self, handle: usize, value: f64)
pub fn iter(&self) -> std::slice::Iter<(String, f64)>
```

其中，get_value 函数根据给定的索引获取变量值。set_value 函数根据给定的索引和赋值设置变量值。iter 函数则返回存储于符号表中的变量上的只读迭代器。针对每个变量，将返回一个名称和值对。

接下来考查实现了解释器核心内容的模块。

8.8.3　executor.rs 文件

该模块并未声明任何类型，而是使用了声明于其他模块中的类型。这里，入口点是能够执行整个程序的 execute_program 函数，如下所示。

```
pub fn execute_program(variables: &mut SymbolTable, program:
&AnalyzedProgram) {
    for statement in program {
        execute_statement(variables, statement);
    }
}
```

execute_program 函数接收一个指向符号表的可变引用，以及一个指向已分析程序的引用，并在该程序的任何语句上简单地调用 execute_statement 函数。

下列代码块显示了最后一个函数 execute_statement（更加复杂）。

```
fn execute_statement(variables: &mut SymbolTable, statement:
&AnalyzedStatement) {
    match statement {
        AnalyzedStatement::Assignment(handle, expr) => {
            variables.set_value(*handle, evaluate_expr(variables, expr));
        }
        AnalyzedStatement::Declaration(handle) => {}
        AnalyzedStatement::InputOperation(handle) => {
            let mut text = String::new();
            eprint!("? ");
            std::io::stdin()
                .read_line(&mut text)
                .expect("Cannot read line.");
            let value = text.trim().parse::<f64>().unwrap_or(0.);
            variables.set_value(*handle, value);
        }
        AnalyzedStatement::OutputOperation(expr) => {
            println!("{}", evaluate_expr(variables, expr));
        }
    }
}
```

根据所用的语句种类，execute_statement 函数将执行不同的动作。对于赋值操作，该函数调用 evaluate_expr 函数获取关联表达式的值，并使用 set_value 函数将该值赋予所关联的变量中。

对于声明操作，无须执行任何操作，因为变量与符号表间的插值操作，以及变量的初始化操作已由分析器完成。

对于输入操作，问号将作为提示符输出，随后读取一行内容并解析为 f64 数字。如果转换失败，则使用 0 值。随后，对应值将作为新变量值被存储于符号表中。

对于输出操作，将评估表达式并输出结果值。下列代码显示了如何评估 Calc 表达式。

```rust
fn evaluate_expr(variables: &SymbolTable, expr: &AnalyzedExpr) -> f64 {
    let mut result = evaluate_term(variables, &expr.0);
    for term in &expr.1 {
        match term.0 {
            ExprOperator::Add => result += evaluate_term(variables,
                &term.1),
            ExprOperator::Subtract => result -= evaluate_term(variables,
                &term.1),
        }
    }
    result
}
```

这里，首先通过调用 evaluate_term 函数评估第 1 项，其值作为临时结果被存储。随后针对其他项进行评估，并根据所用表达式运算符的类型将获取值加或减至临时值。

下列代码片段显示了如何评估 Calc 项。

```rust
fn evaluate_term(variables: &SymbolTable, term: &AnalyzedTerm) -> f64 {
    let mut result = evaluate_factor(variables, &term.0);
    for factor in &term.1 {
        match factor.0 {
            TermOperator::Multiply => result *= evaluate_factor(
                variables, &factor.1),
            TermOperator::Divide => result /= evaluate_factor(
                variables, &factor.1),
        }
    }
    result
}
```

上述代码块使用 evaluate_factor 函数评估当前项的所有因子，该函数如下所示。

```
fn evaluate_factor(variables: &SymbolTable, factor: &AnalyzedFactor) -> f64
{
    match factor {
        AnalyzedFactor::Literal(value) => *value,
        AnalyzedFactor::Identifier(handle) =>
        variables.get_value(*handle),
        AnalyzedFactor::SubExpression(expr) => evaluate_expr(variables,
expr),
    }
}
```

当评估一个因子时，需要考虑因子的类型。Literal 值仅是包含值。针对符号表，Identifier 值是通过调用 get_value 函数得到的。

SubExpression 值则是通过评估包含于其中的表达式得到的。因此，我们考查了全部所需内容并以交互方式执行 Calc 程序。

本节介绍了如何利用 Calc 程序的上下文敏感分析结果解释该程序。这种解释行为可通过读取-求值-输出循环方式，或通过处理采用 Calc 语言编写的文件这一方式以交互形式呈现。

在接下来的项目中，我们将考查如何将 Calc 程序转换为一个 Rust 程序。

8.9　calc_compiler 项目

在持有已分析的程序（及其匹配的符号表）后，可轻松地创建一个程序，并将其转换为另一种语言。为了避免引入新的语言，此处采用 Rust 语言作为目标语言。当然，转换为其他高级语言在难度方面并没有显著的增加。

当运行程序时，可访问 calc_compiler 文件夹并输入 cargo run data/sum.calc。在项目编译完毕后，程序将输出下列内容。

```
Compiled data/sum.calc to data/sum.rs
```

当访问 data 子文件夹时，将会看到新的 sum.rs 文件，并包含下列代码。

```
use std::io::Write;

#[allow(dead_code)]
fn input() -> f64 {
    let mut text = String::new();
    eprint!("? ");
    std::io::stderr().flush().unwrap();
```

```
    std::io::stdin()
        .read_line(&mut text)
        .expect("Cannot read line.");
    text.trim().parse::<f64>().unwrap_or(0.)
}

fn main() {
    let mut _a = 0.0;
    let mut _b = 0.0;
    _a = input();
    _b = input();
    println!("{}", _a + _b);
}
```

此外，还可利用 rustc sum.rs 命令编译该文件，并随后运行生成后的可执行文件。

针对任何编译后的 Calc 程序，在 fn main() {代码行之前，这个文件总是相同的。这里，input 例程表示为 Calc 运行时库。

Rust 生成的代码的其余部分对应于 Calc 语句。注意，所有变量均是可变的且初始化为 0.0，因而其类型为 f64。另外，变量名始于一个下画线，以避免与 Rust 关键字冲突。

实际上，该项目还涵盖了前一个项目中所涉及的解释器。如果在不包含命令行参数的情况下运行项目，则将启动一个交互式解释器。

除此之外，当前项目还扩展了上一个项目。其中，parser.rs、analyzer.rs 和 executor.rs 源文件是相同的；一些代码被添加至 ymbol_table.rs 文件中；同时还添加了另一个文件 compiler.rs。

对于 symbol_table.rs 文件，其中仅添加了一个函数，其参数如下。

```
pub fn get_name(&self, handle: usize) -> String
```

根据给定的索引，该函数可获得标识符名称。

接下来讨论 main.rs 文件。

8.9.1　main.rs 文件

main 函数始于检查命令行参数。如果不存在参数，则调用 run_interpreter 函数，这种情况与 calc_interpreter 项目中的使用方式相同。

如果存在一个参数，则调用 process_file 函数。这种情况与 calc_analyzer 项目类似，但存在两个差别。其中的一个差别是语句的插入操作，如下列代码片段所示。

```
let target_path = source_path[0..source_path.len() -
```

```
CALC_SUFFIX.len()].to_string() + ".rs";
```

这将生成最终的 Rust 文件路径。另一个差别则是替换了两条结束语句，这将通过下列代码输出分析结果。

```
match std::fs::write(
    &target_path,
    compiler::translate_to_rust_program(&variables, &analyzed_program),
) {
    Ok(_) => eprintln!("Compiled {} to {}.", source_path, target_path),
    Err(err) => eprintln!("Failed to write to file {}: ({})", target_path,
err),
}
```

这将执行 Rust 代码的转换工作，同时获取多行字符串，并将该字符串写入目标文件中。因此，我们需要检查定义于 compiler.rs 源文件中的 compiler 模块。

8.9.2　compiler.rs 文件

由于使用了其他模块中定义的类型，因此该模块并未定义类型。类似于解析器、分析器和解释器，该文件针对每种语言构造定义了一个函数，并通过访问已分析的程序树执行转换操作。

入口点始于下列代码。

```
pub fn translate_to_rust_program(
    variables: &SymbolTable,
    analyzed_program: &AnalyzedProgram,
) -> String {
    let mut rust_program = String::new();
    rust_program += "use std::io::Write;\n";
    ...
```

类似于模块中的其他函数，上述函数获取指向符号表和已分析程序的不可变引用，并返回一个包含 Rust 代码的 String。对此，首先生成一个空字符串，并随后向其中添加所需内容。

该函数的最后一部分内容如下列代码块所示。

```
    ...
    for statement in analyzed_program {
        rust_program += " ";
        rust_program += &translate_to_rust_statement(&variables,
```

```
        statement);
        rust_program += ";\n";
    }
    rust_program += "}\n";
    rust_program
}
```

对于任意 Calc 语句，将调用 translate_to_rust_statement 函数，该函数返回的 Rust 代码将被添加至字符串中。

另外，将 Calc 语句转换为 Rust 代码的函数体如下所示。

```
match analyzed_statement {
    AnalyzedStatement::Assignment(handle, expr) => format!(
        "_{} = {}",
        variables.get_name(*handle),
        translate_to_rust_expr(&variables, expr)
    ),
    AnalyzedStatement::Declaration(handle) => {
        format!("let mut _{} = 0.0", variables.get_name(*handle))
    }
    AnalyzedStatement::InputOperation(handle) => {
        format!("_{} = input()", variables.get_name(*handle))
    }
    AnalyzedStatement::OutputOperation(expr) => format!(
        "println!(\"{}\", {})",
        "{}",
        translate_to_rust_expr(&variables, expr)
    ),
}
```

当转换一个赋值操作时，通过调用 get_name 函数可从符号表中获取变量名；通过调用 translate_to_rust_expr 函数，则可获得与表达式对应的代码。其他语句的操作则并无变化。

当转换一个表达式时，可使用下列函数。

```
fn translate_to_rust_expr(variables: &SymbolTable, analyzed_expr:
&AnalyzedExpr) -> String {
    let mut result = translate_to_rust_term(variables, &analyzed_expr.0);
    for term in &analyzed_expr.1 {
        match term.0 {
            ExprOperator::Add => {
                result += " + ";
                result += &translate_to_rust_term(variables, &term.1);
            }
```

```
        ExprOperator::Subtract => {
            result += " - ";
            result += &translate_to_rust_term(variables, &term.1);
        }
    }
  }
  result
}
```

这里，通过负号调用 translate_to_rust_term 函数可转换各项内容。相应地，加法和减法则可通过" + "和" – " Rust 字符串字面值进行转换。

某一项的转换与表达式的转换十分类似，但使用了项运算符，并调用了 translate_to_rust_factor 函数。

对应的函数体被定义如下。

```
match analyzed_factor {
    AnalyzedFactor::Literal(value) => value.to_string() + "f64",
    AnalyzedFactor::Identifier(handle) => "_".to_string()
    + &variables.get_name(*handle),
    AnalyzedFactor::SubExpression(expr) => {
        "(".to_string() + &translate_to_rust_expr(variables, expr) + ")"
    }
}
```

对于字面值转换，该字面值将被转换为一个字符串，并添加"f64"以强制其类型；对于标识符转换，其名称可从符号表中获取；对于子表达式转换，内部表达式将被转换，最终结果将包含于括号中。

本节考查了如何构建 Rust 程序（读取一个 Calc 程序并编写等价的 Rust 程序）。随后，最终的程序将通过 rustc 命令进行编译。

8.10 本 章 小 结

本章考查了大量的编程语言理论及其处理算法。

特别地，我们讨论了编程语言语法可通过形式语法表达，形式语法的分类包括正则语言、上下文无关语言和上下文相关语言。

编程语言隶属于第 3 种分类，但通常情况下，编程语言作为一种正则语言通过词法分析程序首先被解析，并随后被分析以保留上下文无关特征。

本章考查了一些较为流行的技术，并处理采用形式语言编写的文本，如编程语言或标记语言，即编译器-编译器和解析器组合器。特别地，我们讨论了如何使用解析器组合器库，即 Nom 库。

除此之外，本章还介绍了多种 Nom 内建的解析器和解析器组合器，以及如何以此构建自己的解析器，并使用 Nom 编写多个 Rust 程序以解析简单的模式。同时，我们还定义了简单编程语言的语法，即 Calc，并以此构造了一些微型程序。此外，我们为 Calc 构建了一个上下文无关的解析器，它将解析（calc_parser）产生的数据结构转储到控制台中。

不仅如此，我们还针对 Calc 构建了一个上下文相关的分析器，并将分析（calc_analyzer）产生的数据结构转储至控制台中。对于 Calc，我们通过其他项目（calc_interpreter 项目）中的解析器和分析器构建了一个解释器。最后，本章还构造了一个 Calc 编译器，并以此将 Calc 程序转换为等价的 Rust 程序（calc_compiler）。

在第 9 章中，我们将考查 Nom 和解析技术的其他应用，并处理二进制数据。

8.11　本　章　练　习

（1）正则语言、上下文无关语言和上下文相关语言的含义分别是什么？

（2）指定语言语法的 Backus-Naur 范式是什么？

（3）什么是编译器-编译器？

（4）什么是解析器组合器？

（5）为什么在 Rust 2018 版本之前，Nom 仅可使用宏？

（6）Nom 库中的 tuple、alt 和 map 函数分别执行哪些操作？

（7）在不经过中间语言的情况下，编程语言的解释器包含哪些可能的阶段？

（8）编译器包含哪些可能的阶段？

（9）当分析变量的使用时，符号表的功能是什么？

（10）当解释某个程序时，符号表的功能是什么？

8.12　进一步阅读

读者可访问 https://github.com/Geal/nom 下载 Nom 项目，其中包含了一些示例内容。

关于形式语言及其操控软件，读者可阅读相关教材。特别地，读者可访问 Wikipedia 并查找与编译器-编译器、解析器组合器、Backus-Naur 范式和语法指导转换相关的内容。

第 9 章 使用 Nom 创建计算机模拟器

第 8 章考查了如何解析文本文件，特别是如何在简单的编程语言中对源文件进行编程。注意，文本文件并非唯一可解析的内容，多种系统软件也需要解析二进制文件（如二进制可执行文件、多媒体文件和进程间的通信消息）。

本章将讨论如何处理二进制文件的解析机制，以及如何使用 Nom 库简化这项任务。首先我们将介绍如何在不使用外部库的情况下解析和解释一种简单的机器语言，随后介绍如何使用 Nom 库简化这一过程。

本章主要涉及以下内容。

❑ 仅通过 16 位字介绍一种简单的机器语言。

❑ 使用该语言编写一组程序。

❑ 针对该语言编写一个解析器和一个解释器，并在已编写好的程序上运行。

❑ 在已有语言的基础上定义字节寻址机器语言。

❑ 当字节寻址必须处理包含多个字节的字时，解释出现的寻址问题（字节顺序）。

❑ 在已有机器语言的基础上，提供最新机器语言的一个版本。

❑ 利用 Nom 库针对语言编写一个解析器和解释器，并在机器语言程序上运行它们。

❑ 针对 C 语言编写一个转换程序，并将机器语言程序转换为一个等价的 C 语言程序。

❑ 编写一组反汇编程序（这类程序将机器语言程序转换为汇编语言），并针对机器语言程序予以应用。

在阅读完本章后，读者将了解 CPU 架构、解释和机器语言转换机制方面的概念。

9.1 技 术 需 求

本章中的一些程序需要引用 Nom 库，对此，读者可参考第 8 章。

读者可访问https://github.com/PacktPublishing/Creative-Projects-for-Rust-Programmers，并在 Chapter09 文件夹中查看本章的完整源代码。

9.2　项目简介

本章首先介绍与机器语言相关的通用概念，随后讨论一种非常简单的机器语言。考虑到并不存在真实的运行硬件，因而相关内容仅出于演示目的。

接下来将采用机器语言编写一个较为简单的算法，即整数的格式化程序。同时还将在不使用外部库的情况下编写解释该程序的 Rust 程序（word_machine_convert）。

接下来将尝试采用机器语言编写一个稍微复杂的算法，即 Eratosthenes 发明的一个著名算法用以输出质数（Eratosthenes 筛法）。对此，之前的 Rust 程序将用于解释这一机器语言程序（word_machine_sieve）。

随后，我们将定义一种具有一定实际意义的机器语言，并能够实现单字节（而非字）寻址，同时还将解释当前机器语言所产生的各种问题。通过这种更新后的机器语言，我们将编写 Eratosthenes 筛法的新版本，并采用 Rust 语言编写一个解释器对其进行运行。除此之外，该 Rust 程序还将把机器语言转换为 C 语言。其间，解释器和编译器将使用第 8 章介绍的 Nom 库，进而生成程序的中间版本。这一中间数据结构将被解释并编译为 C 语言（nom_byte_machine）。

最后将针对当前机器语言构建反汇编程序（nom_disassembler），并再次使用 Nom 库。其中将展示两种反汇编机制，分别用于调试机制，以及针对汇编程序生成源代码。也就是说，将符号代码转换为机器语言的程序。

9.3　简单的机器语言

真实的机器语言和计算机涉及大量内容，因此，本节将使用一种"玩具"机器语言以简化处理和理解。实际上，我们将使用两种机器语言，如下所示。

❑　出于简单考虑，第 1 种语言采用 16 位字寻址，而非内存字节。

❑　第 2 种语言可寻址单字节，这也是大多数现代计算机的做法。

采用第 1 种语言编写的程序仅为 16 位字序列，因而仅可操控 16 位字。

两种机器语言都仅使用一个包含机器代码和数据的内存段。这里，代码和数据之间并不存在真正的区别；指令可读取或写入代码和数据，而数据可能会像指令一样被错误地执行。通常情况下，代码和一些数据（即所谓的常量）是不会更改的，但此处却未得到应有的保证。

提示：

在大多数计算机体系结构中，进程所使用的内存由多个部分组成，即分段。大多数公共内存段为机器代码（通常是命名的文本）、静态数据、堆和栈。某些段是只读的，而其他一些段则是可写的。一些段可能包含固定的尺寸，而其他段则可能是变尺寸的。另外，一些段可供其他进程共享。

为什么要处理机器语言软件，下面列出了其中一些原因。

- [ ] 当某台计算机无法使用时（因为价格过于昂贵或尚未构建完成），必须为其运行二进制程序。
- [ ] 当源代码不可用，且运行源代码的计算机资源非常有限，以至于调试器无法在其上运行时，调试或分析某个二进制程序。
- [ ] 反汇编机器代码。也就是说，转换为汇编代码。
- [ ] 将二进制程序转换为另一种语言，并在本机上以更快的方式运行（相比于解释该程序）。
- [ ] 将二进制程序转换为高级语言，以方便地对其进行修改，随后将其重新编译为任意机器语言。

直接用机器代码编写程序是非常容易出错的，所以没有人会这么做。编写机器语言时，首先需要通过符号语言编写代码，即汇编语言，随后将其转换为机器语言。这一转换过程可通过手动方式完成，或者采用特定的程序，如汇编程序。这里，考虑到尚未针对当前程序持有一款汇编程序，因而我们将通过手动方式转换汇编代码。在描述机器语言之前，下面首先考查一些与机器语言相关的一些概念。

9.3.1　与机器语言相关的主要概念

在任何编程语言中，我们需要一种方式确定变量和语句。除此之外，当对代码编写文档时，还需要一种方法将注释内容插入程序中。下列代码是一个采用汇编语言编写的简单程序，包含了某些变量的声明、指令和注释内容。

```
// data
n
    word 17
m
    word 9
sum
    word 0
// code
```

```
    load n
    add m
    store sum
    terminate 0
```

其中，//表示注释内容。第 1 条语句声明了 data 部分的起始位置（可供人类阅读）；第 2 条语句则声明了 code 部分的起始位置。

ℹ️ 注意：

除了注释部分之外，某些代码行还实现了缩进功能。实际的声明和指令需要采用缩进方式。另外，第 1 列中的各行表示为标记程序的标签。

上述代码中定义了一些数据，且每项数据表示为一个字，因而采用关键字 word 声明。在位置 n 处，数据字的初始值为 17；在位置 m 处，另一个数据字的初始值为 9；在位置 sum 处，数据字的初始值为 0。

因此，代码中存在 4 条指令且位于不同的代码行中。每条指令包含下列两部分内容。

❑ 操作码：处理器命令。

❑ 操作数：操作码命令的参数，即命令操作的数据。

所有的机器语言均针对特定的计算机体系结构加以设计。运行程序的计算机仅包含两个 16 位 CPU 寄存器。

❑ 一种是保存供操作使用的数据字，称作累加器。

❑ 另一种是保存下一条要执行的指令的地址，称为指令指针（或程序计数器）。

程序的第 1 条指令是 load n。该指令等价于 accumulator = n;Rust 语句，并将字的当前值（标记为 n 的地址处）复制至累加器中。

第 2 条语句是 add m，并等价于 accumulator += m;Rust 语句。该语句将标记为 m 的地址处的值加至累加器的当前值中，并将结果存储至累加器中。

第 3 条语句为 store sum，并等价于 sum = accumulator; Rust 语句。该语句将累加器的当前值复制至标记为 sum 的地址处的字中。

第 4 条语句是 terminate 0，这将终止程序的执行（将控制返回操作系统中，如果存在），并向启动程序的进程（如果存在）中返回一个 0 值。

因此，我们遵循指令对数据的影响，将会发现程序以包含 17、9 和 0 的 3 个数据字开始，以包含 17、9 和 26 的 3 个数据字结束。

然而，当运行程序时，需要将其转换为机器语言。

这里，需要解释程序和进程之间的区别。机器语言程序可被视为机器代码且在运行前即存在；相反，进程则位于 RAM 范围内，并于其中加载和运行程序。这一差别在多进程系统中十分重要，其中，多个进程可能运行于同一个程序上。同样，在单进程系统中，这一差别也很重要。

假设当前机器需要程序包含如表 9.1 所示的结构。

表 9.1

进程的长度
第 1 条指令
第 2 条指令
第 3 条指令
…
最后一条指令
数据的第 1 个字
数据的第 2 个字
数据的第 3 个字
…

表 9.1 表明，程序的第 1 个字表示整个进程的长度（以字表示）。随后的多个数据字表示机器语言中的指令。程序最后一条指令后的数据字则表示为数据。

上述程序包含了 4 条指令，每条指令使用了一个字用于操作码，同时还使用了一个字用于操作数。其后的多个字表示机器语言中的指令。因此，4 条指令占用了 8 个字。如果将包含进程长度的初始字、3 个变量占用的 3 个字（每个变量对应 1 个字）相加，那么我们将得到 1 + 8 + 3 = 12 个字。这可表示为当前程序占用的内存空间（以字计算）。如果将这一数字设置为程序的初始字，那么这意味着进程中恰好需要这个内存。

当布局指令和数据时，我们可针对进程得到如表 9.2 所示的字数组。

表 9.2

位　　　置	内　　　容
0	进程的长度
1	load 指令的操作码
2	n 操作数
3	add 指令的操作码
4	m 操作数
5	store 指令的操作码
6	sum 操作数

续表

位　　置	内　　容
7	terminate 指令的操作码
8	0 操作数
9	数据 17
10	数据 9
11	数据 0

任何字的位置均是距离程序开始处的长度（以字计算）。相应地，任何位置均被命名为字的地址，该数字可使我们访问进程中的字。

机器语言并不使用标签，而仅使用地址。因此，在将汇编代码转换为机器语言时，需要利用内存地址替换标签。通过定义，第 1 个字的地址为 0，第 1 条指令的地址为 1。另外，任何指令均为双字长度。因此，第 2 条指令的地址为 1+2=3。最后一条指令后的地址（即第 1 个数据字的地址，标记为 n）为 9。标记为 m 的第 2 个数据字的地址为 10。标记为 sum 的最后一个数据字的地址为 11。

在添加了初始长度，将指令移到数据之前，并替换标签之后，我们的程序变成下面的样子。

```
12
load 9
add 10
store 11
terminate 0
word 17
word 9
word 0
```

随后，需要将每个符号代码替换为对应的机器语言操作码（唯一的数字）。
假设操作码和符号指令码之间有以下对应关系。

```
0 = terminate
1 = load
2 = store
3 = add
```

这里，关键字 word 并未实际生成指令。因此，当前程序变成如下样子。

```
12
1: 9
3: 10
```

```
2: 11
0: 0
17
9
0
```

当然，这些数字将被存储为二进制数字向量。因此，在 Rust 中的程序如下所示。

```
let mut program: Vec<u16> = vec![12, 1, 9, 3, 10, 2, 11, 0, 0, 17, 9, 0];
```

至此，我们能够通过手工方式将汇编语言程序转换为机器语言程序。然而，我们仅使用了包含 4 类指令（即 4 种不同的操作码）的小型机器语言。当执行有效任务时，还需要进一步添加更多的指令种类。

9.3.2　扩展机器语言

之前讨论的机器语言即可执行加法运算，且不包含输入/输出操作，因而功能有限且难以令人满意。因此，针对可用于构建具有实际意义程序的语言，下面向机器语言中添加某些种类的指令。

表 9.3 定义了我们使用的汇编语言（及其对应的机器语言）。

表 9.3

操 作 码	汇 编 语 法	描　　　述
0	terminate operand	这将终止程序，并向调用者返回操作数
1	set operand	这将向累加器中复制操作数
2	load address	将该地址处的值复制至累加器中
3	store address	将累加器的值复制至该地址处
4	indirect_load address	将指定地址处的值复制至累加器中
5	indirect_store address	将累加器中的值复制至指定的地址处
6	input length	向用户请求控制台输入，直至按 Enter 键。随后，输入行的（最多）length 个字符将被复制至连续的内存字中。该内存字序列始于累加器中包含的地址。每个内存字实际上仅包含一个字符。如果用户输入的字符数小于 length，那么剩余的字将被设置为二进制 0。因此，在许多时候，length 内存字通过该指令被设置
7	output length	这将向控制台中发送 length 个 ASCII 字符，其代码位于连续的内存字中。针对输出的内存字序列始于累加器中的地址。此处仅支持 7 位 ASCII 字符

续表

操 作 码	汇 编 语 法	描　　述
8	add address	这将当前地址处的值加至累加器的值上，并将结果保存在累加器中。其间将使用基于回绕方式的 16 位整数运算。也就是说，在整数溢出的情况下，将得到对 65536 取模后的值
9	subtract address	通过回绕运算方式将累加器中的值减去该地址处的值，并将结果保存至累加器中
10	multiply address	将累加器中的值乘以该地址处的值（基于回绕运算），并将结果保存至累加器中
11	divide address	通过整数回绕（截取）方式将累加器中的值除以该地址处的值，并将结果（商）保存至累加器中
12	remainder address	通过整数回绕（截取）方式将累加器中的值除以该地址处的值，并将整数余数保存至累加器中
13	jump address	这将继续执行位于 address 处的指令
14	jump_if_zero address	这将继续执行位于 address 处的指令，仅当累加器中的值等于 0；否则继续执行下一条指令
15	jump_if_nonzero address	如果累加器中的值不等于 0，则继续执行 address 处的指令
16	jump_if_positive address	如果累加器中的值为正数，则继续执行 address 处的指令
17	jump_if_negative address	如果累加器中的值为负数，则继续执行 address 处的指令
18	jump_if_nonpositive address	仅当累加器中的值为非正数，即负数或 0，则继续执行 address 处的指令
19	jump_if_nonnegative address	如果累加器中的值为非负数，即正数或 0，则继续执行 address 处的指令
-	word value	为数据保留一个字，其初始内容由 value 指定
-	array length	这将保留一个 length 个字的数组，且初始化为 0

注意，set 指令类型（操作码 1）十分简单，并将操作数赋予累加器中。几乎所有其他赋值指令和算术指令类型都包含一个间接（indirectness）层次——它们的操作数是被操作数据的内存地址。然而，indirect_load（操作码 4）和 indirect_store（操作码 5）这两条指令则包含两个间接层次，其操作数是一个字的内存地址，即需要操作的数据的内存地址。

前述内容讨论了功能强大的机器语言，接下来将以此编写具有实际意义的程序。

9.3.3　编写简单的程序

当展示如何使用机器语言时，本节将通过一些代码予以说明。我们将创建一个程序，当内存字（二进制格式）中给定一个正整数时，该程序将以十进制表示法输出该数字。

假设输出的数字硬编码为 6710，下列内容显示了采用 Rust 语言编写的算法。

```
fn main() {
    let mut n: u16 = 6710;
    let mut digits: [u16; 5] = [0; 5];
    let mut pos: usize;
    let number_base: u16 = 10;
    let ascii_zero: u16 = 48;
    pos = 5;
    loop {
        pos -= 1;
        digits[pos] = ascii_zero + n % number_base;
        n /= number_base;
        if n == 0 { break; }
    }
    for pos in pos..5 {
        print!("{}", digits[pos] as u8 as char);
    }
}
```

在上述代码中，变量 n 被定义为无符号 16 位数字。变量 digits 表示为一个缓冲区，并加载所生成数字的 ASCII 值。由于 16 位数字最多可包含 5 位十进制数字，因此 5 个数字的数组已然足够。变量 pos 则表示 digits 数组中当前数字的位置。

考虑到采用了十进制表示法，因而变量 number_base 为 10。变量 ascii_zero 则针对第 0 个字符包含了 ASCII 码。

第 1 个循环通过%操作符计算 n 除以 10 的余数，并将其加到 ascii_zero 来计算任何 ASCII 十进制数字。随后，n 除以变量 number_base 以从中移除最低有效十进制位。相应地，第 2 个循环则向控制台中输出 5 个生成后的数字。

当前程序的问题是，需要使用数组的索引机制。实际上，pos 可被视为 digits 数组的索引。需要注意的是，机器语言使用地址而非索引。因此，当模拟机器语言时，需要利用裸指针类型替换 pos 类型——在 Rust 语言中，解引用是一种不安全的操作。对此，我们设置一个 end 指针，而不再计数至 5。当 pos 到达该指针时，数组则结束。

下面将 Rust 程序转换为某种格式，该格式与采用裸指针的机器语言转换格式类似，如下所示。

```
fn main() {
    let mut n: u16 = 6710;
    let mut digits: [u16; 5] = [0; 5];
    let mut pos: *mut u16;
```

```rust
    let number_base: u16 = 10;
    let ascii_zero: u16 = 48;
    let end = unsafe {
        (&mut digits[0] as *mut u16).offset(digits.len() as isize)
    };
    pos = end;
    loop {
        pos = unsafe { pos.offset(-1) };
        unsafe { *pos = ascii_zero + n % number_base };
        n /= number_base;
        if n == 0 { break; }
    }
    while pos != end {
        print!("{}", unsafe { *pos } as u8 as char);
        pos = unsafe { pos.offset(1) };
    }
}
```

上述程序使用了裸指针的不安全的 offset 方法。当给定一个裸指针后,将通过在内存中前移固定数量的位置生成另一个裸指针。

为了持有与机器语言程序十分类似的程序,应将所有的 Rust 语句划分为与机器语言对应的基本语句。

另一个问题是,累加器寄存器有时包含数字,有时则包含地址。当采用 Rust 语言时,这将带来极大的不便,因为数字和地址在 Rust 语言中包含不同的类型。因此,我们将使用两个变量,即变量 acc(表示存储数字时的累加器)和 ptr_acc(表示存储地址时的累加器,即内存指针)。

最终程序与机器语言程序十分类似,如下所示。

```rust
fn main() {
    let mut ptr_acc: *mut u16; // pointer accumulator
    let mut acc: u16; // accumulator
    let mut n: u16 = 6710;
    let mut digits: [u16; 5] = [0; 5];
    let mut pos: *mut u16;
    let number_base: u16 = 10;
    let ascii_zero: u16 = 48;
    let one: u16 = 1;
    ptr_acc = unsafe {
        (&mut digits[0] as *mut u16).offset(digits.len() as isize)
    };
    pos = ptr_acc;
```

```
loop {
    ptr_acc = pos;
    ptr_acc = unsafe { ptr_acc.offset(-(one as isize)) };
    pos = ptr_acc;
    acc = n;
    acc %= number_base;
    acc += ascii_zero;
    unsafe { *pos = acc };
    acc = n;
    acc /= number_base;
    n = acc;
    if n == 0 { break; }
}
for &digit in &digits {
    print!("{}",
        if digit == 0 { ' ' }
        else { digit as u8 as char}
    );
}
}
```

注意，除了最后一个 for 循环之外，空行后面的语句都非常简单，基本上是赋值语句结合某项操作，如%=、+=或/=。除此之外，还存在一条 if 语句，并在变量 n 等于 0 时中断循环。

这可方便地转换为汇编语言，如下所示。

```
n
    word 6710
digits
    array 5
pos
    word 0
number_base
    word 10
ascii_zero
    word 48
one
    word 1

    set pos
    store pos
before_generating_digits
```

```
load pos
subtract one
store pos
load n
remainder number_base
add ascii_zero
store_indirect pos
load n
divide number_base
store n
jump_if_nonzero before_generating_digits
set digits
output 5
terminate 0
```

上述汇编语言程序可通过手动方式转换为机器语言。

由于存在 5 个数据字、包含 5 个字的一个数据数组、分别占用两个字的 16 条指令和初始字，因此共计 $5 + 1 * 5 + 16 * 2 + 1 = 43$ 个字。该数字即为程序第 1 个字的值。

当考查所需布局（进程长度、指令和数据）时，我们可计算跳转目标的地址和数据的地址，进而得到下列代码。

```
0: 43
1: set 39 // pos
3: store 39 // pos
5: before_generating_digits
5: load 39 // pos
7: subtract 42 // one
9: store 39 // pos
11: load 33 // n
13: remainder 40 // number_base
15: add 41 // ascii_zero
17: store_indirect 39 // pos
19: load 33 // n
21: divide 40 // number_base
23: store 33 // n
25: jump_if_nonzero 5 // before_generating_digits
27: set 34 // digits
29: output 5
31: terminate 0
33: n: 6710
34: digits: 0, 0, 0, 0, 0
39: pos: 0
```

```
40: number_base: 10
41: ascii_zero: 48
42: one: 1
```

在上述代码中，注意地址的符号名称已被注释掉。

接下来，通过利用操作码替换符号代码，并移除注释和行地址，即可得到作为逗号分隔的十进制数字列表的机器语言。

```
43,
1, 39,
3, 39,
2, 39,
9, 42,
3, 39,
2, 33,
12, 40,
8, 41,
5, 39,
2, 33,
11, 40,
3, 33,
15, 5,
1, 34,
7, 5,
0, 0,
6710,
0, 0, 0, 0, 0,
0,
10,
48,
1
```

例如，我们可从下列代码行处开始。

```
1: set 39 // pos
```

上述代码行将变为下列内容。

```
1, 39,
```

因为"1："行的地址已被移除，set 符号代码被其操作码所替换。另外，注释// pos 也被移除，并添加了两个逗号以分隔数字。

当前，我们可构造解释该程序的 Rust 程序，该程序位于 word_machine_convert 项目中。

如果在 word_machine_convert 项目上执行 cargo run 命令，由于尚未建立依赖项，因此该程序将在短时间内被编译完成。这里，执行结果仅显示包含起始空格的 6710。另外，该项目的名称表示利用基于字寻址的机器语言转换一个数字。

Rust 程序的 main 函数仅将上述数字列表传递至 execute 函数中。

execute 函数始于下列代码。

```rust
fn execute(program: &[u16]) -> u16 {
    let mut acc: u16 = 0;
    let mut process = vec![0u16; program[0] as usize];
    process[..program.len()].copy_from_slice(program);
    let mut ip = 1;
    loop {
        let opcode = process[ip];
        let operand = process[ip + 1];
        //println!("ip: {} opcode: {} operand: {} acc: {}",
        //ip, opcode, operand, acc);
        ip += 2;
```

execute 函数模拟了一个极其简单的机器语言处理器,该处理器将以一个 16 位字切片寻址内存。另外，该函数将返回可执行的 terminate 指令的操作数（如果成功）。

acc 变量表示为累加器寄存器。process 变量则表示实际的内存运行期内容,其尺寸(以字计算)为程序第 1 个字指定的数字。另外，进程比程序短小则是毫无意义的，因为这将会丢失某些数据。

相反，进程"大于"其运行的程序是有意义的，因为所分配的内存将被代码使用，且无须在程序中对其进行声明。

通过这种方式，可编写包含几个字的程序，其内存空间最多为 65536 个字，即 128 个千字节（KiB）。

process 变量的第 1 部分利用 program 的内容进行初始化，并作为 execute 函数的参数被接收。

ip 则表示为指令指针，并被初始化为 1，即指向第 2 个字，其中包含了所执行的第 1 条指令。

随后是循环处理操作。其中，每条指令包含一个操作码和一个操作数，并被加载至各自的变量中。接下来是被注释掉的调试语句，当程序出现问题时，这将是十分有用。

在当前指令执行完毕后，通常会执行后续指令，因而指令指针增加两个字以跳过当前指令。例外情况是 jump 指令和 terminate 指令。如果相关条件满足，那么 jump 指令将再次修改指令指针，而 terminate 指令则会跳出当前处理循环以及 execute 函数。

函数的剩余部分是一个较大的 match 语句，用以处理当前指令。下列代码展示了其中的前几项内容。

```
match opcode {
    0 => // terminate
        { return operand }
    1 => // set
        { acc = operand }
    2 => // load
        { acc = process[operand as usize] }
```

match 语句的每个分支的行为非常简单，因为它是由硬件执行的。例如，如果当前指令为 terminate，那么函数将返回相应的操作数；如果当前指令是 set，那么操作数将被赋予累加器中；如果当前指令是 load，那么地址为对应操作数的内存字将被赋予累加器中等。

下列代码展示了一个算术指令对。

```
9 => // subtract
    { acc = acc.wrapping_sub(process[operand as usize]) }
10 => // multiply
    { acc = acc.wrapping_mul(process[operand as usize]) }
```

在所有的现代计算机中，整数以两种互补的格式存储，并执行各自的操作。这包含以下几个优点。

❑ 如果操作数同时被解释为有符号数或无符号数（但不能是一个有符号数和一个无符号数），那么单个算术运行则可正常工作。

❑ 如果加法或减法导致整数上溢，而另一项操作使结果返回所允许的范围内，那么最终结果仍为有效。

在高级语言中，如 Rust，默认状态下，算术上溢一般不被允许。在 Rust 语言中，基本运算符的上溢算术操作常会导致错误，并显示诸如 attempt to add with overflow 等消息。为了实现两种互补的算术运算，Rust 标准库为运算符提供了相应的封装方法，这通常是采用机器语言实现的。当使用相关方法时，可以编写 a.wrapping_add(b)而非 a+b。类似地，可编写 a.wrapping_sub(b)而非 a−b。其他的运算符也基本如此。

jump 指令则与其他指令稍有不同，如下所示。

```
15 => // jump_if_nonzero
    { if acc != 0 { ip = operand as usize } }
16 => // jump_if_positive
    { if (acc as i16) > 0 { ip = operand as usize } }
```

在上述代码中，jump_if_nonzero 指令检查累加器的值，并将指令指针设置为指定值（仅当该值非 0）。

jump_if_positive 指令检查累加器的当前值是否为正值，并将其解释为一个有符号数字。如果缺少 as i16 子句，那么检查结果总是成功的，因为 acc 变量是无符号数字。

💡 提示：

在 Rust 语言中，无符号数字可被转换为一个有符号数字，即使对应结果是一个负数。例如，表达式 40_000_u16 as i16 == −25_536_i16 为 true。

input 和 output 指令则相对复杂，甚至可与操作系统进行交互。当然，它们并非真实的机器语言指令。另外，它们被添加至伪机器语言中仅为能够编写完整的程序。在实际操作过程和真实的机器语言中，I/O 是使用复杂的指令序列或调用操作系统服务来执行的。

至此，我们介绍了如何解释一个机器语言程序，虽然这只是一个简单的程序。接下来将考查更为有趣和复杂的机器语言程序。

9.3.4　Eratosthenes 筛法

本节考查一个更为真实但稍显复杂的程序，即实现一个算法，并输出所有小于数字 N 的质数。其中，N 由用户在运行时输入。这称作 sieve of Eratosthenes 筛法。

该程序的 Rust 版本如下所示。

```rust
fn main() {
    let limit;
    loop {
        let mut text = String::new();
        std::io::stdin()
            .read_line(&mut text)
            .expect("Cannot read line.");
        if let Ok(value) = text.trim().parse::<i16>() {
            if value >= 2 {
                limit = value as u16;
                break;
            }
        }
        println!("Invalid number (2..32767). Re-enter:")
    }

    let mut primes = vec![0u8; limit as usize];
    for i in 2..limit {
```

```
      if primes[i as usize] == 0 {
          let mut j = i + i;
          while j < limit {
              primes[j as usize] = 1;
              j += i;
          }
      }
  }

  for i in 2..limit {
      if primes[i as usize] == 0 {
          print!("{} ", i);
      }
  }
}
```

在上述代码中，main 函数的前 14 行请求用户输入一个数字，直至输入的数字为 2～32767。

下一组语句分配一个字节向量，并存储检测为非质数的数字。初始状态下，该向量为 0，这意味着所需范围内的每个数字可能是一个质数。随后，范围内的所有数字以升序被扫描，对于每一个数字，如果仍将其视为一个质数，那么该数字所有的倍数将被标记为一个非质数。

最后一组语句再次扫描所有的数字，并输出仍标记为质数的数字。

该程序的难点在于，需要分配向量使用的内存。当前，我们的机器语言尚不支持内存分配。对此，可预先分配一个大小为 400（即 400 个字）的数组。

当预先分配了这一数组后，即可指定进程的大小等于程序的大小加上 400 个字。据此，当进程开始其执行过程时，将分配其所需空间并将其初始化为 0 序列。

可以想象，对应的汇编和机器语言较为复杂，对应的程序位于 word_machine_sieve 项目中。

当运行程序并输入一个小于 400 的数字，那么所有小于输入数字的质数将被输出至控制台中。这里，解释器使用了前述项目中的解释器，但 main 函数中还存在另一个机器语言程序。

该机器语言程序与之前相比相对复杂，并通过注释内容予以解释。其初始部分包含 4 条指令，如下所示。

```
600, // 0:
// Let the user input the digits of the limit number.
1, 190, // 1: set digits
```

```
6, 5, // 3: input 5
// Initialize digit pointer.
1, 190, // 5: set digits
3, 195, // 7: store pos
```

这里，进程的大小 600，为 400 个字，比程序多 200 个字。

除此之外，代码中还列出了其他一些注释内容，如第 2 行和第 5 行。

可以看到，不经过汇编语言版本就直接编写机器语言程序几乎是不可能的，而且手工将汇编语言翻译成机器语言十分容易出错。但是，我们可以方便地编写汇编程序解决这一问题。此外，还可采用稍后介绍的一类编译技术。

接下来将考查更为真实的机器语言，以及如何使用 Nom 库简化其解释过程。

9.4　定义字节寻址的机器语言

前述内容讨论了不同种类的机器语言，但缺乏一定的真实性，主要原因如下。

❑ 按照逐字方式寻址内存，这在早期（1970 年之前）计算机技术中较为常见。随着不断的发展，内存单字节寻址的处理器则更为普遍。今天，几乎所有的产品级处理器均按照内存单字节方式寻址。

❑ 机器语言的指令包含相同的长度。然而，这种情况在任何一种机器语言中均较少出现。诸如空操作这一类指令（NOP）可驻留于单字节中，而一些处理器的指令则可跨越多个字节。

❑ 对于真实的处理器，任何操作都可在 16 位字上进行，如加法运算。此外，某些指令可在单字节上操作，如 8 位字节间的加法运算；某些指令则可在 16 位字上执行相同的操作，如字间的加法运算；还有一些指令则可在 32 位双字上执行操作，甚至还包括更大位序列上的操作。

❑ 仅包含一个处理器寄存器，即累加器。真实的处理器则可包含更多的处理器寄存器。

❑ 仅包含少量可用的操作。真实的机器语言则涵盖多项操作，如逻辑操作、函数调用和函数返回指令、栈操作和运算符的递增和递减操作。

这里，我们将对当前的机器语言进行适当的调整，并引入下列缺失的特性。

❑ 字节寻址。

❑ 变长指令。

❑ 除了加载和存储字之外，还可加载或存储单字节。

因此，我们将对字节寻址的机器语言进行如下更改。

❑ 每个地址表示内存字节的位置，而非内存字的位置。

❑ 每个操作码仅占用一个字节，而非之前语言中的一个字。

❑ 虽然大多数指令类型包含一个字的操作数，但 3 个指令包含一个字节的操作数，即 terminate operand、input length 和 output length。

❑ 当前语言中添加了 4 种指令类型以操控单字节。

当理解这一新的机器语言时，需要了解的是，每个 16 位字包含了 2 个字节，分别包含数字的低 8 位有效位，以及数字的高 8 位有效位。其中，第 1 个字节被命名为低字节，而第 2 个字节被命名为高字节。当处理某个字中的字节时，需要知道该字节是字的低字节还是高字节。

表 9.4 定义了新的指令类型。

表 9.4

操 作 码	汇 编 语 法	描　述
20	load_byte address	将对应地址处的字节值复制至累加器的低字节中。累加器的高字节被设置为 0
21	store_byte address	将累加器值的低字节复制至该地址处。未使用累加器的高字节
22	indirect_load_byte address	将指定地址处的字节值复制至累加器的低字节中。累加器的高字节被设置为 0
23	indirect_store_byte address	将累加器值的低字节复制至指定的地址处。未使用累加器的高字节

上述 4 条指令不可或缺，因为 load、store、indirect_load 和 indirect_store 指令类型可转换整个字，但同时也需要读取或写入内存的单字节，同时无须读取或写入与指定地址相邻的字节。

在之前的机器语言中，每条指令均占据 4 个字节；而在新语言中，3 种指令类型（即 terminate、input 和 output）仅占用两个字节，而其他指令占用 3 个字节。

注意，其他指令类型保持不变，累加器和指令指针的大小仍为 16 位。

一旦具备了字节寻址能力，以及跨越几个字节的字，这就会带来一个问题，即所谓的字节顺序问题，稍后将对此加以讨论。

下面考查累加器中的一个字，对应值为 256。这里，该字的低字节为 0，而高字节为 1，并被存储于内存地址 1000 处。由于该地址引用了单字节，而非双字节字，因此 store 指令需要访问存储一个字的另一个内存字节。针对每一种计算机系统，所需的另一个字节是一个包含连续地址的字节，因此对应地址是 1001。

因此，当前累加器将被存储于两个字节中，且地址为 1000 和 1001。然而，数字 256 的低字节（其值为 0）可存储于地址 1000 或地址 1001 处。

针对第 1 种情况，当低字节被存储于地址 1000 处时，高字节（其值为 1）则将被存储于地址 1001 处，这种情况的布局如表 9.5 所示。

表 9.5

地　　址	内 存 内 容
1000	00000000
1001	00000001

对于第 2 种情况，当低字节被存储于地址 1001 处时，高字节则将被存储于地址 1000 处。这种情况的内存布局如表 9.6 所示。

表 9.6

地　　址	内 存 内 容
1000	00000001
1001	00000000

这可被视为一种使用惯例问题。

然而，计算机厂商之间会选择不同的规定。某些计算机硬件甚至可通过编程方式在运行期内修改这一规则。因此，具体采用哪一种规定往往取决于操作系统。

低字节包含较低的内存地址，因而被称作小端模式（little-endian），如表 9.4 所示；而高字节包含较低的内存地址则被称作大端模式（big-endian），如表 9.5 所示。这一问题自身则被称作字节顺序问题。

对于机器语言来说，我们选择小端模式。

前述内容定义了新的字节寻址机器语言，并对此选择了小端模式，接下来将针对该机器语言编写一个解释器。

9.5　nom_byte_machine 项目

当前，我们已经持有了一种新的机器语言，据此，我们可编写一些程序，并尝试针对这些程序构建一个解释器。除此之外，还可使用第 8 章介绍的 Nom 库简化解释器的构建机制。

在编写代码之前，首先考查执行机器语言程序所涉及的几种可能技术。实际上，至少存在 3 种方式可执行机器语言程序，且不需要真实的硬件支持。

❑ 技术 1：类似于硬件解释。该技术曾用于解释 word_machine_sieve 项目中的 Eratosthenes 筛法程序。

❑ 技术 2：首先解析程序并将其转换为一种高级数据结构，随后解释这一数据结构。

❑ 技术 3：将程序转换为另一种编程语言，随后针对这种编程语言使用解释器或编译器。

针对任意程序，3 种方案中的技术 1 方案是唯一可获得正确结果的方法，其他两种技术仅适用于格式良好的程序并遵循下列规则。

（1）程序始于小端字（包含以字节计算的进程大小）。

（2）在初始字之后，存在一个有效机器语言指令序列，且不存在交错的空间或数据。

（3）Terminate 指令作为最后一条指令仅出现一次且唯一一次，以便标记指令序列的结束位置。在此之后，剩余内容皆为数据。

（4）不存在指令写入语句，仅数据可被修改。因此，程序不是自修改的；或者说，程序指令和进程指令是一样的。

nom_byte_machine 项目实现了上述 3 种技术，并将其应用于格式良好的机器语言程序中。该程序是 Eratosthenes 筛法的其中一个版本，并采用字节寻址机器语言实现。

首先，通过在 project 文件夹中输入 cargo run 命令尝试运行项目。这一构建过程可能会花费一些时间，因为其间使用了 Nom 库。执行过程始于创建 prog.c 文件，其中包含了机器语言的 C 语言版本，并在控制台中输出下列内容。

```
Compiled to prog.c.
```

随后利用之前介绍的第 1 种技术解释程序，此时将等待用户输入一个数字。对此，应输入一个 0～400 的数字并按 Enter 键。

某些质数通过技术 1 输出，随后程序利用技术 2 解释同一程序，因而将再次等待用户输入一个数字。此处应再次输入一个数字并按 Enter 键。

例如，如果第 1 次输入 100，第 2 次输入 40，控制台将输出下列结果。

```
Compiled to prog.c.
100
     2 3 5 7 11 13 17 19 23 29 31 37 41 43 47
53
     59 61 67 71 73 79 83 89 97
Return code: 0
40
```

```
    2  3  5  7  11  13  17  19  23  29  31  37
Return code: 0
```

程序执行完毕后，prog.c 文件将位于 project 项目中。当采用 UNIX 环境时，可采用下列命令编译文件。

```
cc prog.c -o prog.exe
```

这将生成 prog.exe 文件，随后可利用下列命令运行该文件。

```
./prog.exe
```

当然，该程序与之前解释的程序具有相同的行为。也就是说，首先请求用户输入一个数字，例如，此处可输入数字 25，随后输出结果如下所示。

```
25
    2  3  5  7  11  13  17  19  23
```

当前项目稍显复杂，其源代码被划分为多个源文件，这些源文件如下所示。

❑ main.rs 源文件。该源文件包含机器语言程序，并调用其他源文件中的函数。

❑ instructions.rs 源文件。该源文件包含机器语言指令的定义，以及识别这些指令的 Nom 解析器。

❑ emulator.rs 源文件。该源文件是一个机器代码的底层解释器。每条指令首先被解析，并随后被执行。

❑ parsing_interpreter.rs 源文件。该源文件首先解析机器代码的所有指令，同时构建一个数据结构，并随后执行该数据结构。

❑ translator.rs 源文件。该源文件将机器代码的所有指令转换为 C 语言代码，并加入某些 C 语言代码以生成有效的 C 程序。

接下来将逐一考查上述源文件。

9.5.1　main.rs 源文件

main.rs 源文件包含 main 函数，并始于下列代码行。

```
let prog = vec![
    187, 2, // 0: 699
    // Let the user input the digits of the limit number.
    1, 28, 1, // 2, 0: set digits
    6, 5, // 5, 0: input 5
    // Initialize digit pointer.
    1, 28, 1, // 7, 0: set digits
    3, 33, 1, // 10, 0: store pos
```

上述机器语言程序与 word_machine_sieve 项目中的机器语言程序类似，但后者使用字（u16）代表数字，而当前程序则采用字节（u18）。

首先读取注释内容（除了那些单独在一行中的描述性注释）。这些注释内容包含了当前指令或数据的地址，随后是冒号和一条汇编语句。

其中，第 1 行表示地址 0 的开始位置，此处为数字 699，表示进程所需的长度。如前所述，我们采用了小端模式规则存储字，因而该数字被存储为一个字节对，即 187 和 2，其含义为 2×256 + 187。

第 2 行代码表示一条描述性注释；第 3 行代码表示地址 2 的开始位置，当采用小端模式时表示为 2 和 0。具体内容为 set 指令，并以 digits 标记的地址作为其操作数。另外，set 指令的操作码为 1，且 digits 标记位于地址 284 处，当采用小端模式时表示为 28 和 1。因此，在这一行上我们得到 1、28 和 1。

第 4 行代码表示地址 5 的开始位置，该指令在汇编语言中表示为 input 5，在机器码中则表示为 6 和 5。程序的其余部分相信大家都有所了解。

程序的最后一部分内容为数据部分，如下所示。

```
0, 0, 0, 0, 0, // 28, 1: digits: array 5
0, 0, // 33, 1: pos: word 0
10, 0, // 35, 1: number_base: word 10
```

其中，第 1 行代码表示 5 字节的数组，且初始化为 0，其标记表示为 digits，地址为 284 并通过数字对 28 和 1 表示。

第 2 行代码表示一个字且初始化为 0，其标记为 pos，地址为 33 和 1 数字对，即 digits 地址后的 5 个字节。

第 3 行代码表示一个字且初始化为 10（通过数字对 10 和 0 表示），其标记为 number_base，地址为 35 和 1 数字对，即 pos 地址后的两个字节。

相应地，main 函数的剩余部分如下所示。

```
let _ = translator::translate_program_to_c(&prog, "prog.c");

let return_code = emulator::execute_program(&prog).unwrap();
println!("\nReturn code: {}", return_code);

let mut parsed_program =
parsing_interpreter::parse_program(&prog).unwrap();
let return_code = parsing_interpreter::execute_parsed_program(&mut
parsed_program);
println!("\nReturn code: {}", return_code);
```

其中，第 1 条语句调用一个函数，并将 prog 机器语言程序转换为包含指定名称的 C
语言文件。

第 2 条语句利用之前介绍的第 1 种技术逐条指令地解释程序。

第 3 条语句代码块首先调用 parse_program 语句，这将把当前程序转换为一个数据结
构，将其存储于 parsed_program 变量中，并随后调用 execute_parsed_program 函数执行该
数据结构。

Rust 程序的其余部分实现了 Nom 库的应用函数。

9.5.2　使用 Nom 库

本节代码位于 instructions.rs 源文件中。

前述章节考查了如何使用 Nom 库解析文本，即字符串切片。当然，Nom 并不限于文
本，还可用于解析二进制数据（字节切片）。实际上，这也是创建 Nom 库的最初目的，
而字符串解释功能则是后期加入的。

接下来将使用 Nom 库的二进制解析功能处理机器语言。

解析二进制文件并不比文本文件困难，唯一的差别在于，当解析一个文本文件时，
解析后的文本表示为一个指向字符串切片的引用（&str）；当解析一个二进制文件时，解
析后的文本则是指向一个字节切片的引用（&[u8]类型）。

例如，下列代码表示识别 add 指令的解析器签名。

```
fn parse_add(input: &[u8]) -> IResult<&[u8], Instruction> {
```

parse_add 函数作为输入接收一个指向字节切片的引用，其剩余序列仍为一个字节切
片引用。这里，我们需要其返回值能够完全描述解析后的指令，因此将使用自定义
Instruction 类型。

Instruction 类型可通过下列方式定义。

```
#[derive(Debug, Clone, Copy)]
enum Instruction {
    Terminate(u8),
    Set(u16),
    Load(u16),
    Store(u16),
    IndirectLoad(u16),
    IndirectStore(u16),
    Input(u8),
    Output(u8),
```

```
        Add(u16),
        Subtract(u16),
        Multiply(u16),
        Divide(u16),
        Remainder(u16),
        Jump(u16),
        JumpIfZero(u16),
        JumpIfNonZero(u16),
        JumpIfPositive(u16),
        JumpIfNegative(u16),
        JumpIfNonPositive(u16),
        JumpIfNonNegative(u16),
        LoadByte(u16),
        StoreByte(u16),
        IndirectLoadByte(u16),
        IndirectStoreByte(u16),
        Byte(u8),
}
```

其中，每个指令类型均为 Instruction 枚举变体型，这些变体型包含一个参数存储运算符的值。Terminate、Input 和 Output 均包含一个 u8 参数，而其他指令类型均包含一个 u16 参数。注意，最后一个变体型并不是一条指令，而是 Byte(u8)，表示进程中包含的数据字节。

当使用 Rust 枚举时，可方便地将指令的操作数封装至某个变体型中，即使是多条指令，这也是实际机器语言中典型的做法。操作数通常是较小的对象，因而派生 Instruction 枚举的 Copy 特性是非常有效的。

parse_add 函数体如下所示。

```
preceded(tag("\x08"), map(le_u16, Instruction::Add))(input)
```

如前所述，preceded 解析器组合器获取两个解析器并依次对其加以使用，同时丢弃第 1 个解析器的结果并返回第 2 个解析器的结果。

这里，第 1 个解析器为 tag("\x08")。前述内容曾介绍了作为解析器的 tag 函数可识别字面值字符串切片。实际上，该函数还可识别指定为字面值字符串的字节字面值序列。当利用某个数字（而非 ASCII 字符）指定一个字节时，使用十六进制转义序列是较为适宜的。因此，解析器将一个字节识别为数值 8，即 add 指令的操作码。

preceded 处理的第 2 个解析器需要识别小端模式的两个字节的操作数。对此，可使用 le_u16 解析器，其名称的含义为小端 u16。除此之外，还存在一个对应的 be_u16，并利用大端字节顺序识别一个字。

le_u16 解析器仅返回一个 u16 值。然而，我们需要一个 Instruction::Add 对象封装该值。因此，可使用 map 函数生成一个包含解析字的 Add 对象。

相应地，parse_add 函数体首先检查是否存在 8 个字节，并随后丢弃这些字节；接下来，该函数读取一对字节并根据小端字节顺序构建一个 16 位数字，并随后返回包含该字的 Add 对象。

对于所有包含字操作数的指令，可生成类似的解析器。然而，对于包含字节操作数的指令，则需要使用不同的操作数解析器。当解析一个单字节时，则不存在字节顺序问题。但考虑到术语的一致性，我们还是使用了 le_u8 解析器，即使 be_u8 解析器也工作良好且与 le_u8 解析器完全相同。

这里，解析器用于识别包含 0 操作码的 terminate 函数。

```
fn parse_terminate(input: &[u8]) -> IResult<&[u8], Instruction> {
    preceded(tag("\x00"), map(le_u8, Instruction::Terminate))(input)
}
```

当需要识别 add 指令时，可调用 parse_add；当需要识别 terminate 指令时，则可调用 parse_terminate；然而，当需要识别其他任意可能的指令时，作为替代方案，需要针对所有指令整合全部解析器，并采用之前讨论的 alt 解析器组合器。

该解析器组合器具有一定的限制条件，即最多组合 20 个解析器。实际上，我们拥有 24 种指令类型，因而需要组合 24 个解析器。通过嵌套 alt 应用，可以很方便地解决这一问题，对应函数如下所示。

```
fn parse_instruction(input: &[u8]) -> IResult<&[u8], Instruction> {
    alt((
        alt((
            parse_terminate,
            parse_set,
            parse_load,
            parse_store,
            parse_indirect_load,
            parse_indirect_store,
            parse_input,
            parse_output,
            parse_add,
            parse_subtract,
            parse_multiply,
            parse_divide,
            parse_remainder,
            parse_jump,
            parse_jump_if_zero,
```

```
            parse_jump_if_nonzero,
            parse_jump_if_positive,
            parse_jump_if_negative,
            parse_jump_if_nonpositive,
            parse_jump_if_nonnegative,
        )),
        alt((
            parse_load_byte,
            parse_store_byte,
            parse_indirect_load_byte,
            parse_indirect_store_byte,
        )),
    ))(input)
}
```

在上述代码中，parse_instruction 函数使用 alt 组合两个解析器，并分别针对 20 条指令和 4 条指令使用 alt 整合解析器。当一个字节切片被传递至该函数中时，该函数返回唯一可从中解析的指令；如果没有识别出指令，则返回错误消息。

Instruction 枚举实现了 len 方法，这对于查找指令的长度十分有用，如下所示。

```
impl Instruction {
    pub fn len(self) -> usize {
        use Instruction::*;
        match self {
            Byte(_) => 1,
            Terminate(_) | Input(_) | Output(_) => 2,
            _ => 3,
        }
    }
}
```

在上述代码中，Byte 占用 1 个字节；Terminate、Input 和 Output 指令占用两个字节；其他指令占用 3 个字节。

当从程序的前两个字节中读取进程的长度时，get_process_size 函数将十分有用。注意，除了 parse_instruction 解析器之外，所有的解析器（当前模块内）均是私有的，以便可解析机器代码指令。

在指令的解析器的基础上，接下来将构建底层解析器（即模拟器）。

9.5.3　emulator.rs 源文件

模拟器实现于 emulator.rs 源文件中，解释器的入口点如下列函数所示。

```
pub fn execute_program(program: &[u8]) -> Result<u8, ()> {
    let process_size_parsed: u16 = match get_process_size(program) {
        Ok(ok) => ok,
        Err(_) => return Err(()),
    };
    let mut process = vec![0u8; process_size_parsed as usize];
    process[0..program.len()].copy_from_slice(&program);
    let mut registers = RegisterSet { ip: 2, acc: 0 };
    loop {
        let instruction = match parse_instruction(&process[registers.ip as
usize..]) {
            Ok(instruction) => instruction.1,
            Err(_) => return Err(()),
        };
        if let Some(return_code) = execute_instruction(&mut process, &mut
registers, instruction) {
            return Ok(return_code);
        }
    }
}
```

上述函数作为参数接收一个程序，并通过一次解析和执行一条指令运行该程序。如果由于错误的指令而出现任何解析错误，那么函数将返回对应的解析错误；如果未出现任何解析错误，那么程序将继续执行直至遇到 Terminate 指令。随后，程序将返回 Terminate 指令的操作数。

第 1 条语句获取进程所需的大小，随后利用指定的长度并作为字节向量生成 process 变量。当前程序中的内容将被复制至进程的第 1 部分中，接下来进程的其余部分则被初始化为 0。

在上述代码的第 8 行中，变量 registers 通过 RegisterSet 类型被声明，如下所示。

```
pub struct RegisterSet {
    ip: u16,
    acc: u16,
}
```

在这一简单的机器架构中，将指令指针和累加器封装至结构中并无太多的收益，但对于包含多个寄存器的复杂处理器，该方案将十分方便。

最后是一个解释循环，并包含以下两个步骤。

（1）对 parse_instruction 的调用将从指令指针的当前位置中解析进程并返回 Instruction。

（2）调用 execute_instruction 将执行步骤（1）生成的指令，同时还将考虑到整个进程和寄存器组。

execute_instruction 函数则是一个较大的 match 语句，如下所示。

```
match instruction {
    Terminate(operand) => {
        r.ip += 2;
        return Some(operand);
    }
    Set(operand) => {
        r.acc = operand;
        r.ip += 3;
    }
    Load(address) => {
        r.acc = get_le_word(process, address);
        r.ip += 3;
    }
    Store(address) => {
        set_le_word(process, address, r.acc);
        r.ip += 3;
    }
```

针对每种指令类型，应采取适宜的动作，此外还需注意以下几项内容。

❑ Terminate 指令导致函数返回 Some，而对于其他指令则返回 None。这使得调用者终止执行循环。

❑ Set 指令将累加器（r.acc）设置为操作数值。

❑ Load 指令利用 get_le_word 函数从 process 的 address 位置读取小端字，并将其赋予累加器。

❑ Store 指令利用 set_le_word 函数将取自累加器的小端字赋予 process 的 address 位置。

❑ 全部指令通过指令自身的长度递增指令指针（r.ip）。

接下来考查指令每次读取或写入内存字时所使用的辅助函数。

```
fn get_le_word(slice: &[u8], address: u16) -> u16 {
    u16::from(slice[address as usize]) + (u16::from(slice[address as usize
+ 1]) << 8)
}

fn set_le_word(slice: &mut [u8], address: u16, value: u16) {
    slice[address as usize] = value as u8;
```

```
    slice[address as usize + 1] = (value >> 8) as u8;
}
```

在上述代码中，get_le_word 函数获取 address 处的一个字节，以及下一个位置处的另一个字节。第 2 个字节在小端模式下显得十分重要，因而其值在加至另一个字节之前被左移 8 位。

set_le_word 保存了一个字节以及地址位置，并在下一个位置保存了另一个字节。第 1 个字是通过将字转换成 u8 类型获得的，第 2 个字则是通过将字右移 8 位获得的。

当然，jump 指令则有所不同。考查下列代码片段。

```
JumpIfPositive(address) => {
    if (r.acc as i16) > 0 {
        r.ip = address;
    } else {
        r.ip += 3;
    }
}
```

这里，可将 JumpIfPositive 指令的操作数看作一个有符号的数字。如果对应值是正数，指令指针将被设置为操作数；否则将执行常规的递增操作。

作为另一个示例，我们考查如何间接地加载一个字节，如下所示。

```
IndirectLoadByte(address) => {
    r.acc = get_byte(process, get_le_word(process, address));
    r.ip += 3;
}
```

当使用 get_le_word 函数时，将从 process 中读取 address 位置处的 16 位值，该值是一个字节地址，因而 get_byte 函数用于读取该字节，并将其赋予累加器。

本节讨论了第 1 种执行技术，即一次解析和执行一条指令。

9.5.4　parsing_interpreter.rs 源文件

本节将考查另一种执行技术，即首先分析整个程序，并随后执行解析结果。

parsing_interpreter 模块包含两个入口点，即 parse_program 和 execute_parsed_program。

其中，第 1 个入口点调用一次 get_process_size，并从前两个字节中获取进程大小，随后利用下列循环解析程序指令。

```
let mut parsed_program = vec![Instruction::Byte(0); process_size_parsed];
let mut ip = 2;
```

```
loop {
    match parse_instruction(&program[ip..]) {
        Ok(instruction) => {
            parsed_program[ip] = instruction.1;
            ip += instruction.1.len();
            if let Instruction::Terminate(_) = instruction.1 {
                break;
            }
        }
        Err(_) => return Err(()),
    };
}
```

在后续代码中，我们即将构建的数据结构则表示为 parsed_program 变量。该变量是一个指令或字节数据的向量，并被包含 0 值的单数据字节初始化，但随后某些字节将被指令所替换。

在起始位置 2 处，程序通过 parse_instruction 函数被重复地解析。该函数返回一条指令，且该指令被存储于与程序中其位置相对应的位置处的向量中。

parse_instruction 函数则等同于 instructions 模块中的 parse_instruction 函数。

在循环结束后，还需要将数据值置入向量中，这一过程是通过下列循环实现的。

```
for ip in ip..program.len() {
    parsed_program[ip] = Instruction::Byte(program[ip]);
}
```

这将利用另一个字节（其值取自当前程序）替换向量中的任何字节。execute_parsed_program 函数体如下所示。

```
let mut registers = ParsedRegisterSet { ip: 2, acc: 0 };
loop {
    if let Some(return_code) = execute_parsed_instruction(parsed_program,
&mut registers) {
        return return_code;
    };
}
```

上述代码定义了一个累加寄存器组，随后重复地调用 execute_parsed_instruction 函数，直至返回 Some。该函数与 emulator 模块中的 execute_instruction 函数十分类似。

这里，主要的差别在于 get_parsed_le_word、set_parsed_le_word、get_parsed_byte 和 set_parsed_byte 函数的应用方面，同时不再使用 get_le_word、set_le_word、get_byte 和 set_byte 函数。

具体来说，上述函数不再获取或设置 u8 对象切片中的 u8 值，而是获取或设置

Instruction 对象的切片中的 Instruction::Byte 值。此处，切片表示解析后的程序。

接下来考查最后一种技术。

9.5.5　translator.rs 源文件

本节将考查最后一种执行技术——该技术将程序转换为 C 语言程序，以便使用任何 C 编译器对其进行编译。

translator.rs 模块仅包含一个入口点，如下所示。

```
pub fn translate_program_to_c(program: &[u8], target_path: &str) ->
Result<()> {
```

上述函数获取机器语言程序，以转换程序和文件路径，进而生成并返回表明成功或失败的结果。

上述函数体创建一个文本，并通过下列方式写入其中。

```
writeln!(file, "#include <stdio.h>")?;
```

这将把一个字符串写入 file 流中。注意，writeln 宏与 println 宏类似，并支持基于大括号对的字符串插值。

```
writeln!(file, " addr_{}: acc = {};", *ip, operand)?;
```

因此，实际的大括号需要使用双引号。

```
writeln!(file, "unsigned char memory[] = {{")?;
```

相应地，转换算法则十分简单。首先，需要声明一个全局字节数组，如下所示。

```
unsigned char memory[];
```

接下来定义两个辅助函数，对应签名如下所示。

```
unsigned short bytes_to_u16_le(unsigned int address)
void u16_to_bytes_le(unsigned int address, unsigned short operand)
```

其中，第 1 个函数读取两个位置（即 address 和 address+1）处的 memory 数组中的两个字节，将其解释为小端 16 位数字并返回该数字；第 2 个函数生成包含 operand 值的两个字节，并将其作为小端 16 位数字写入 address 和 address+1 位置处的内存中。

随后，main 函数声明一个 acc 变量，并用于累加器寄存器。

此处并未使用包含指令指针的变量，这意味着，在 C 程序执行期间，当前 C 语言语句对应于当前的机器语言指令。

利用 goto 语句（不建议）可实现机器语言的跳转操作。当跳跃至任意指令处时，跳跃的目标指令之前需要设置唯一的 C 语言标签。出于简单考虑，当转换任何指令时，需要生成不同的标签，即使大多数标签不被 goto 语句所用。

作为示例，下面考查 store pos 汇编语言指令（对应于 3、33、1 机器语言指令）。其中，3 表示 store 指令的操作码；33 和 1 表示小端模式的 289。假设指令始于程序的位置 10 处，针对该指令，将生成下列 C 语言语句。

```
addr_10: u16_to_bytes_le(289, acc);
```

此处存在一个标签，并作为可能的 jump 指令的目标。标签创建完毕后，将把指令的位置连接至 addr_ constant。随后是一个函数调用，并将 acc 变量值复制至小端模式下 memory 数组的 289 和 230 位置处的字节中。

当创建上述语句时，将执行一个循环并通过 parse_instruction 函数一次解析一条指令，随后利用 translate_instruction_to_c 函数生成对应的 C 语言语句。

translate_instruction_to_c 函数包含一个较大的 match 语句，同时针对每种指令类型设置了一个分支。例如，下列分支将转换 Store 指令。

```
Store(address) => {
    writeln!(file, " addr_{}: u16_to_bytes_le({}, acc);", *ip, address)?;
    *ip += 3;
}
```

在 Terminate 语句经由循环处理完毕后，main 函数将结束，刚刚声明的 memory 数组将利用机器语言程序的全部内容予以定义和初始化。

实际上，当前 C 语言代码并未使用机器语言指令，因而可在数组中予以忽略，但这种方式使用起来更加简单。

至此，我们介绍了如何从机器语言程序（假设其具有良好的格式）中生成等价的 C 语言程序，只要存在 goto 语句，该技术可用于生成其他编程语言中的程序。

前述内容考查了执行机器语言程序的多种方式，据此，我们可进一步探讨机器语言解释器的其他应用。

9.6　nom_disassembler 项目

如前所述，机器语言程序可采用汇编语言编写，随后可转换为机器语言。因此，如果需要理解或调试自家公司编写的机器语言程序，我们应查看用于生成该程序的汇编语言程序。

　　然而，如果程序并非自家公司编写，且未持有其汇编语言源代码，那么，通过某种工具将机器语言程序转换为对应的汇编语言程序将十分有用。出于以下几种原因，这种工具（即反汇编程序）无法生成较优的汇编语言。

　　❑　无意义的注释内容将被插入代码中。

　　❑　数据变量未包含有意义的符号名称，且仅是一些放置某些数据的内存位置字节，并被对应的地址所引用。

　　❑　跳转的目标不具备有意义的符号名称，仅是一些指令开始处的内存位置，并被对应的地址引用。

　　对于 16 位字，有时需要将其视为单一数字，而某些时候则应将其视为字节对。如果正在反汇编某个程序，并经修改后提交至汇编程序，那么较好的做法是针对 16 位数字生成单一的数字（针对当前处理器，采用小端模式）。

　　相反，如果反汇编一个程序以进一步理解其中的内容，那么针对 16 位数字应生成单一数字和字节对。

　　典型的反汇编程序使用十六进制。相应地，一个 16 位数通过 4 个十六进制数字表示，其中，两个十六进制数字表示一个字节，而另外两个十六进制数字表示另一个字节。

　　当继续使用十进制表示法时，nom_disassembler 项目从同一个机器语言程序中生成两种结果，如下所示。

　　❑　FOR DEBUG 输出。其中，每个 16 位数字分别表示为单一数字和字节对。

　　❑　FOR ASSEMBLING 输出。其中，每个 16 位数字仅表示为单一数字。

　　接下来将考查如何运行项目。

9.6.1　运行项目

　　当针对当前项目输入 cargo run 时，将会看到始于下列内容的较长的输出结果。

```
FOR DEBUG
Program size: 299
Process size: 699
    2: Set(284: 28, 1)
    5: Input(5)
    7: Set(284: 28, 1)
   10: Store(289: 33, 1)
   13: IndirectLoadByte(289: 33, 1)
```

随后将会看到下列输出结果。

```
297: Byte(2)
298: Byte(0)

FOR ASSEMBLING
process size 699
    2: set 284
    5: input 5
    7: set 284
   10: store 289
   13: indirect load byte 289
```

最后的输出结果如下所示。

```
297: data byte 2
298: data byte 0
```

输出结果的第 1 部分内容为 FOR DEBUG 反汇编。在显示了程序和进程的大小后，将开始执行反汇编指令。其中，第 1 条指令为 Set，其 16 位操作数为数字 284（由小端模式下的 28 和 1 这两个字节构成）；第 2 条指令是 Input，该指令包含了一个 8 位操作数。

任何指令之前均是指令第 1 个字节的地址。因此，Set 指令之前是 2（程序的第 3 个字节）；Input 之前是 5（程序的第 6 个字节）。

当前程序结束于字节序列。由于机器语言不包含字数据这一概念，且仅表示为字节序列。

输出的第 2 部分是 FOR ASSEMBLING 反汇编，且不同于第 1 种反汇编技术，主要原因如下所示。

❑ 不存在程序大小这类数据。任何汇编程序可计算对应的机器语言程序的大小，因而无须在汇编语言源文件中对其加以指定。

❑ 指令的符号名称仅包含小写字母，并可由多个空格分隔的字构成。通过这种方式，这些内容可方便地被读写。相反，FOR DEBUG 输出仅使用指令枚举的变型体（variant）的名称。

❑ 操作数为单一数字。

接下来考查源代码以进一步理解其中的内容。

9.6.2　查看源代码

通过查看源代码，本节将考查项目如何获取输出结果，相应的源代码位于 main.rs 文件中。在定义了 prog 变量后，main 函数仅包含下列语句。

```
println!("FOR DEBUG");
let _ = disassembly_program_for_debug(&prog);
println!();
println!("FOR ASSEMBLING");
let _ = disassembly_program(&prog);
```

其中，disassembly_program_for_debug 函数生成第 1 种输出，而 disassembly_program 函数则生成第 2 种输出。下面考查这些函数的具体内容。

9.6.3　生成供调试使用的反汇编代码

在 disassembly_program_for_debug 函数中，下列代码片段值得关注。

```
loop {
    let instruction = parse_instruction(rest)?;
    println!("{:5}: {:?}", offset, instruction.1);
    offset += instruction.1.len();
    rest = instruction.0;
    if let Terminate(_) = instruction.1 {
        break;
    }
}
for byte in rest {
    let instr = Byte(*byte);
    println!("{:5}: {:?}", offset, instr);
    offset += instr.len();
}
```

在上述代码中，循环语句利用 parse_instruction 函数解析每个指令，随后的循环则扫描每种数据类型。对于解析后的每条指令，所得到的指令通过 println 输出，对应的大小则被添加至程序的当前位置处，即 offset。

当出现 Terminate 指令时，循环即结束。对于数据字节，将构造 Byte 变型体，并通过类似方式输出。这将产生一个问题，即如何输出 Instruction 类型的对象。

当采用 println 的{:?}占位符输出时，需要实现 Debug 特性。然而，当输出一个 Instruction 对象（前述各章曾对此有所定义）时，无须获取所需的输出结果。例如，当执行 print!("{:?}", Instruction::Set(284))语句时，将得到下列输出结果。

```
Set(284)
```

但实际上，我们需要以下输出结果。

```
Set(284: 28, 1)
```

当获取所需的格式内容时，需要通过下列方式定义新类型。

```
#[derive(Copy, Clone)]
struct Word(u16);
```

Word 类型通过下列方式封装 Instruction 变型体的所有 u16 参数。

```
#[derive(Debug, Copy, Clone)]
enum Instruction {
    Terminate(u8),
    Set(Word),
    Load(Word),
    ...
```

这将导致 Instruction 对象的任何构造过程都在其内部构件一个 Word 对象，并且 Instruction 实现的每个特性也必须由 Word 实现。另外，Copy 和 Clone 是通过默认的派生实现的。

相应地，Debug 特性则通过下列方式实现。

```
impl std::fmt::Debug for Word {
    fn fmt(&self, f: &mut std::fmt::Formatter) -> std::fmt::Result {
        write!(f, "{}: {}, {}", self.0, self.0 as u8, self.0 >> 8)
    }
}
```

fmt 函数体写入 3 个数字，即整个参数（self.0）、其低位字节（self.0 as u8）和高位字节（self.0 >> 8）。通过这种方式，我们可以得到所需的格式。

Instruction 对象由指令解析器创建。因此，这些解析器需要针对项目 nom_byte_machine 进行更改。在该项目中可以看到，一些解析器接收 16 位数字，如下所示。

```
fn parse_set(input: &[u8]) -> IResult<&[u8], Instruction> {
    preceded(tag("\x01"), map(le_u16, Instruction::Set))(input)
}
```

针对所有这些解析器，le_u16 解析器必须被替换为 le_word 解析器，进而得到以下内容。

```
fn parse_set(input: &[u8]) -> IResult<&[u8], Instruction> {
    preceded(tag("\x01"), map(le_word, Instruction::Set))(input)
}
```

当前解析器按照下列方式定义。

```
fn le_word(input: &[u8]) -> IResult<&[u8], Word> {
```

```
    le_u16(input).map(|(input, output)| (input, Word(output)))
}
```

这将调用 le_u16 解析器，随后得到生成的(input,output)对，并将 output 条目封装至 Word 对象中，从而得到(input, Word(output))对。

前述内容讨论了如何将机器语言程序转换为一类汇编代码。对于调试功能，反汇编代码十分有用，但难以修改和重组以生成新的机器语言程序。稍后将介绍另一种反汇编代码，且对重新汇编十分有用。

9.6.4　生成反汇编代码以重组

对于其他输出类型，如 FOR ASSEMBLING，我们需要查看 disassembly_program 函数，该函数与 disassembly_program_for_debug 函数类似，其差别如下。

❑　程序的大小未被触发。

❑　两个 println 语句的格式化字符串为"{:5}: {}"，而非"{:5}: {:?}"。

对于此类格式化占位符，需要通过 Instruction 类型实现 Display 特性，如下所示。

```
impl std::fmt::Display for Instruction {
    fn fmt(&self, f: &mut std::fmt::Formatter) -> std::fmt::Result {
        use Instruction::*;
        match self {
            Terminate(byte) => write!(f, "terminate {}", byte),
            Set(word) => write!(f, "set {}", word),
            Load(word) => write!(f, "load {}", word),
            ...
            Byte(byte) => write!(f, "data byte {}", byte),
        }
    }
}
```

对于任何变型体，均可使用 write 宏发出指令的符号名，随后是字节或字的格式化值。对应格式还需要针对参数实现 Display 特性。这里，字节为 u8 类型，并已实现了 Display 特性。对于字，需要实现下列声明。

```
impl std::fmt::Display for Word {
    fn fmt(&self, f: &mut std::fmt::Formatter) -> std::fmt::Result {
        write!(f, "{}", self.0)
    }
}
```

这简单地生成了封装于 Word 对象中的数字值。因此，我们考查了如何将机器语言程序转换为两种可能的反汇编文本格式。

此外，我们还讨论了另一种反汇编技术。作为练习，读者可针对机器语言编写一个汇编程序，并在反汇编程序生成的代码上对其加以运行，最后检查最终的机器代码是否等同于原始代码。

9.7　本　章　小　结

本章首先定义了一种简单的玩具机器语言，随后介绍了一种稍显复杂的技术，并尝试实现各种操作。

在所定义的第 1 种机器语言中，假设内存表示为 16 位字序列，任何指令均由每个字的两部分构成，即操作码和操作数；第 2 种机器语言则假设内存为字节序列，其中，一些指令可处理单字节，而另一些指令则可处理整个字。

这将引入字节顺序问题，即如何将两个连续的字节解释为一个字。作为示例，我们首先采用 Rust 语言编写了 Eratosthenes 筛选算法，并随后将其转换为机器语言。

在第 1 种机器语言中，我们在不借助任何外部库的情况下编写了一个解释器，该程序首先用于解释数字转换程序（word_machine_convert），随后则实现了更加复杂的筛选算法（word_machine_sieve）。

对于第 2 种机器语言，我们在独立项目（nom_byte_machine）中编写了 3 个程序，且均使用了 Nom 解析库。其中，第 1 个程序是一种逐指令执行的解释器；第 2 个程序首先解析整个程序，随后解释解析后的程序；第 3 个程序则将程序转换为 C 语言。

对于第 2 种机器语言，我们通过 Nom 库（nom_disassembler）构建了两个反汇编程序。第 1 个反汇编程序针对调试机制输出有用的结果；第 2 个反汇编程序则针对编辑后的重组行为输出有用的结果。

在阅读完本章内容后，读者应能够理解机器语言及其对应的汇编语言、如何将汇编语言转换为机器语言（反之亦然）、如何将机器语言转换为 C 语言、如何解释机器语言，以及如何使用 Nom 解析库执行此类任务。

第 10 章将学习如何创建 Linux 内核模块。

9.8　本　章　练　习

（1）机器语言模拟器的作用是什么？

（2）处理器的累加器是什么？

（3）处理器的指令指针是什么？

（4）为何在机器语言中难以直接编写程序，且较好的做法是使用汇编程序？

（5）Rust 枚举如何表示一条机器语言指令？

（6）什么是小端模式？什么是大端模式？

（7）接收文本的 Nom 解释器和接收二进制数据的 Nom 解析器之间的差别是什么？

（8）机器语言程序必须遵守哪些规则才能全部解析它，或者能够将其翻译成另一种编程语言？

（9）为什么反汇编程序可首选不同的类型的输出结果或十六进制输出格式？

（10）单一数字如何以不同的方式输出？

第 10 章　创建 Linux 内核模块

操作系统都可以通过可加载模块进行适当的扩展，旨在支持构建操作系统的机构缺少专用硬件，因此这些可加载模块常被称作驱动程序。

然而，操作系统的这种扩展性也可用于其他目的。内核本身可以通过可加载模块支持特定的文件系统或网络协议，而无须更改和重新编译实际的内核。

本章将考查如何构建可加载的内核模块，特别是 Linux 操作系统和 x86_64 CPU 架构。此外，本章描述的概念和命令也适用于其他 CPU 架构。

本章主要涉及以下主题。

- ❑ 准备环境。
- ❑ 创建样板模块。
- ❑ 使用全局变量。
- ❑ 分配内存。
- ❑ 为字符设备创建驱动程序。

在阅读完本章后，读者将掌握与操作系统扩展模块相关的通用概念，特别是如何创建、管理和调试 Linux 内核模块。

10.1　技　术　需　求

对于本章内容，读者需要了解 Linux 操作系统方面的概念，特别是以下内容。

- ❑ 如何使用 Linux 命令解释器（即 Shell）。
- ❑ 如何理解 C 语言源代码。
- ❑ 如何使用 GCC 编译器或 Clang 编译器。

如果读者对上述知识尚不熟悉，建议参考下列网络资源。

- ❑ 关于 Linux 命令解释器，网络上包含了大量的教程，读者可访问 https://ubuntu.com/tutorials/command-line-for-beginners#1-overview，其内容适用于 Ubuntu Linux 版本的初学者。此外，读者还可访问 https://wiki.lib.sun.ac.za/images/c/ca/TLCL-13.07.pdf，其中包含了高级且完整的书籍。
- ❑ C 语言方面的教程也不胜枚举，例如，读者可访问 https://www.tutorialspoint.com/cprogramming/index.htm。

❑ 读者可访问 https://clang.llvm.org/docs/ClangCommandLineReference.html 以了解 Clang 编译器方面的内容。

本章中的代码示例仅在特定的 Linux 版本上开发和测试，即基于 4.15.0-72 通用内核的 Linux Mint 发行版。Mint 发行版源自 Debian 发行版，因而包含了大多数 Debian 命令。桌面环境则无关紧要。

当运行本章示例时，读者应以超级用户（root）的身份访问运行上述发行版的系统（基于 x86_64 架构的 CPU）。

当构建内核模块时，需要编写大量的样板代码，这一工作已在某个开源项目中完成，读者可访问 https://github.com/lizhuohua/linux-kernel-module-rust 查看该项目。另外，该项目的部分内容已被复制至某个框架中，以编写 Linux 内核框架，本章也对此有所运用。具体位置为本章 GitHub 存储库的 linux-fw 文件夹中。

出于简单考虑，本章并未实现交叉编译。也就是说，内核模块应在所用的同一操作系统中构建。这似乎有些不寻常，因为可加载模块是为不适合软件开发的操作系统或架构开发的；在某些情况下，目标系统过于受限，以至于无法运行方便的开发环境，如微控制器。

在其他情况下，情况正好相反——目标系统的成本太高，以至于开发人员无法独自使用，如超级计算机。

本章的源代码位于 GitHub 的 Chapter10 文件夹中，对应网址为 https://github.com/PacktPublishing/Creative-Projects-for-Rust-Programmers。

10.2　项　目　简　介

本章将考查 4 个项目，进而展示如何构建复杂度逐渐增加的 Linux 内核模块。

❑ boilerplate：一个简单的内核模块，并展示构建模块的最低需求。
❑ state：该模块使用某些全局静态变量，即 static 状态。
❑ allocating：该模块分配堆内存，即 dynamic 状态。
❑ dots：该模块实现了只读字符设备并可与文件系统路径名关联，随后可作为一个文件被读取。

10.3　理解内核模块

内核模块必须满足操作系统的某些要求，因此试图采用面向应用程序的编程语言（如

Java 或 JavaScript）编写内核模块是非常不合理的。通常情况下，内核模块仅采用汇编语言或 C 语言编写，某些情况下也会采用 C++编写。然而，Rust 是一种系统编程语言，因而可通过 Rust 编写可加载的内核模块。

虽然 Rust 通常是一种可移植的编程语言（相同的源代码可以针对不同的 CPU 架构和不同的操作系统重新编译），但对于内核模块却不是这样。特定的内核模块需要针对特定的操作系统设计和实现。此外，通常必须以特定的机器体系结构为目标，尽管核心逻辑可以与体系结构无关。因此，本章中的示例只针对 Linux 操作系统和 x86_64 CPU 架构。

注意，某些安装工作需要通过超级用户身份执行。因此，在安装系统包或更改内核内容的命令之前，应该在 sudo 命令前面加上前缀。若经常以超级用户的身份工作，其危险程度也会随之上升，因为错误的命令可能会危及整个系统。当以超级用户身份工作时，可在终端中输入下列命令。

```
su root
```

随后输入相应的超级用户密码。

Linux 操作系统只希望它的模块是用 C 编写的。如果想采用 Rust 语言编写一个内核模块，必须使用一个胶水软件将 Rust 代码与 Linux 的 C 语言连接起来。

因此，需要使用 C 编译器构建这种胶水软件。此处将使用 clang 编译器，这也是底层虚拟机（LLVM）项目中的一部分内容。

ℹ 注意：

Rust 编译器也是用 LLVM 项目库生成机器代码。

通过输入下列命令可安装 clang 安装器。

```
sudo apt update
sudo apt install llvm clang
```

注意，apt 命令是典型的 Debian 后续发行版，在许多 Linux 发行版和其他操作系统中都不可用。

随后，需要确保安装了当前操作系统的 C 语言头文件。通过输入 uname -r 命令，可查看当前操作系统的版本，这将输出 4.15.0-72-generic 这一类内容。此外，通过输入下列命令，还可安装特定内核版本的头文件。

```
sudo apt install linux-headers-4.15.0-72-generic
```

通过输入下列命令，还可进一步整合上述两个命令。

```
sudo apt install linux-headers-"$(uname -r)"
```

这将针对系统生成正确的命令。

在编写本书时，仅可通过 Rust 编译器的 nightly 版本创建 Linux 内核模块。当安装该编译器的最新版本时，可输入下列命令。

```
rustup toolchain install nightly
```

除此之外，还需要使用 Rust 编译器源代码及其格式化工具。通过输入下列命令，可确保已经安装了这些内容。

```
rustup component add --toolchain=nightly rust-src rustfmt
```

运行下列命令，以确保使用了 Rust 的 nightly 工具链（基于 x86_64 架构）以及默认条件下的 Linux。

```
rustup default nightly-x86_64-unknown-linux-gnu
```

如果系统上没有安装其他目标平台，上述命令还可进一步简化为 rustup default nightly。

cargo 实用程序包含多个子命令，如 new、build 和 run。针对当前项目，还需要一条附加的子命令，即 xbuild，其名称表示交叉构建，意味着针对另一个平台进行编译。实际上，这将针对不同于运行当前编译器的平台生成机器代码。也就是说，虽然我们运行的编译器是一个在用户空间运行的标准可执行文件，但生成的代码将在内核空间运行，因此需要一个不同的标准库。输入下列命令即可安装该子命令。

```
cargo install cargo-xbuild
```

在下载了本章的源代码后，即可准备运行示例程序。

💡 提示：

在下载的源代码中，每个项目都有一个文件夹，还有一个名为 linux-fw 的文件夹。其中包含开发 Linux 内核模块的框架。

10.4　boilerplate 模块

第 1 个项目是一个最小化的可加载内核模块，即 boilerplate，并在加载/卸载该模块时输出不同的消息。

boilerplate 文件夹中包含下列源文件。

❑ Cargo.toml：Rust 项目的构建指令。

- ❏ src/lib.rs：Rust 源代码。
- ❏ Makefile：构建指令以生成和编译 C 语言胶水代码，并将生成后的对象代码链接至内核模块中。
- ❏ bd：Shell 脚本以构建内核模块的调试配置。
- ❏ br：用于构建已发布的内核模块配置的 Shell 脚本。

下面开始构建内核模块。

10.4.1　构建和运行内核模块

当出于调试目的构建内核模块时，打开 boilerplate 文件夹并输入下列命令。

```
./bd
```

当然，该文件需要包含可执行的权限。然而，当从 GitHub 存储库中安装时，应该已经获得了相关权限。

当首次运行脚本时，它将构建框架自身，因而会占用较长的时间。随后将花费数分钟构建 boilerplate 项目。

在 build 命令执行完毕后，当前文件夹中将出现多个文件。其中一个文件为 boilerplate.ko，这里，ko（即内核对象的简写）表示需要安装的内核模块。由于包含了大量的调试信息，因此其尺寸较大。

生成与 Linux 模块文件相关的信息的 Linux 命令是 modinfo。我们可通过输入下列命令使用 modinfo。

```
modinfo boilerplate.ko
```

这将输出与特定文件相关的一些信息。当把模块加载至内核中时，可输入下列命令。

```
sudo insmod boilerplate.ko
```

insmod（插入模块）命令将从指定的文件中加载 Linux 模块，并将其添加至运行的模块中。当然，这是一种特权操作，可能危及整个计算机系统的安全和保障，因此只有超级用户才能运行这一命令。这也解释了使用 sudo 命令的必要性。如果该命令执行成功，则不会向终端输出任何内容。

lsmod（列表模块）命令输出当前加载的所有模块的列表。当选择所关注的模块时，可通过 grep 实用程序过滤输出结果。对此，可输入下列命令。

```
lsmod | grep -w boilerplate
```

如果 boilerplate 被加载，则将得到如图 10.1 所示的内容。

图 10.1

图 10.1 中的内容包含了模块名称、该模块占用的内存（以字节计算），以及这些模块的当前使用量。

当卸载加载的模块时，可输入下例命令。

```
sudo rmmod boilerplate
```

rmmod（移除模块）命令从运行的 Linux 内核中卸载指定的模块。如果该模块当前尚未被加载，那么上述命令将输出一条错误消息且不执行任何操作。

接下来考查模块的具体行为。Linux 中包含一个称作内核缓冲区的内存日志区域。内核模块可以向这个缓冲区中添加文本行。当 boilerplate 模块加载完毕后，这将向内核缓冲区中添加 boilerplate:Loaded 文本。当卸载 boilerplate 模块时，这将添加 boilerplate:Unloaded 文本。仅内核及其模块可对其执行写入操作，但各用户可通过 dmesg（显示消息的简写）实用程序执行读取操作。

当在终端中输入 dmesg 时，内核缓冲区的全部内容将被输出至终端。典型地，内核缓冲区存在数千条消息，并由几个模块编写（自系统最后一次重启以来），但最后两行内容应是 boilerplate 模块所添加的。当仅查看最后 10 行内容时，可输入下列命令。

```
dmesg --color=always | tail
```

其中，最后两行内容如图 10.2 所示。

图 10.2

括号所包围的第 1 部分内容是内核编写的时间戳，表示以秒和微秒为单位的、自内核开始的时间。这一行的其余部分由模块代码编写。

接下来考查 bd 脚本如何构建内核模块。

10.4.2　构建命令

bd 脚本包含下列内容。

```
#!/bin/sh
cur_dir=$(pwd)
cd ../linux-fw
```

```
cargo build
cd $cur_dir
RUST_TARGET_PATH=$(pwd)/../linux-fw cargo xbuild --target x86_64-linux-
kernel-module && make
```

代码的具体操作如下所示。

❑ 第 1 行代码声明这是一个 Shell 脚本，并使用 Bourne Shell 程序运行该脚本。

❑ 第 2 行代码将当前文件夹的路径保存至临时变量中。

❑ 第 3～5 行代码访问框架文件夹、针对调试配置构建框架，并返回原文件夹。

❑ 第 6 行内容构建模块自身并以 **&& make** 结尾。这意味着，在成功地运行了该行的第 1 部分中的命令后，还需要运行第 2 部分中的命令（即 make 命令）。如果第 1 部分中的命令无效，那么第 2 个命令将不会运行。这一行内容始于 RUST_TARGET_PATH=$(pwd)/../linux-fw 子句，并创建一个名为 RUST_TARGET_PATH 的环境变量，且仅对命令行的剩余部分有效。其中包含了 framework 文件夹的绝对路径。随后将调用 cargo 工具，对应参数为 xbuild --target x86_64-linux-kernel-module。这是一个 xbuild 子命令，用于编译除当前平台之外的其他不同平台，该命令的其余部分指定当前目标为 x86_64-linux-kernel-module，该目标特定于当前所使用的框架。为了进一步解释该目标的使用方式，这里有必要查看 Cargo.toml 文件，其中包含下列代码。

```
[package]
name = "boilerplate"
version = "0.1.0"
authors = []
edition = "2018"

[lib]
crate-type = ["staticlib"]

[dependencies]
linux-kernel-module = { path = "../linux-fw" }

[profile.release]
panic = "abort"
lto = true

[profile.dev]
panic = "abort"
```

其中，package 部分则是常规内容。lib 部分的 crate-type 条目指定了编译目标为静态
链接库。

dependencies 部分的 linux-kernel-module 模块指定了包含当前框架的文件夹的相对路
径。如果打算将框架文件夹安装在相对于当前项目的另一个位置处，或者使用另一个名
称，那么应更改此路径和 RUST_TARGET_PATH 环境变量。

由于这一指令，我们才可使用 cargo 命令行中指定的目标。

其余部分将指定在出现问题时，应立即执行中止操作（不包含输出结果），同时在
发布配置中激活链接时间优化（LTO）行为。

在 cargo 命令执行完毕后，则创建了 target/x86_64-linux-kernelmodule/debug/
libboilerplate.a 静态链接库。与其他 Linux 静态链接库类似，其名称始于 lib 并结束于.a。

命令行的最后一部分内容将运行 make 实用程序，这是在采用 C 语言开发时主要使用
的 build 工具。类似于 cargo 工具使用 Cargo.toml 文件查看操作内容，make 工具则使用
Makefile 文件实现同一目标。

这里，我们并未考查 Makefile，仅是表明该文件读取 cargo 生成的静态链接库，并利
用 C 语言胶水代码对其进行封装，进而生成 boilerplate.ko 文件，即内核模块。

除了 bd 文件之外，还存在一个 br 文件，该文件通过 release 选项运行 cargo 和 make，
并生成和优化内核模块。对此，可输入下列命令运行 br 文件。

```
./br
```

生成后的模块将覆写 bd 创建的 boilerplate.ko 文件。可以看到，新的文件在磁盘上将
占用更小的空间。另外。通过 lsmod 实用程序，还可看到其内存空间也有所减少。

10.4.3　样板模块的源代码

接下来考查项目的 Rust 源代码，对应代码位于 src/lib.rs 文件中。其中，第 1 行代码
如下所示。

```
#![no_std]
```

该指令可避免在项目中加载 Rust 标准库。实际上，标准库中的许多例程都假定是作
为应用程序代码在用户空间中运行，而不是在内核中运行，因此它们不能在当前项目中
使用。当然，在这个指令之后，我们习惯使用的许多 Rust 函数将不再自动可用。

特别地，默认条件下不再包含堆内存分配器，且不再支持需要堆内存分配的向量和
字符串。如果尝试使用 Vec 或 String 类型，则将会得到一条 use of undeclared type or
module 错误消息。

接下来的代码行如下所示。

```
use linux_kernel_module::c_types;
use linux_kernel_module::println;
```

具体来说，第 1 行代码导入对应于 C 语言数据类型的某些数据类型的声明，且需要实现与内核间的接口。这里，内核期望模块是采用 C 语言编写的。在该声明之后，即可使用 c_types::c_int 这一类表达式，该表达式对应于 C 语言的 int 类型。

第 2 行代码导入名为 println 的宏，就像标准库的宏一样，这个宏已经不再可用了。实际上，它可以以同样的方式使用，但不是在终端上输出，而是向内核缓冲区追加一行，并以时间戳作为前缀。

随后是模块的两个入口点。其中，init_module 函数在加载模块时被内核调用；cleanup_module 函数则在模块卸载时被内核调用。这两个函数的定义如下。

```
#[no_mangle]
pub extern "C" fn init_module() -> c_types::c_int {
    println!("boilerplate: Loaded");
    0
}

#[no_mangle]
pub extern "C" fn cleanup_module() {
    println!("boilerplate: Unloaded");
}
```

函数的 no_mangle 属性是一个指向链接器的指令，以保持准确的函数名，这样内核就可以通过其名称找到函数。extern "C"子句则表明函数调用规则必须是 C 语言通常使用的规则。

这些函数并未定义参数，但第 1 个函数返回一个值，表示初始化结果。相应地，值 0 表示成功，而值 1 则表示失败。Linux 指定该值的类型为 C 语言的 int 变量，框架的 c_types::c_int 类型仅表示二进制类型。

这两个函数向内核缓冲区中输出消息。另外，两个函数均为可选项，但如果 init_module 函数缺失，链接器将会输出一条警告消息。

文件的最后两行代码如下。

```
#[link_section = ".modinfo"]
pub static MODINFO: [u8; 12] = *b"license=GPL\0";
```

这针对链接器定义了一个字符串，并插入最终的可执行文件中。其中，字符串源的名称为.modinfo，对应值为 licence = GPL。该值必须是一个以空字符（null）结尾的 ASCII 字符串，因为这是 C 语言中通常使用的字符串类型。当前这一规则并非必需，但如果缺失，链接器将发出警告。

10.5　使用全局变量

前述项目的模块样板仅输出了一些静态文本。对于模块来说，较为常见的操作是某些变量需要在模块的生命周期内被访问。通常情况下，Rust 并不使用可变的全局变量，因为这些变量并不安全，且仅将其定义于 main 函数中，并将其作为参数传递至 main 函数调用的函数中。然而，内核模块并不包含 main 函数，且仅包含内核调用的入口点。因此，为了保持共享可变变量，必须使用一些不安全的代码。

State 项目展示了如何定义和使用共享可变变量。当运行该项目时，可在 state 文件夹中输入./bd，并随后输入下列命令。

```
sudo insmod state.ko
lsmod | grep -w state
sudo rmmod state
dmesg --color=always | tail
```

上述命令的具体解释如下所示。

❑ 第 1 条命令将模块加载至内核中，且不包含控制台输出结果。
❑ 第 2 条命令将通过获取所有已加载的模块，并过滤名为 state 的模块来显示模块已加载。
❑ 第 3 条命令将从内核中卸载模块，且不包含控制台输出结果。
❑ 第 4 条命令将显示模块添加至内核缓冲区中的两行内容，如下所示。

```
[123456.789012] state: Loaded
[123463.987654] state: Unloaded 1001
```

除了时间戳之外，由于模块的名称以及第 2 行中增加了数字 1001，因此上述内容与 boilerplate 示例有所不同。

接下来考查项目的源代码，并进一步展示与 boilerplate 源代码间的不同之处。lib.rs 文件包含下列额外代码行。

```
struct GlobalData { n: u16 }

static mut GLOBAL: GlobalData = GlobalData { n: 1000 };
```

其中，第 1 行代码定义了一个名为 GlobalData 的数据结构，仅包含 16 位无符号数字。第 2 行代码定义并初始化了该类型的静态可变变量，即 GLOBAL。

随后，init_module 函数包含了下列附加语句。

```
unsafe { GLOBAL.n += 1; }
```

这将递增全局变量值。由于该变量被初始化为 1000，因此在加载模块后，该变量的值为 1001。

最后，cleanup_module 函数中的语句被下列代码所替换。

```
println!("state: Unloaded {}", unsafe { GLOBAL.n });
```

这将格式化并输出全局变量值。注意，由于可访问可变静态对象，因而全局变量的读写行为是一种不安全的操作。

bd 和 br 文件等同于 boilerplate 项目中的对应文件，而 Cargo.toml 和 Makefile 文件则有所变化，因为 boilerplate 字符串被 state 字符串所替换。

10.6 分 配 内 存

前述项目定义了一个全局变量，但并未执行内存分配操作。即使在内核模块中，内存分配依然可行，如 allocating 项目所示。

当运行 allocating 项目时，打开 allocating 文件夹并输入./bd，随后输入下列 4 条命令。

```
sudo insmod allocating.ko
lsmod | grep -w allocating
sudo rmmod allocating
dmesg --color=always | tail
```

这些命令的行为与之前项目相比并无太多变化，但最后一条命令将在时间戳后输出下列一行文本。

```
allocating: Unloaded 1001 abcd 500000
```

下面查看项目的源代码及其与 boilerplate 源代码的不同之处。lib.rs 文件包含下列额外的代码行。

```
extern crate alloc;
use crate::alloc::string::String;
use crate::alloc::vec::Vec;
```

第 1 行代码显式地声明一个内存分配器；否则，由于未使用标准库，因此将无法将
内存分配器链接至可执行的模块处。

第 2 行和第 3 行代码在源代码中包含 String 和 Vec 类型；否则将无法在源代码中予
以使用。接下来是下列全局声明。

```rust
struct GlobalData {
    n: u16,
    msg: String,
    values: Vec<i32>,
}

static mut GLOBAL: GlobalData = GlobalData {
    n: 1000,
    msg: String::new(),
    values: Vec::new(),
};
```

当前，数据结构包含了 3 个字段，其中的两个字段（msg 和 values）在非空时使用堆
内存，GLOBAL 变量则负责初始化所有字段。这里，由于不允许分配内存，因此这些动
态字段必须为空。

在 init_module 函数中，由于在其他入口点中可执行内存分配，因此下列代码有效。

```rust
unsafe {
    GLOBAL.n += 1;
    GLOBAL.msg += "abcd";
    GLOBAL.values.push(500_000);
}
```

这将修改全局变量的所有字段，并针对 msg 字符串和 values 向量分配内存。最后，
还可通过 cleanup_module 函数中的下列语句访问全局变量并输出其值。

```rust
unsafe {
    println!("allocating: Unloaded {} {} {}",
        GLOBAL.n,
        GLOBAL.msg,
        GLOBAL.values[0]
    );
}
```

代码的其余部分则保持不变。

10.7　字　符　设　备

UNIX 系统以将其 I/O 设备映射至文件系统中这一特性而闻名。除了预定义的 I/O 设备之外，还可将自己的设备定义为内核模块。内核设备可被绑定至真实的硬件上，或者也可是虚拟的。在当前项目中，我们将构建一个虚拟设备。

在 UNIX 系统中，存在两种 I/O 设备，即块设备和字符设备。前者在单项操作中处理字节包（即缓冲机制），而后者则一次仅处理一个字节，且不包含缓冲机制。

总的而言，设备可执行读写操作。当前设备为只读设备，因而将构建一个文件系统映射的、虚拟的只读字符设备。

10.7.1　构建字符设备

本节将构建一个字符设备驱动程序（简称为字符设备）。字符设备是一个设备驱动程序，一次仅处理一个字节，且不包含缓存机制。当前设备的行为较为简单——针对所读取的每个字节，将返回一个点符号；但对 10 个字符，则返回一个星号（而非点符号）。

当构建该设备时，打开 dots 文件夹并输入./bd。在当前文件夹中将生成多个文件，包括内核模块 dots.ko 文件。

当安装设备并检查设备是否被加载时，可输入下列命令。

```
sudo insmod dots.ko
lsmod | grep -w dots
```

当前，内核模块作为字符设备被加载，但尚未映射至特定的文件中。然而，可通过下列命令在加载的设备中找到该设备。

```
grep -w dots /proc/devices
```

/proc/devices 虚拟文件包含了一个所有加载设备模块的列表。在 Character devices 部分中，应包含下列一行内容。

```
236 dots
```

这意味着，存在一个名为 dots 的已加载的设备驱动程序，其内部标识符为 236。这一内部标识符也被称作主设备号，因为该设备号是实际标识设备的一对号码中的第 1 个号码；而其他号码则被称作次设备号且未予使用，但可被设置为 0。

主设备号可能因系统的不同以及加载的不同而发生变化，因为它是在加载模块时由内核分配的。不管怎样，主设备号是一个较小的正整数。

当前，我们需要将这些设备驱动程序与特定的文件关联，该文件是文件系统中的一个入口点，可作为文件使用，但实际上是一个设备驱动程序的句柄。

这种操作可通过下列命令执行，其中，应将 236 替换为/proc/devices 文件中的主设备号。

```
sudo mknod /dev/dots1 c 236 0
```

mknod Linux 命令将生成一个特定的设备文件。具体来说，上述命令将在 dev 文件夹中创建一个名为 dots1 的特定文件。

出于以下两个原因，这将是一个特权命令。

❑ 仅超级用户可创建特定文件。

❑ 仅超级用户可在 dev 文件夹中创建一个文件。

其中，字符 c 意味着生成的设备将是一个字符设备。这里，236 和 0 分别表示为新虚拟设备的主设备号和次设备号。

注意，特定文件的名称（dots1）可能与当前设备的名称（dots）有所不同，因为特定文件和设备驱动程序之间的关联通过主设备号执行。

在创建了特定文件后，即可从中读取一些字节。对此，head 命令可读取文本文件的第 1 行内容或字节。因此，可输入下列命令。

```
head -c42 /dev/dots1
```

这将向控制台中输出下列文本。

```
.........*.........*.........*.........*..
```

上述命令将从指定为文件中读取前 42 个字节。

当请求第 1 个字节时，模块将返回一个点号；当请求第 2 个字节时，模块将返回另一个点号，直至前 9 个字节；然而当请求第 10 个字节时，模块则返回一个星号。随后，这一操作将重复执行，即在 9 个点号后返回一个星号。实际上，此处仅可返回 42 个字符，因为 head 命令从当前设备中请求了 42 个字符。

换而言之，如果模块生成的字符序号是 10 的倍数，则对应字符为星号；否则为点号。

根据 dots 模块，还可创建其他特定文件。例如，输入下列命令。

```
sudo mknod /dev/dots2 c 236 0
```

随后输入下列命令。

```
head -c12 /dev/dots2
```

这将向控制台中输出下列文本。

```
........*....
```

注意，基于 head 命令的请求，此处输出了 12 个字符，但星号位于第 8 个字符处，而非第 10 个字符处，其原因在于，dots1 和 dots2 特定文件与同一个内核模块关联，对应标识符表示为(236, 0)且名称为 dots。如前所述，该模块已经生成了 42 个字符，因而在生成了 7 个点号后，将生成第 50 个字符。由于是 10 的倍数，因此对应字符为星号。

此外，还可尝试输入整个文件，但这些操作永远不会以自然的方式结束，因为模块会继续生成字符，像是一个无限的文件。读者可尝试输入下列命令，随后按 Ctrl+C 快捷键终止命令。

```
cat /dev/dots1
```

随后将输出快速的字符流，直至下达终止命令。

通过输入下列命令，可移除特定的文件。

```
sudo rm /dev/dots1 /dev/dots2
```

通过输入下列命令，可卸载模块。

```
sudo rmmod dots
```

如果在未移除特定文件的情况下卸载模块，那么这些文件将不再有效；如果尝试使用其中的某个文件，如输入 head -c4 /dev/dots1，则将会得到下列错误消息。

```
head: cannot open '/dev/dots1' for reading: No such device or address
```

接下来考查输入下列命令后，内核缓冲区中所添加的内容。

```
dmesg --color=always | tail
```

可以看到，输出的最后两行内容如下所示。

```
[123456.789012] dots: Loaded with major device number 236
[123463.987654] dots: Unloaded 54
```

其中，第 1 行内容在模块加载时输出，表示模块的主设备号；最后一行内容在卸载模块时输出，显示了模块输出的全部字节数量（如果未运行 cat 命令，全部数量为 42+12=54）。下面考查该模块的实现过程。

10.7.2　dots 模块的源代码

与其他项目唯一的区别在 src/lib.rs 文件中。

首先，src/lib.rs 文件声明了 Box 通用类型，且与之前项目中的 String 和 Vec 类似，但默认条件下并未包含进来。随后声明了与内核间的其他绑定机制。

```
use linux_kernel_module::bindings::{
    __register_chrdev, __unregister_chrdev, _copy_to_user, file,
file_operations, loff_t,
};
```

具体含义如下所示。

❑ __register_chrdev：该函数在内核中注册一个字符设备。

❑ __unregister_chrdev：该函数从内核中移除字符设备的注册。

❑ _copy_to_user：该函数将字节序列从内核空间复制至用户空间中。

❑ file：表示文件的数据类型，但在当前项目中未加使用。

❑ file_operations：包含文件中实现的操作的数据类型。仅 read 操作被读取模块实现。相应地，可将此视为用户代码的透视图。当用户代码读取时，内核模块执行写入操作。

❑ loff_t：表示长内存偏移量的数据类型，并被内核所使用。注意，当前项目并未使用该数据类型。

1. 全局信息

全局信息被保存于下列数据类型中。

```
struct CharDeviceGlobalData {
    major: c_types::c_uint,
    name: &'static str,
    fops: Option<Box<file_operations>>,
    count: u64,
}
```

具体解释如下所示。

❑ 第 1 个字段（major）表示设备的主设备号。

❑ 第 2 个字段（name）表示模块的名称。

❑ 第 3 个字段（fops，即文件操作的简写）表示指向函数的引用集合，这些函数实现了所需的文件操作。该引用集合被分配至堆中，因而被封装至一个 Box 对象中。任何 Box 对象自其创建起都需要封装一个有效值，但是 fops 字段引用的文件操作引用集合只能在内核初始化模块时被创建。因此，该字段被封装至一个 Option 对象中，并由 Rust 初始化为 None，随后在内核初始化模块时接收一个 Box 对象。

❑ 最后一个字段（count）表示生成字节的计数器。

全局对象的声明和初始化如下所示。

```
static mut GLOBAL: CharDeviceGlobalData = CharDeviceGlobalData {
    major: 0,
    name: "dots\0",
    fops: None,
    count: 0,
};
```

该模块仅定义了 3 个函数，即 init_module、cleanup_module 和 read_dot。其中，前两个函数在模块加载和卸载时被内核调用；第 3 个函数则在每次用户代码尝试从模块中读取字节时被调用。

init_module 和 cleanup_module 函数通过其名称（因而名称必须明确）被链接，且需要添加#[no_mangle]指令前缀，以避免名称被 Rust 修改；而 read_dot 函数则通过其地址传递至内核中，而非其名称，因而可定义任意名称，且不需要使用#[no_mangle]指令。

2．初始化调用

init_module 函数体的第 1 部分内容如下所示。

```
let mut fops = Box::new(file_operations::default());
fops.read = Some(read_dot);
let major = unsafe {
    __register_chrdev(
        0,
        0,
        256,
        GLOBAL.name.as_bytes().as_ptr() as *const i8,
        &*fops,
    )
};
```

在第 1 条语句中，file_operations 结构包含了指向文件操作的引用，通过默认值被创建并被置于一个 Box 对象中。

任何文件操作的默认值均为 None，也就是说，当需要此类操作时，不执行任何操作。这里，我们仅使用 read 文件操作，并以此调用 read_dot 函数。因此，在第 2 条语句中，该函数被分配至新生成结构的 read 字段中。

第 3 条语句调用__register_chrdev 内核函数，并注册一个字符设备。读者可访问 https://www.kernel.org/doc/html/latest/core-api/kernel-api.html?highlight=__register_chrdev#c.__register_chrdev 查看该函数的官方文档。该函数定义了 5 个参数，如下所示。

❑ 第 1 个参数表示设备所需的主设备号。然而，如果主设备号为 0（就像在当前示例中的那样），主设备号将由内核生成，并由函数返回。

❑ 第 2 个参数表示生成次设备号的起始值，此处为 0。

❑ 第 3 个参数表示请求生成的次设备号的数量。对此，我们将分配 256 个次设备号，取值为 0～255。

❑ 第 4 个参数表示注册设备的范围名称。内核期望得到一个以 null 结尾的 ASCII 字符串。因此，name 字段以二进制 0 结尾。这里，复杂的表达式仅更改了该名称的数据类型。as_bytes()函数调用将字符串切片转换为一个字节切片。as_ptr() 函数调用获取该切片的第 1 个字节。as *const i8 子句将 Rust 指针转换为指向字节的裸指针。

❑ 第 5 个参数表示文件操作结构的地址。当执行读取操作时，仅 read 字段供内核使用。

接下来查看 init_module 函数的剩余部分。

```
if major < 0 {
    return 1;
}
unsafe {
    GLOBAL.major = major as c_types::c_uint;
}
println!("dots: Loaded with major device number {}", major);
unsafe {
    GLOBAL.fops = Some(fops);
}
0
```

__register_chrdev 函数返回的主设备号应是内核生成的一个非负数，负数则表明出现了错误。由于希望注册失败时令模块加载失败，所以此处返回 1——在当前示例中，这意味着模块加载失败。

如果成功，主设备号将被存储于全局结构的 major 字段中，随后成功消息将被添加至内核缓冲区中，进而包含所生成的主设备号。

最后，fops 文件操作结构被存储于全局结构中。

注意，注册调用之后，内核将保存 fops 结构的地址，因而该地址在函数被注册时不应被修改，因为该结构是由 Box::new 调用分配的，并且 fops 的分配操作只移动 Box 对象，这是一个指向堆对象的指针，而不是堆对象本身。这也进一步解释了使用 Box 对象的原因。

3. 清除操作

下面考查 cleanup_module 函数体，如下所示。

```
unsafe {
    println!("dots: Unloaded {}", GLOBAL.count);
    __unregister_chrdev(
        GLOBAL.major,
        0,
        256,
        GLOBAL.name.as_bytes().as_ptr() as *const i8,
    )
}
```

其中，第 1 条语句向内核缓冲区中输出卸载消息，包括自模块加载时从中读取的全部字节计数。

第 2 条语句调用__unregister_chrdev 内核函数，这将解除字符设备的注册。读者可访问 https://www.kernel.org/doc/html/latest/core-api/kernel-api.html?highlight=__unregister_chrdev# c.__unregister_chrdev 查看该函数的官方文档。

__unregister_chrdev 函数的参数与注册设备的函数的前 4 个参数类似，且应等同于对应的注册值。然而，注册函数指定 0 作为主设备号，而此处则需要指定实际的设备号。

4. 读取函数

最后考查用户代码每次尝试从模块中读取一个字节时，内核所调用的函数的定义，如下所示。

```
extern "C" fn read_dot(
    _arg1: *mut file,
    arg2: *mut c_types::c_char,
    _arg3: usize,
    _arg4: *mut loff_t,
) -> isize {
    unsafe {
        GLOBAL.count += 1;
        _copy_to_user(
            arg2 as *mut c_types::c_void,
            if GLOBAL.count % 10 == 0 { "*" } else { "." }.as_ptr() as
*const c_types::c_void,
            1,
        );
        1
    }
}
```

read_dot 函数需要利用 extern "C"子句进行修饰，以确保其调用规则与内核所用规则保持一致，即系统的 C 语言编译器所采用的规则。

read_dot 函数包含 4 个参数，但这里仅使用第 2 个参数。该参数为指向用户空间（并于其中写入生成的字符）中的结构的指针。另外，该函数体仅包含 3 条语句。

第 1 条语句递增用户代码（由内核模块编写）读取的全部字节计数。

第 2 条语句为_copy_to_user 内核函数调用。当想要将一个或多个字节从由内核代码控制的内存区域复制到由用户代码控制的内存区域中时，可使用这个函数，因为针对当前操作，简单的赋值操作是不允许的。读者可访问 https://www.kernel.org/doc/htmldocs/kernel-api/API- --copy-to-user.html 查看该函数的官方文档。

_copy_to_user 函数的第 1 个参数为目标地址，即需要写入字节的内存位置。在当前示例中，这简单地表示为转换为适当数据类型的 read_dot 函数的第 2 个参数。

第 2 个参数为源地址，即需要返回至用户的字节所在的内存位置。在当前示例中，我们需要在每隔 9 个点号后返回一个星号。因此，需要检查字符读取的全部数量是否为 10 的倍数。对此，我们采用了仅包含一个星号的静态字符串切片；否则将采用包含一个点号的字符串切片。as_ptr()函数调用获取字符串切片第 1 个字节的地址，as *const c_types::c_void 子句将其转换为对应于 const void * C 语言数据类型的所需数据类型。

第 3 个参数表示复制的字节数量，在当前示例中为 1。

至此，我们介绍了输出点号和星号所需的全部内容。

10.8 本 章 小 结

针对 Linux 操作系统内核，本章考查了如何使用 Rust 语言（而非 C 语言）创建可加载模块的工具和技术。

特别地，我们基于 x86_64 架构介绍了 Mint 发行版中采用的命令序列，进而配置相应的环境以构建和测试可加载的内核模块。此外，本章还考查了 modinfo、lsmod、insmod、rmmod、dmesg 和 mknod 命令行工具。

可以看到，当创建内核模块时，持有一个针对 Rust 编译器实现了目标框架的代码框架十分有用。Rust 源代码根据这一目标编译为 Linux 静态库。随后，该库通过某些 C 语言胶水代码链接至可加载的内核模块中。

随着难度的逐步增加，本章创建了 4 个项目，即 boilerplate、state、allocating 和 dots。特别地，dots 项目创建了一个模块，该模块并可通过 mknod 命令映射至某个特定文件处。在映射完毕后，当读取这一特定文件时，将生成点号和星号流。

第 11 章将考查未来 Rust 生态圈的发展状况，包括语言、标准库、标准工具，以及免费的库和工具。此外还将介绍最新的异步编程机制。

10.9　本 章 练 习

（1）什么是 Linux 可加载的内核模块？

（2）Linux 内核的模块应该使用什么编程语言？

（3）什么是内核缓冲区？其中，每行的第 1 部分内容是什么？

（4）Linux 的 modinfo、lsmod、insmod 和 rmmod 命令的作用分别是什么？

（5）为什么默认状态下 String、Vec 和 Box 数据类型不可用于构建内核模块的 Rust 代码？

（6）#[no_mangle] Rust 指令的作用是什么？

（7）extern "C" Rust 子句的作用是什么？

（8）init_module 和 cleanup_module 函数的作用是什么？

（9）__register_chrdev 和 __unregister_chrdev 函数的作用分别是什么？

（10）在内核空间内存和用户空间内存，应使用哪一个函数复制字节序列？

10.10　进一步阅读

本章项目所使用的框架是开源库的修改版本，读者可访问 https://github.com/lizhuohua/linux-kernelmodule-rust 以了解更多内容。其中包含了与这一话题相关的示例和文档。

另外，读者可访问 https://www.kernel.org/doc/html/latest/ 查看 Linux 内核文档。

第 11 章 Rust 语言的未来

Rust 2015 版以稳定性而闻名，因为版本 1.0 承诺与后续的版本兼容。

Rust 2018 版则专注于生产力，因为版本 1.31 提供了一个成熟的工具生态系统，从而使得桌面系统（Linux、Windows 和 macOS）的命令行开发人员更具生产力。

未来几年还将发布新的 Rust 版本，但其发布日期、功能和特征尚不明晰。

在 2018 版发布后，Rust 生态圈的开发人员依然在关注来自开发人员的各种需求。

其中，下列内容值得关注。

❏ 集成开发环境（IDE）和交互式编程。
❏ 库成熟度。
❏ 异步编程。
❏ 优化措施。
❏ 嵌入式系统。

在阅读完本章后，我们将对 Rust 生态圈的发展有着一个整体认识，包括语言、工具和库，进而了解 Rust 语言的发展趋势。

Rust 语言中最重要的两个新特性是异步编程范式和常量泛型语言特征。在 2019 年年底，前一个特性已被添加至该语言中，而后者仍处在开发过程中。本章稍后将通过示例代码加以解释，以便读者深入了解其工作机制。

11.1 IDE 和交互式编程

许多开发人员喜欢在图形化应用程序中工作，其中包含了所有开发工具，而不是使用终端命令行工具。这一类图形化的应用程序通常被称作开发环境，或简称为 DE。

目前，较为流行的 IDE 包含以下工具。

❏ Eclipse：主要用于 Java 语言开发。
❏ Visual Studio：主要用于 C#和 Visual Basic 语言的开发。
❏ Visual Studio Code：主要用于 JavaScript 语言的开发。

在 20 世纪，针对单一语言从零开始创建 IDE 是一种典型的做法。当然，这可被视为一项主要任务。但是，在过去的十几年中，创建可定制的 IDE，并随后添加扩展（或插件）以支持特定的编程语言变得越来越常见。

对于大多数编程语言，针对流行的 IDE 至少存在一种成熟的扩展。然而，Rust 目前仅对 IDE 提供了有限的支持，这意味着某些扩展可以在两个 IDE 中使用 Rust，但它们提供的特性很少，性能也很差，而且 bug 很多。

此外，许多程序员更偏爱于交互式开发风格。当创建一个新的软件系统特性时，开发人员并不喜欢编写大量的软件，并随后对其进行编译和测试。相反，他们更趋向于编写几行代码，并直接测试代码片段。在成功地对代码片段进行测试后，即可将其集成至系统的其余部分中。这对于使用解释型语言的开发人员（如 JavaScript 或 Python）来说是一种典型的做法。

相应地，能够运行代码片段的工具是语言解释器或快速内存编译器。这种解释器从用户处读取一条命令，输出结果并返回值读取步骤，因而通常被称作读取-求值-输出循环，或简写为 REPL。对应所有的解释型编程语言以及某些编译型语言，存在一些较为成熟的 REPL，但 Rust 生态圈于 2018 年错失了机会。

这里，我们将 IDE 和 REPL 一同提出来，皆因二者具有共同的问题。现代 IDE 的主要特性是在编辑过程中分析代码，并实现以下目标。

- ❏ 高亮显示包含无效语法的代码，并在其附近的弹出窗口中显示编译错误。
- ❏ 提供标识符的结束内容，并在已经声明的标识符中进行选择。
- ❏ 在编辑器中显示所选标识符的概要文档。
- ❏ 在编辑器中从标识符定义跳转至其应用处，反之亦然。
- ❏ 在调试会话中，在当前上下文中评估表达式，或修改变量所属的内存内容。

此类操作需要快速的 Rust 代码解析机制，同时对于 Rust REPL 来说也是必不可少的。读者可访问 https://github.com/rust-lang/rls 查看此类问题的解决方案，对应项目为 Rust Language Server。该项目由 Rust 语言团队开发。此外，另一个项目则是 Rust Analyzer，由 Ferrous Systems 公司开发，并得到了多家合作伙伴的支持。这里，也希望在下一个 Rust 版本出现前，能够开发出快速且功能强大的 Rust 语言分析器，以支持智能编辑器、源代码级别的调试器和 REPL 工具。

11.2　库成熟度

当发布至 1.0 版本时，库即可被视为处于较为成熟的状态，同时也意味着 1.x 版本将与其兼容；而对于 0.x 版本，则对此无法提供应有的保证，任何版本都可以持有一个与前一个版本完全不同的应用程序编程接口（API）。

成熟的版本十分重要，其原因如下所示。

❑ 在将依赖项升级至库的较新版本时（使用该库的新特性），应确保现有代码不会
受到损害。也就是说，以之前的方式或以更好的方式完成任务。如果缺少这种保
证，一般需要利用该库重新审视所有的代码，并修正全部的兼容性问题。

❑ 技术上的投资也会得到保护。其间涉及培训和文档维护方面的各种成本。

❑ 通常情况下，软件质量将会得到改进。如果 API 的版本长期保持不变，且用户在
不同的场合下使用这些 API，那么这将会涌现出一些未经测试的 bug 和真实的性
能问题，并随后得到修复。相反，在许多应用程序中，快速变化的版本常常是漏
洞百出且效率低下的。

当然，迭代 API 过程中的一些改进步骤也是有益的，而且在几周内创建的 API 通常
设计性较差。虽然许多库已在 0.x 版本中存在了较长的时间（几年），但此时应提升其稳
定性。

这是对"稳定性"这一术语的重新诠释。在 2015 年，这意味着语言和标准库已处于
稳定状态。当前，成熟的生态圈其余部分也应趋于稳定，以便在实际项目中被接受。

11.3　异　步　编　程

2019 年 11 月，Rust 稳定版本（1.39 版）中引入了一项主要的创新措施，即 async-await
语法，以支持异步编程。

异步编程是一种编程范式，在许多应用领域都非常有用，主要是多用户服务器，因
此许多编程语言（如 JavaScript、C#、Go 和 Erlang）都支持异步编程。其他语言（如 C++
和 Java）则通过标准库支持异步编程。

2016 年左右，在 Rust 中实现异步编程十分困难，因为语言和库均无法通过简单而稳
定的方式支持这项功能。随后出现了支持异步编程一些库，如 futures、mio 和 tokio，尽
管这些库难以使用，且还停留在版本 1 之前。也就是说，其 API 缺乏应有的稳定性。

可以看到，仅通过库支持异步编程较为困难，因此需要通过语言扩展解决这一问题。

新的语法（类似于 C#）包含了新的 async 和 await 语言关键字，该语法的稳定性意
味着，在迁移并使用新语法之前，之前的异步库应视为过时。

新的语法在 https://blog.rust-lang.org/2019/11/07/Asyncawait-stable.html 页面上发布，
其具体描述则位于 https://rust-lang.github.io/asyncbook/页面上。

下面的示例快速展示了异步编程。对此，我们将创建一个 Cargo 项目并包含下列依
赖项。

```
async-std = "1.5"
futures = "0.3"
```

在项目的根文件夹中准备一个名为 file.txt 的文件，该文件只包含 5 个 Hello 字符。对此，可使用下列命令。

```
echo -n "Hello" >file.txt
```

接下来将下列内容置于 src/main.rs 文件中。

```
use async_std::fs::File;
use async_std::prelude::*;
use futures::executor::block_on;
use futures::try_join;

fn main() {
    block_on(parallel_read_file()).unwrap();
}

async fn parallel_read_file() -> std::io::Result<()> {
    print_file(1).await?;
    println!();
    print_file(2).await?;
    println!();
    print_file(3).await?;
    println!();
    try_join!(print_file(1), print_file(2), print_file(3))?;
    println!();
    Ok(())
}

async fn print_file(instance: u32) -> std::io::Result<()> {
    let mut file = File::open("file.txt").await?;
    let mut byte = [0u8];
    while file.read(&mut byte).await? > 0 {
        print!("{}:{} ", instance, byte[0] as char);
    }
    Ok(())
}
```

如果运行当前项目，输出结果并不确定。下列内容显示了一种可能的输出结果。

```
1:H 1:e 1:l 1:l 1:o
2:H 2:e 2:l 2:l 2:o
```

```
3:H 3:e 3:l 3:l 3:o
1:H 2:H 3:H 1:e 2:e 3:e 1:l 1:l 3:l 1:o 2:l 3:l 2:l 3:o 2:o
```

这里，前 3 行内容是确定的，而最后一行的顺序则可被打乱。

在首次读取时，假设为同步代码，同时忽略 async、await、block_on 和 join!。通过这种简化，相关流程理解起来则较为容易。

main 函数调用 parallel_read_file 函数。parallel_read_file 函数的前 6 行代码调用 print_file 函数 3 次，对应的参数分别为 1、2、3，随后是 println!函数调用。parallel_read_file 函数的第 7 行代码再次调用 print_file 函数 3 次，且参数保持不变。

print_file 函数通过 File::open 打开一个文件，随后利用 file.read 函数调用从该文件中一次读取一个字节。所读取的任何字节都将被输出，并在前面添加函数的参数（instance）。

因此，相关信息如下：首次调用 print_file 将输出 1:H 1:e 1:l 1:l 1:o，表示为读取自该文件的 5 个字符，之前是作为参数接收的数字 1。

第 4 行代码则输出与前 3 行代码相同的内容，同时对字母进行混合。具体来说，首先将输出 3 个 H 字符，随后是 3 个 e 字符，接下来是 3 个 l 字符，最后的内容稍有变化：在输出了所有的字符 l 后输出字符 o。

其中，前 3 行内容通过 3 个 print_file 函数序列调用完成，而最后一行内容则通过同一函数的 3 次平行调用完成。在任意一次平行调用中，一次调用输出的全部字母均以正确的顺序呈现，而其他调用则实现了交替输出。

如果读者认为这与多线程类似，那么你已经距离真相十分接近了。虽然二者还存在一项重要的差别。当使用线程时，操作系统可能会中止线程，并将控制权转至另一个线程，同时输出内容可能会在某点处被打断。

为了避免此类中断，需要使用临界区或其他同步机制。相反，对于异步编程，除了执行特殊的异步操作之外，函数一般不会被中断。典型地，此类操作通常是外部操作调用，如访问文件系统，这将会导致等待行为。当然，与其说是等待，不如说是激活了另一项异步操作。

接下来从头开始考查异步操作的实现过程，其间将使用 async_std 库，这是一个标准库的异步版本。该标准库目前仍处于可用状态，但对应函数为同步函数。下列内容显示了相应的代码片段。

```
use async_std::fs::File;
use async_std::prelude::*;
```

异步行为需要使用库中的相关函数。特别地，我们将使用 File 数据类型的函数。除此之外，还将会尝试使用一些尚不稳定的 futures 库中的一些特性，如下所示。

```
use futures::executor::block_on;
use futures::try_join;
```

随后是 main 函数，其函数体仅包含下列代码行。

```
block_on(parallel_read_file()).unwrap();
```

注意，此处首先调用 parallel_read_file 函数。

parallel_read_file 函数是一个异步函数。当采用常规函数调用语法调用一个异步函数时，如在 parallel_read_file()表达式中所做的那样，实际上并未执行该函数体，这一点与一般的同步函数有所不同。相反，此类调用仅返回一个称作 Future 的对象。这里，Future 与闭包类似，因为它封装了一个函数以及调用该函数的参数；而封装在返回的 Future 中的函数是我们正在调用的函数体。

当实际运行封装在 Future 中的函数时，需要使用一种特定类型的函数，即执行器（executor）。这里，block_on 函数即是一个执行器。当调用某个执行器并向其中传递一个 Future 时，将运行封装在该 Future 中的函数体。随后，此类函数的返回值由执行器自身返回。

因此，当调用 block_on 函数时，将运行 parallel_read_file 体；当其终止时，block_on 函数也将终止，并返回 parallel_read_file 返回的相同值。由于最后一个函数包含 Result 值类型，因此此处应将其展开。

接下来定义一个函数，其签名如下所示。

```
async fn parallel_read_file() -> std::io::Result<()>
```

关键字 async 将上述函数标记为异步。同样，该函数并不可靠，因而返回 Result 值。

异步函数可通过其他异步函数或执行器被调用，如 block_on 和 try_join。这里，main 函数并不是一个异步函数，因而需要一个执行器。

下列代码片段显示了函数体的第一行代码，即 print_file 函数调用，并将值 1 传递于其中。由于 print_file 函数也是一个异步函数，当从一个异步函数中调用该函数时，需要使用.await 子句。print_file 函数并不可靠，因此此处添加一个?操作符，如下所示。

```
print_file(1). await?;
```

当通过.await 调用一个异步函数时，函数体的执行即刻开始，并且一旦因为执行阻塞函数（如操作系统调用）而让出控制权，另一个处于就绪状态的异步函数即可执行。在被调用的函数体完成之前，控制流不会执行.await 子句。

函数体的第 2 行代码是一个同步函数调用，因此.await 既不需要，也不被允许，如下列代码片段所示。

```
println!();
```

我们可以确保该语句在前一个语句之后运行，因为后者以.await 子句结束。

这种模式重复执行 3 次，接下来第 7 行代码由一组（3 次）调用构成，且并行于相同的异步函数，如下列代码片段所示。

```
try_join!(print_file(1), print_file(2), print_file(3))?;
```

try_join!宏是一个执行器，并运行 3 次 print_file 调用生成的 3 个 Future。由于异步编程仅使用一个线程，因此实际上 3 个 Future 中的一个将首先执行。如果它无须等待，则会在其他 Future 有机会开始之前即结束。

相反，由于当前函数需要等待，因此在等待过程中，上下文都会切换到另一个正在运行的 Future（始于将函数置于等待状态的语句）中。因此，3 个 Future 的执行是交替进行的。

接下来考查此类被调用函数的定义，其签名如下列代码片段所示。

```
async fn print_file(instance: u32) -> std::io::Result<()> {
```

这是一个异步调用函数，该函数接收一个整数参数并返回一个空的 Result 值。

函数体的第 1 行代码利用异步标准库的 File 数据类型打开一个文件，如下列代码片段所示。

```
let mut file = File::open("file.txt").await?;
```

类似地，open 函数也是一个异步函数，它后面必须跟着.await，如下列代码片段所示。

```
let mut byte = [0u8];
while file.read(&mut byte).await? > 0 {
    print!("{}:{} ", instance, byte[0] as char);
}
```

异步 read 函数用于读取字节以填写 byte 缓冲区，该缓冲区的长度为 1，因而一次仅可读取一个字节。注意，read 函数是易出错的，如果成功，那么该函数将返回已读取的字节数量。这意味着，如果读取一个字节，那么该函数返回 1；如果文件结束，那么该函数返回 0。如果该函数调用读取了一个字节，那么循环将继续执行。

循环体是一条同步输出语句，并输出文件流的当前实例的标识符，以及刚刚读取的字节。

具体的操作步骤序列如下所示。

首先启动 print_file(1) Future。当它执行阻塞的 File::open 调用时，该 Future 将被搁置，

并寻找一个准备运行的 Future。此处存在两个处于就绪状态的 Future，即 print_file(2)和 print_file(3)，并选择和启动了 print_file(2)，且在到达 File::open 调用后被搁置，进而启动第 3 个 Future。当再次到达 File::open 调用后，将被搁置并查找准备就绪的 Future。如果不存在处于就绪状态的 Future，线程自身将等待第 1 个就绪的 Future。

完成 File::open 调用的首个 Future 将在调用之后恢复执行，并开始从文件中读取一个字节。这是一项阻塞操作，所以当前 Future 将被搁置，控制流被移至第 2 个 Future 中，进而开始读取 1 个字节。

通常情况下，存在一个处于就绪状态的 Future 队列。当某个 Future 需要等待一项操作时，将会把控制权转移至控制器，并将控制权传递至就绪 Future 队列的第 1 个 Future 中。当阻塞操作完成后，处于等待状态的 Future 将被添加至就绪 Future 队列中。如果不存在其他的 Future 处于运行状态，即可让出控制权。

当文件的所有字节读取完毕后，print_file 函数即结束。当 3 次 print_file 调用结束后，try_join!执行器即结束。parallel_read_file 函数则可继续执行，并在到达结束时终止 block_on 执行器，随之结束整个程序。

由于阻塞操作所占用的时间并不固定，因此步骤序列也是不确定的。实际上，前述示例程序的最后一行输出结果在不同的运行过程中可能略有不同。

如前所述，异步编程类似于多线程编程，但更加高效，同时节省了上下文交换时间和内存使用空间。异步编程适用于输入/输出（I/O）绑定的任务，因为此时仅使用一个线程，并且只有在执行 I/O 操作时，控制流才会中断。

相反，多线程可在任意内核上分配不同的线程，因而更适用于中央处理器单元（CPU）绑定的操作。

在添加了 async/await 语法扩展后，还需要在此基础上进一步开发库，并提升其稳定性。

11.4　优　化　操　作

通常情况下，系统程序员十分关注效率问题。Rust 是一种高效的语言，尽管在性能方面还存在下列问题。

❑ 一个完整的 build 版本（特别是优化后的发布 build 版本）其速度非常慢，如果启用了时间优化，速度则会更加缓慢。对于大型项目，这往往难以令人满意。目前，Rust 编译器只是一个前端，生成底层虚拟机（LLVM）中间表示（IR）码，并将将这些代码传递至 LLVM 代码生成器。然而，Rust 编译器会生成大量的 LLVM IR

代码，因此 LLVM 需要花费较长的时间对此进行优化。改进后的 Rust 编译器将传递至 LLVM 一个更加紧凑的指令序列。目前，编译器的重构正在进行中，这可能会生成更快的编译器。

❏ 自版本 1.37 起，Rust 编译器支持配置文件引导优化（PGO），并针对典型的处理器工作流提升性能。然而，这一类特性使用起来相当麻烦。为了简化使用，可尝试图形前端或 IDE 集成。

❏ 一项正在开发中的特性则针对常量泛型语言进行了有益的补充，稍后将对此加以讨论。

❏ 在 LLVM IR 中，任何指针类型的函数参数均可标记为 noalias 属性，这意味着，除了通过该指针外，该指针引用的内存不会在该函数内变化。通过这一信息，LLVM 可生成快速的机器码。这一属性类似于 C 语言中的 restrict 关键字。但是，在 Rust 语言中，针对每种可变引用（&mut），noalias 属性则通过语言所有权规则得到保证。因此，为每个可变引用生成包含 noalias 属性的 LLVM IR 代码，即可获得更快的程序。

11.5　常量泛型特性

目前，泛型数据类型仅通过类型或生命周期实现了参数化。此外，能够通过一个常量表达式参数化泛型数据类型也是十分有用的。在某种程度上，这一特性已处于可用状态，但仅适用于一种泛型类型，即数组。例如，我们可使用[u32; 7]类型，这是由 u32 类型和常量 7 参数化的数组，但无法定义自己的由常量参数化的泛型类型。

这个特性已经在 C++语言中可用，并允许通过泛型代码中的常量替换变量，这将进一步提升性能。下面是一个使用 num 库作为依赖项的示例程序。

```rust
#![feature(const_generics)]
#![allow(incomplete_features)]

use num::Float;

struct Array2<T: Float, const WIDTH: usize, const HEIGHT: usize> {
    data: [[T; WIDTH]; HEIGHT],
}

impl<T: Float, const WIDTH: usize, const HEIGHT: usize>
Array2<T, WIDTH, HEIGHT> {
```

```
    fn new() -> Self {
        Self { data: [[T::zero(); WIDTH]; HEIGHT] }
    }
    fn width(&self) -> usize { WIDTH }
    fn height(&self) -> usize { HEIGHT }
}

fn main() {
    let matrix = Array2::<f64, 4, 3>::new();
    print!("{} {}", matrix.width(), matrix.height());
}
```

上述程序仅通过编译器的 nightly 版本编译，并创建了实现浮点数二维数组的数据类型。注意，对应的参数形式为 T: Float, const WIDTH: usize, const HEIGHT:usize。其中，第 1 个参数表示为数组项的类型，第 2 个和第 3 个参数则表示数组的大小。

使用常量值（而非变量）实现了重要的代码优化行为。

11.6　嵌入式系统

2009 年，Mozilla 开始对 Rust 提供赞助，其目标十分明确，即创建一个 Web 浏览器。即使在 2018 年之后，核心开发团队仍在为 Mozilla Foundation 工作，其主要业务是构建客户端 Web 应用程序。该软件是多平台的，但只针对以下需求。

❑ 随机访问内存（RAM）：至少 1GB。

❑ 所支持的 CPU：最初仅是 x86 和 x86_64，后来还包括 ARM 和 ARM64。

❑ 所支持的操作系统：Linux、Windows 和 macOS。

上述需求不包括大多数微处理器，Mozilla Foundation 无意关注这一类平台，尽管 Rust 特性似乎与需求有限的嵌入式系统更匹配。

这一领域的发展相对缓慢，且主要关注某些架构。但未来可期，至少对 32 位或 64 位架构是这样的，因为 LLVM 后端支持的任何架构都很容易被 Rust 编译器所支持。

Rust 语言的一些特定改进措施可简化嵌入式系统的应用，如下所示。

❑ 标准库 Pin 泛型类可避免在内存中移动对象。当外部设备访问内存位置时，这将十分有用。

❑ 扩展了支持条件编译的 cfg 和 cfg_attr 属性。之所以需要这一特性，是因为尝试为错误的平台编译代码会导致不可接受的代码膨胀，甚至导致编译错误。

❑ allocator API 更具定制性。

❑ const fn 的适用性得到了扩展。这种结构允许一个代码库可以像普通算法代码一
样维护，但像常量一样高效。

11.7　本 章 小 结

本章考查了 Rust 生态系统在未来几年内最有可能的发展路线——支持 IDE 和交互式
编程；最受欢迎的库的成熟度；广泛支持新的异步编程范式及其关键字（async 和 await）；
进一步优化编译器和生成的机器代码，以及嵌入式系统编程的广泛支持。

在本章中，我们学习了如何编写异步代码，以及定义和使用常量泛型（在本书编写
时仍处于不稳定状态）的可能方式。

可以看到，Rust 语言广泛地应用于多个领域。对于现实世界的应用程序来说，库和
工具的生态系统确实可以决定编程系统的可行性。我们有理由相信，高质量的库和工具
一定会得到长足的发展。

练 习 答 案

第 1 章

（1）Steve Klabnik 和 Carol Nichols 编写的 *The Rust Programming Language* 一书。

（2）在 2015 年，最大长度为 64 位（8 位）；在 2018 年年底，这一长度达到 128 位（或 16 字节）。

（3）它们是网络机制、命令行应用程序、WebAssembl 和嵌入式软件。

（4）Clippy 实用程序检查非惯用语法，并建议对代码进行更改，以获得更好的可维护性。

（5）rustfix 实用程序将 2015 版本项目转换为 2018 版本项目。

（6）向 Cargo.toml 文件中添加下列依赖项。

```
rand = "0.6"
```

随后向 main.rs 文件中添加下列代码。

```
use rand::prelude::*;
fn main() {
    let mut rng = thread_rng();
    let mut numbers = vec![];
    for _ in 0..10 {
        numbers.push(rng.gen_range(100_f32, 400_f32));
    }
    println!("{:?} ", numbers)
}
```

（7）根据问题（6）中的依赖项，向 main.rs 文件中添加下列代码。

```
use rand::prelude::*;
fn main() {
    let mut rng = thread_rng();
    let mut numbers = vec![];
    for _ in 0..10 {
        numbers.push(rng.gen_range(100_i32, 401_i32));
    }
    println!("{:?} ", numbers)
}
```

（8）向 Cargo.toml 文件中添加下列依赖项。

```
lazy_static = "1.2"
```

随后向 main.rs 文件中添加下列代码。

```
use lazy_static::lazy_static;
lazy_static! {
    static ref SQUARES_FROM_1_TO_200: Vec<u32> = {
        let mut v = vec![];
        for i in 1.. {
            let ii = i * i;
            if ii > 200 { break; }
            v.push(ii);
        }
        v
    };
}
fn main() {
    println!("{:?}", *SQUARES_FROM_1_TO_200);
}
```

（9）首先向 Cargo.toml 文件中添加下列依赖项。

```
log = "0.4"
env_logger = "0.6"
```

随后向 main.rs 文件中添加下列代码，并执行 RUST_LOG=warn cargo run 命令。

```
#[macro_use]
extern crate log;
fn main() {
    env_logger::init();
    warn!("Warning message");
    info!("Information message");
}
```

（10）向 Cargo.toml 文件中添加下列依赖项。

```
structopt = "0.2"
```

随后向 main.rs 文件中添加下列代码。

```
use structopt::StructOpt;
#[derive(StructOpt, Debug)]
struct Opt {
```

```
    #[structopt(short = "l", long = "level")]
    level: u32,
}

fn main() {
    let options = Opt::from_args();
    if options.level < 1 || options.level > 20 {
        println!("Invalid level (1 to 20 is expected): {}",
options.level);
    } else {
        println!("Level is {}", options.level);
    }
}
```

第 2 章

（1）因为对软件进行的修改会丢失用户插入的所有注释内容，并按照字母顺序对条目进行排序。

（2）当不确定哪些字段将出现在文件中，并且希望允许一些缺失的字段时，动态类型解析会更好。当希望丢弃不符合预期格式的文件时，静态类型解析会更好。

（3）当想要在软件外发送（写入）数据结构时，需要从 Serialize 派生。当想要接收（读取）一个数据结构时，需要从 Deserialize 中派生。

（4）这是一种将字段缩进以直观显示数据结构的格式。

（5）因为流解析器通过每次少量地将数据加载到内存中来最小化内存的使用。

（6）当需要节省磁盘空间、内存空间、启动时间和吞吐量时，SQLite 是一种较好的解决方案。当涉及复杂的安全需求，或数据一次性针对多个用户访问时，PostgreSQL 则更胜一筹。

（7）这表示为对象引用切片的引用，该对象可转换为 ToSql。

（8）这将替换 SQL SELECT 语句中的参数，随后在该语句选择的行上创建并返回一个迭代器。

（9）get 函数读取一个值，set 函数则写入一个值。

（10）下面使用 Redis 的一个局部实例，并已包含关联 aKey => astring。随后向 Cargo.toml 文件中添加下列依赖项。

```
redis = "0.16"
```

接下来向 main.rs 文件中添加下列代码。

```
use redis::Commands;

fn main() -> redis::RedisResult<()> {
    let id = std::env::args().nth(1).unwrap();

    let client = redis::Client::open("redis://localhost/")?;
    let mut conn = client.get_connection()?;

    if let Ok(value) = conn.get::<_, String>(&id) {
        println!("Value of '{}' is '{}'.", id, value);
    } else {
        println!("Id '{}' not found.", id);
    }
    Ok(())
}
```

第 3 章

（1）GET 请求一个下载资源；PUT 发送某些数据并替换现有数据；POST 发送数据，服务器将此视为新数据；DELETE 请求移除某项资源。

（2）Curl 实用程序。

（3）处理程序声明一个参数，如 info: Path<(String,)>，随后&info.0 表达式的值表示为一个指向首个 URI 参数的引用。

（4）使用 HttpResponse 类型的 content_type 方法，如 HttpResponse::Ok().content_type("application/json")方法。

（5）当使用伪随机数生成器时，我们可生成一个较大的整数，将其格式化为一个字符串，并将该字符串添加至一个前缀中。接下来，可尝试生成一个包含该名称的新文件。如果存在相同名称的另一个文件，则创建失败。对此，可创建另一个文件名，直到找到一个未使用的组合。

（6）缓存通过请求再次获取的信息，但这样做代价较大。

（7）由于当前状态被全部请求共享，且 Actix Web 使用多个线程处理请求，因此该状态必须是线程安全的。在 Rust 中，声明线程安全的对象的典型方式是将其封装至一个 Mutex 对象中。

（8）因为服务器可能会等待源自数据库、文件系统或另一个进程中的数据。在等待期间，服务器可能会处理其他请求。多线程是另一种可能的解决方案，但这将会导致交差的性能。

（9）and_then 函数将另一个 Future 链接至当前 Future 中。第 2 个闭包将在第 1 个闭包结束后以异步方式执行。

（10）serde 负责序列化数据；serde_derive 负责针对某些数据类型自动实现序列化操作；serde_json 针对 JSON 数据自动实现序列化操作。

第 4 章

（1）当创建包含可变部分的 HTML 代码时，以下策略可供参考。

❏ 仅代码。我们具有一个编程语言源文件，其中包含许多语句，这些语句输出字符串以创建所需的 HTML 页面。

❏ 包含标签的 HTML。编写一个 HTML 文件，其中包含所需的常量 HTML 元素和常量文本，但它也包含一些用特定标记括起来的语句。

❏ HTML 模板。编写 HTML 模板，包含标记和填充这些标记的应用程序代码。

（2）使用双花括号，如{{id}}。

（3）使用{%和%}标记，如下所示。

```
{%if person%}Id: {{person.id}}\
{%else%}No person\
{%endif%}
```

（4）首先创建一个 tera::Context 类型的对象，随后使用其中的 insert 方法向该对象中添加所需的名称-值对。最后，上下文作为参数被传递至 Tera 引擎的 render 方法中。

（5）在架构级别，请求可被视为一个数据操控命令，或获取文档以便在浏览器中显示的请求。传统意义上，这两种请求被合并到一个数据操作命令中，该命令的响应结果是当前页面的新内容。

（6）因为某些部分（如元数据、脚本、样式、页面头和页脚）在会话期间不会发生变化，或较少变化。其他部分（一般是中央部分或其他较小部分）则会随着用户的单击行为变化。通过仅重载变化部分，应用程序可获得较好的性能和可用性。

（7）全部模板文件的加载出现于运行期，因而需要部署模板的子树。

（8）可实例化内建的 JavaScript XMLHttpRequest 类，该实例包含了相关方法以发送HTTP 请求。

（9）当前用户名应被存储于 Web 浏览器的当前 Web 页面的全局 JavaScript 变量中。

（10）处理程序可包含一个 BasicAuth 类型的参数，该参数封装了 HTTP 请求的权限头。这种对象包含了 user_id 和 password 方法。

第 5 章

（1）WebAssembly 是一种标准机器语言编程语言，并被主流 Web 浏览器所接收。与 JavaScript 相比，WebAssembly 更加高效；与其他机器语言编程语言相比，WebAssembly 则更具可移植性。

（2）MVC 是一种针对交互式软件的架构模式，并使用了模型（意味着包含应用程序状态的数据结构）、视图（表示使用当前模型值显示窗口/部分窗口内容的代码）和控制器（通过用户窗口动作激活的代码，同时更新模型值并激活视图刷新）。

（3）Yew 和 Elm 语言使用的 MVC 实现的特定版本基于程序员定义的事件集合，即消息。当视图检测到此类事件时，将通过与此类事件关联的消息通知控制器。

（4）Yew 组件表示为 MVC 模式实例。每个三元模型-视图-控制器表示为一个组件。

（5）Yew 属性是任何父组件在创建它们时传递给子组件的数据，且需要在组件层次结构中共享数据。

（6）可尝试创建两个 Yew 组件。其中，第 1 个组件处理内部部分，第 2 个组件处理页眉和页脚。其间，一个组件作为其子节点包含另一个组件。

（7）回调是一种可调用的对象，组件将其作为属性传递给它的子组件，以便访问父组件的特性。

（8）可将共享对象作为属性传递，并将其封装至 std::rc::Rc<std::cell::RefCell>类型的对象中。

（9）如果将该字段保存于局部变量中，那么当创建该字段的函数结束时，这个字段即会被销毁。为了确保它在服务器响应到达之前仍然存在，该对象必须被保存在寿命更长的结构中。

（10）在模型中，可声明一个 DialogService 类型的对象，并使用其中的 alert 和 confirm 方法。

（11）该练习留与读者。本书 GitHub 存储库中创建了一个示例以供读者参考。

第 6 章

（1）动画循环是一种交互式软件架构，主要用于游戏中。在周期性的时间间隔内，该框架检查输入设备的状态、调整模型，并调用绘制例程。其优点是，更适合于输入设备出现连续输入的情况，如按键被按下一段时间；或者屏幕输出不断变化，即使用户不执行任何操作。

（2）当输入事件呈离散状态时，如鼠标单击操作；或文本框的输入操作，以及仅由用户动作产生输出结果时。

（3）连续模拟软件、工业机器监视软件或多媒体软件。

（4）当绘制一个形状时，可调用当前窗口的 draw_ex 方法。该方法的第 1 个参数描述绘制的形状，可以是 Triangle、Rectangle 或 Circle 类型实例。

（5）在 update 方法中，可检查任意按键的状态。例如，如果右向箭头被按下，那么 window.keyboard()[Key::Right].is_down()表达式将返回 true。

（6）该模型需要实现 State 特性。在该特性中，update 方法表示为控制器，draw 方法则表示为视图。

（7）Quicksilver 包含两种速率，分别用于更新方法和绘制方法，且均包含默认值，如果打算对此进行修改，可设置传递至启动应用程序的 run 函数的 Settings 结构中的 update_rate 和 draw_rate 字段。

（8）通过调用 Font::load(filename)函数可加载一种字体；可通过调用 Sound::load (filename)函数加载一个声音等。此类调用返回一个等待实际资源数据加载的 Future。随后可调用 Asset::new 函数，指定该 Future 作为其参数。当首次使用时，该 Future 将等待资源数据加载完毕。这里，资源数据必须位于项目根部的一个名为 static 的文件夹中。

（9）在将录制声音资源数据加载至某个变量中后，可调用 play_sound 函数，并作为参数传递该资源数据。

（10）在将字体资源数据加载至 draw 方法中的某个变量后，可调用该资源数据的 execute 方法，这将等待字体加载任务的完成。随后调用加载后的资源数据的 render 方法，并将文本内容绘制至图像中。接下来，可通过调用窗口的 draw 方法在窗口上绘制图像。

第 7 章

（1）向量表示为一个实体，可被添加至另一个向量中，并可与另一个数字相乘。注意，将两个点相加，或者将某个点乘以一个数字并不具备实际意义。

（2）在几何学中，向量表示位移或偏移量。一个点则表示一个位置。

（3）因为某些事件呈离散状态，例如，当单击按钮时，我们并不关注鼠标按下的毫秒数，且仅需要获得一个单击事件。如果输入一个单词，则需要针对每个按键事件获取一个字符。

（4）因为资源数据一般在应用程序启动时，或者进入/退出关卡时加载。

（5）针对 EventHandler 特性，可定义 key_down_event、key_up_event、mouse_button_down_event 和 mouse_button_up_event 方法（可选）。这些方法在它们被调用的模型中注册（也就是说，相应的事件已在时间框中出现）。随后，update 方法检查并设置模型中的此类设置项。

（6）网格表示为绘制的形状集合。当绘制一个形状时，首先需要构建一个新的 Mesh 实例，并将形状添加至该 Mesh 实例（矩形、三角形等）中，随后可在屏幕上绘制该网格。

（7）通用的方法是通过 MeshBuilder::new()函数创建一个 MeshBuilder 实例，并利用其中的方法（rectangle、polygon 方法等）将形状添加至构造器中。随后调用 build 方法，该方法返回一个 Mesh 实例。此外还存在其他一些简洁方式，如 Mesh::new_circle 函数，该函数返回一个包含单一圆的 Mesh 实例。

（8）update 方法总是以最快的速度调用，但该方法会反复检查内部计时器，且仅执行所需的次数。

（9）draw 函数作为参数使用对应的上下文接收绘制机制、绘制的网格以及 DrawParam 结构。该结构可包含几何转换，并在绘制网格时应用于其上。

（10）audio::Source 对象定义了多个方法，其中包括 play 和 play_detached 方法。相应地，第 1 个方法在播放指定的声音之前终止前一个声音；第 2 个方法则将其声音与现有声音叠加。

第 8 章

（1）正则语言可通过正则表达式定义，正则表达式是 3 个操作符的组合，即连接、交替和重复。与上下文无关的语言可以包含正则操作符和匹配符号（如圆括号）。上下文相关语言是指，任何表达式的有效性可能依赖于前面定义的其他表达式。

（2）Backus-Naur 范式是一组规则。其中，程序表示为一个符号，每个符号定义为符号或字符的连接或交替形式。

（3）它是一个程序，可获得编程语言的正式定义作为输入，并生成编译器作为输出结果。编译器是一个程序，解析（甚至编译为机器语言）采用该正式定义指定的语言编写的程序。

（4）它是一个函数，可作为输入接收一个或多个解析器，并返回一个以某种方式组合输入解析器的解析器。

（5）在 Rust 2018 版之前，如果未将函数封装至分配后的对象中，Rust 语言并不支持返回函数的函数。支持返回函数这一特性（不涉及分配操作）被称作 impl Trait。

（6）tuple 解析器组合器获得一个固定的解析器序列，并返回一个按顺序应用这些解析器的解析器；alt 解析器组合器获取一个固定的解析器序列，并返回一个自动应用这些解析器的解析器；map 解析器组合器获取一个解析器和一个闭包，并返回一个解析器，该解析器使用解析器和闭包转换其输出结果。

（7）词法分析、语法分析、语义分析和解释机制。

（8）词法分析、语法分析、语义分析、中间代码生成、中间代码优化、重定位的机器代码生成和链接机制。

（9）当定义一个标识符时，如果语言不允许隐藏标识符，则需要通过符号表检查该标识符名称在当前作用域中是否还未定义。当使用标识符时，需要通过符号表检查其名称是否已经定义，以及是否具备与应用兼容的类型。

（10）当定义一个标识符时，需要使用符号表存储该标识符的初始值。当使用标识符时，需要使用符号表获取或设置与此类标识符关联的值。

第 9 章

（1）可能的应用如下所示。
- 当计算机不可用时，针对计算机运行二进制程序。
- 当源代码不可用时，调试或分析一个二进制程序。
- 反汇编机器代码。
- 将二进制程序转换为另一种机器语言。
- 将二进制程序转换为高级编程语言。

（2）处理器的累加器是一个数据寄存器，同时也是任何指令的默认源和目标。

（3）处理器的指令指针是一个主地址寄存器，包含即将获取或执行的下一条指令的地址。

（4）一种原因是，数字的使用比名称更容易出错；另一种原因是，当一条指令或一个变量被添加或删除时，后续所有指令或变量的地址都会发生变化，因此代码中的许多地址必须递增或递减。

（5）为每条指令类型定义一个变量。变量的名称是指令的符号名称，其参数是指令操作数的类型。

（6）小端表示法是指，一个字的低字节包含低内存地址；而大端表示法则是指，高字节包含低内存地址。

（7）对于接收文本的解析器，输入表示为指向一个字符串切片的引用，且包含一个

&str 类型；而对于接收二进制数据的解析器，输入表示为指向一个字节切片的引用，对应类型为&[u8]。

（8）需要遵循的相关规则如下所示。

❏　机器语言程序以一个小端字开始，包含了以字节表示的进程大小。

❏　在初始字后，存在一个有效的机器语言指令序列，且不包含交替的空间或数据。

❏　作为最后一条指令，Terminate 指令出现一次（且仅出现一次），以便标记指令序列的结束。此后仅存在数据。

❏　指令上不存在写入语句，且仅可修改数据。因此，该程序指令等同于进程指令。

（9）因为 16 位数字有时可以被看作一对字节或一个单独的数字。另外，每对十六进制数字都是一个字节，而整个 4 位数字序列是一个 16 位数字，所以十六进制格式满足了这两项要求。

（10）通过将该数字封装在一个新类型中，随后实现该类型的 Debug 特性。

第 10 章

（1）它是一个 Linux 操作系统内核的扩展，并可在运行期被添加或移除。

（2）基于 GCC 扩展的 C 编程语言。

（3）内核缓冲区是一个内存日志区域，每个内存模块均可写入其中。当内核模块向其写入数据时，可在每行开始处添加一个括号包围的时间戳，表示自内核开始以来的秒数和微秒数。

（4）ModInfo 输出与 Linux 模块文件相关的某些信息；LsMod 输出当前所有加载模块的列表；InsMod 从指定的文件中加载一个 Linux 模块，并将其添加至处于运行状态的内核中；RmMod 从处于运行状态的 Linux 内核中卸载指定的模块。

（5）因为#![no_std]指令禁止使用标准堆分配器和所有使用它的标准类型。#![no_std]指令是必需的，因为任何内核模块都需要一个自定义分配器。

（6）这是一个指向链接器的指令，以保存后续函数的准确名称，以便内核可以通过名称找到该函数。

（7）该子句指定函数调用约定必须是 C 语言常用的约定。

（8）这两个函数是模块的入口点。其中，当加载模块时，init_module 函数通过内核调用；当卸载模块时，cleanup_module 函数将被内核调用。

（9）__register_chrdev 用于注册内核中的字符设备；__unregister_chrdev 用于注销一个字符设备。

（10）_copy_to_user 函数。